国外油气勘探开发新进展丛书(九)

钻井工程手册

[美] J.J. 阿扎　G. 罗埃罗·萨莫埃尔　著

张　磊　赵　军　胡景宏　译

石油工业出版社

内 容 提 要

　　本书从钻井的钻进工具、钻井液、钻井技术、井控技术、固井完井、钻井设计、钻井问题及解决方法等多方面,系统地讲述了钻井工程所涉及的基本理论、基本计算、基本设计和现代主要钻井技术的基本工艺过程。并配备了供教学使用的思考题和有利于基本知识掌握的练习题。

　　本书可供从事钻井工程的相关技术人员参考阅读,也可作为石油院校相关专业学生的教科书。

图书在版编目(CIP)数据

钻井工程手册/[美]J. J. 阿扎,G. 罗埃罗·萨莫埃尔著;张磊,赵军,胡景宏译.
北京:石油工业出版社,2011.6
　(国外油气勘探开发新进展丛书. 第9辑)
书名原文:Drilling Engineering
ISBN 978 - 7 - 5021 - 8336 - 3

Ⅰ. 钻…
Ⅱ. ①阿…②萨…③张…
Ⅲ. 钻井工程 - 技术手册
Ⅳ. TE2 - 62

中国版本图书馆 CIP 数据核字(2011)第 048483 号

著作权合同登记号图字01 - 2010 - 3913

出版发行:石油工业出版社
　　　　(北京安定门外安华里2区1号　100011)
　　网　　址:www. petropub. com. cn
　　编辑部:(010)64523537　发行部:(010)64523620
经　　销:全国新华书店
印　　刷:北京华正印刷有限公司
2011 年6 月第1 版　2011 年6 月第1 次印刷
787×1092 毫米　开本:1/16　印张:20
字数:482 千字
定价:80. 00 元
(如出现印装质量问题,我社发行部负责调换)

序

为了及时学习国外油气勘探开发新理论、新技术和新工艺，推动中国石油上游业务技术进步，本着先进、实用、有效的原则，中国石油勘探与生产分公司和石油工业出版社组织多方力量，对国外著名出版社和知名学者最新出版的、代表最先进理论和技术水平的著作进行了引进，并翻译和出版。

从 2001 年起，在跟踪国外油气勘探、开发最新理论新技术发展和最新出版动态基础上，从生产需求出发，通过优中选优已经翻译出版了 8 辑近 50 本专著。在这套系列丛书中，有些代表了某一专业的最先进理论和技术水平，有些非常具有实用性，也是生产中所亟需。这些译著发行后，得到了企业和科研院校广大生产管理、科技人员的欢迎，并在实用中发挥了重要作用，达到了促进生产、更新知识、提高业务水平的目的。部分石油单位统一购买并配发到了相关的技术人员手中。同时中国石油总部也筛选了部分适合基层员工学习参考的图书，列入"千万图书送基层，百万员工品书香"活动的书目，配发到中国石油所属的 4 万个基层队站。该套系列丛书也获得了我国出版界的认可，三次获得了中国出版工作者协会的"引进版科技类优秀图书奖"，形成了规模品牌，产生了很好的社会效益。

2011 年在前 8 辑出版的基础上，经过多次调研、筛选，又推选出了国外最新出版的 6 本专著，即《油藏工程手册》、《现代油藏工程》、《钻井工程手册》、《空气与气体钻井手册（第三版）》、《燃气轮机工程手册》、《阀门选择手册》，以飨读者。

在本套丛书的引进、翻译和出版过程中，中国石油勘探与生产分公司和石油工业出版社组织了一批著名专家、教授和有丰富实践经验的工程技术人员担任翻译和审校人员，使得该套丛书能以较高的质量和效率翻译出版，并和广大读者见面。

希望该套丛书在相关企业、科研单位、院校的生产和科研中发挥应有的作用。

中国石油天然气股份有限公司副总裁

赵政璋

译 者 前 言

近年能源工业日益国际化,能源开发呈现出全球化的特点,国际合作开发油气资源项目日益增多。其中钻井工程作为石油勘探和开发的重要手段,具有非常重要的地位。随着海外钻井市场不断拓展,钻井技术不断革新,了解和掌握国外钻井工程方面的培训教材和资料,对正在走出去的钻井队伍来说是十分必要的。

原著作者 J.J. 阿扎曾任美国塔尔萨大学石油工程学院钻井研究室主任,G. 罗埃罗·萨莫埃尔是美国休斯敦哈里伯顿公司资深钻井和完井技术顾问(钻井、评估和数字解决方案等方面)。作者具有深厚的钻井专业理论背景和丰富的现场施工经验。《钻井工程手册》结合钻井现场实际,内容少而精。以图文并茂的形式阐述了钻井工程的基础理论,同时列举了许多例证和补充问题,来激励大家进行积极思考。本书共有 12 章,内容基本上涵盖了钻井的各个方面。第一章为基本原理及定义,对石油和天然气钻井名词作了详尽的定义和解释。第二章介绍了钻井液方面的相关知识,包括钻井液配方、分类等方面内容。第三章主要介绍钻井循环系统中流动压力和相关压力。第四章介绍了钻头水力学。第五章介绍了钻井岩屑的运输。第六章介绍了井喷的预防与控制。第七章介绍了定向井与水平井钻井。第八章介绍了钻头。第九章介绍了钻柱设计。第十章介绍了钻井问题及解决办法。第十一章介绍了下套管与注水泥设计。第十二章介绍了钻井设计。

本书与已出版的钻井工程专著相比,内容全面丰富。作者引经据典,读者也可以追根求源。通过阅读本书,读者可以对钻井工程有更加透彻的了解。因此本书参考价值较高,对从事钻井的技术人员有很大的帮助。

本书由张磊、赵军和胡景宏三人翻译。第一章、第二章和第三章由赵军翻译,第四章、第五章、第六章、第七章和第八章由张磊翻译,第九章、第十章、第十一章和第十二章由胡景宏翻译。全书由张磊审阅。

译者结合海外现场工作经验,在严格忠实于原文的基础上进行翻译,同时请国内外资深钻井专家对译文进行了校对。另外加拿大 SHERRIT 公司现场钻井监督 WADE、罗远儒、李传华、陆宝军、周彪、马宝书、刘欢、张宏达和侯静等人为本书的翻译和校稿也付出了辛苦的劳动,在此一并表示感谢。

由于水平有限,难免有不妥或不准确之处,恳请读者指正。

译者

2011.2

原 书 前 言

钻井工程是石油工业中具有挑战性的学科,它远远超出本书的范畴。在过去的 20 年内技术突飞猛进,随着技术的革新,全世界的石油天然气资源的开发范围更广、更经济、更成功。

流体力学、固体力学的基本理论与化学工程的基本概念构成了钻井工程的基础。随着钻井工程师对区块的深入了解和设备的发展,钻井项目能够成功预测。现在钻井眼技术可以使用于钻直井、水平井或多分支井。

在石油行业中,在钻井中经常遇到各种问题,即使在相同的区块,井与井之间的差别也很大。钻井工程师直觉意识强、思考敏锐,能够通过简单的工程公式解决各式各样的问题,而且必须亲临现场指导。本教材中,作者列举了许多例证和补充问题,希望能够激励同学们培养积极思考、独立创新的能力,并最终在实践中作出正确决定。

这本《钻井工程手册》教材分两学期教学:钻井 I 部分包括第 1~6 章,主要介绍石油和天然气钻井、钻井液、钻井循环系统中流动压力和相关压力、钻头水力学、钻井岩屑的运输、井喷的预防与控制;钻井 II 部分包括第 7~12 章,主要介绍定向井与水平井钻井、钻头、钻柱设计、钻井问题及解决方法、下套管与注水泥设计、钻井设计。

本书未涉及非常规钻井技术,例如:欠平衡钻井、小井眼钻井、连续油管钻井、套管钻井等技术,这些将作为专题作业。

目　　录

1 石油和天然气钻井

1.1 引言

石油和天然气钻井主要由两大系统组成:人力系统和钻井硬件系统。人力系统又分为钻井工程技术人员和钻井现场操作人员两个部分:钻井工程技术人员为优化钻井作业提供强有力的支持,包括钻机选型、钻井液工艺设计、套管和固井程序、水力参数、钻头设计、钻具组合和井控程序等;从一口井的开钻起,现场操作人员就开始发挥主要的作用,它包括带班队长、司钻、副司钻、井架工和机工等岗位。钻井硬件系统以钻机设备为主体,包含以下几大系统。

(1)动力系统。

(2)提升系统。

(3)钻井液循环系统。

(4)旋转系统。

(5)井控系统。

(6)数据的获取和监测系统。

1.2 钻井作业过程

为了获取油气资源,无论是钻直井还是定向井(图1.1)都必须选择既合理又经济的钻井参数(图1.2):(1)钻头钻压;(2)钻头转速;(3)循环钻井液的水力参数(钻井液从钻杆内向下循环,通过钻头水眼流出,经过井壁或套管和钻杆的环形空间上返)。

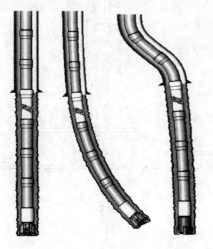

图1.1　直井和定向井

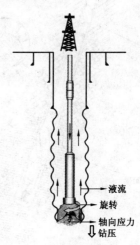

液流
旋转
轴向应力
钻压

图1.2　钻井基本过程

1.2.1 钻压

钻压是指在钻进过程中施加于钻头上的一个沿井眼前进方向上的力,这个力主要是通过钻柱向钻头提供的;钻压是根据地层岩石的硬度和使用钻头的类型而变化的;在打直井的过程中,钻铤等钻具的质量是施加在钻头上的主要的力,而在钻定向井(包括水平井)的过程中,由于井斜的作用,钻铤或加重钻杆等施加在钻头的力被分解了,只有一部分力变成钻压被施加在钻头上(图1.3)。

1.2.2 钻头转速

不同于过去的顿钻钻井,旋转钻井是靠钻盘或顶驱的旋转带动钻具,把扭矩传递给钻头使钻头旋转、破碎和切削岩石。另外一种是井下动力钻具钻井,可以在大部分钻具不转动的情况下,通过井下动力驱动钻头旋转(螺杆钻具、涡轮钻具或电动机)。

1.2.3 钻井液的循环

在钻进过程中,井下产生大量的岩屑和热量,通过钻井液的循环作用,把井底的岩屑和热量携带至地面,使井底清洁,环空畅通无阻,同时冷却润滑了钻头和钻杆,保证钻井顺利进行。

1.3 旋转钻井设备

旋转钻机设备的功能主要是为了满足钻井和完井的需要,并要以最低的成本投入获得最大的经济效益为目的。钻井设备是以钻机为主体的一系列设备系统(图1.4),其主要的设计

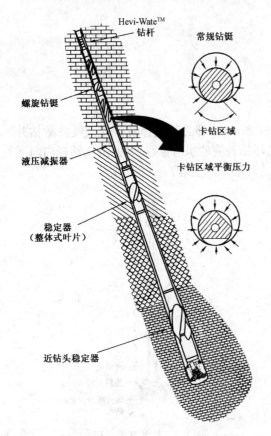

图1.3 满眼钻具组合

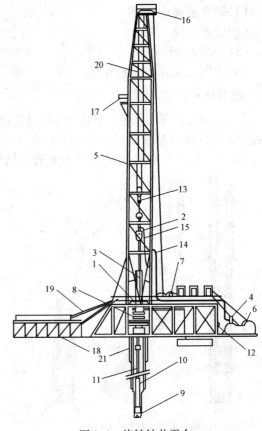

图1.4 旋转钻井平台

1—钻台;2—水龙头;3—方钻杆;4—泵;5—井架;6—绞车;7—电动机;8—防喷器;9—钻头;10—钻铤;11—钻杆;12—井架底座;13—游动滑车;14—立管;15—水龙带;16—天车;17—指状平台;18—管架;19—高空走道;20—大绳;21—井眼

特点是可移动性、灵活性、可钻深能力。它分为陆地钻机设备和海洋钻机设备,海洋钻井设备与陆地钻井设备唯一不同的地方是在海底与转盘面之间使用了一个加长钻杆,其他基本相同。

现代的陆地钻井设备采用嵌入式结构和滑动式设计,便于钻机设备的运输和搬迁,一旦钻井设备抵达井场,所有部件可以快速安装。井架的设计也符合易于拆卸和安装的原则,其主要功能除了承载钻具的质量外,还为钻机面和天车之间提供足够的空间,可以满足在钻井过程中实现分别用单根(30ft)、双根(60ft)和立根(90ft)钻进的需要,另外车载式钻井设备、井架可以通过平板车运输,方便快捷。

海洋钻井平台的操作空间在海面之上,称为平台,分为移动式和固定式。平台的选择取决于欲进行的操作和海水深度油管。图1.5为自举升式钻井平台,图1.6为固定式钻井平台。

图1.5 自举升式钻井平台

油田现场井的类型有探井、开发井、注入井侧钻井或加密井。探井是为了发现和评价潜力油藏,在没有发现油藏的区域,使用移动式钻井平台比较经济;开发井钻井是为了在潜力油藏区域内充分开采;注入井是为了存储天然气等油气资源,回注不需要的产出水,通过注水、蒸汽或天然气提高采收率;侧钻井是为了开采较深产层或从现有直井中开窗侧钻;加密井是为了替代衰竭井或维持产量稳定。

海洋钻井使用的钻井平台需要人造平面,而陆地钻井平台只需要陆地的支撑。支撑平面分为可移动装置和海底支撑平台两类。

钻井平台的旋转动力来源于柴油机或气压驱动机。动力通过机械或电力驱动可转换成平台各系统(如举升、旋转、旋转等)需要的动力。

图 1.6　固定式钻井平台

20 世纪 50 年代就开始在海洋钻井平台引入电驱动(直流—直流)系统,最近交流电电驱系统在下放钻井平台中占据主导地位。

直流电系统,至少需要一台直流电发电机以满足所需动力要求;另外在操作钻井平台其他设施时需要交流电。因此在钻井平台上有多台发电机提供电力。

交流电具有在一个方向上通过交流电的能力,因此它能产生一定电压的直流电并用于直流电动机的运转。在转换过程中仅需要一个公共总线就可以将交流电变成直流电。

发电系统的效率可定义为:

$$效率 = \frac{输出功率}{输入功率} \times 100 \tag{1.1a}$$

或

$$\eta = 100 \frac{P_0}{P_i} \tag{1.1b}$$

电动机输出功率可以用电动机转速和扭矩的函数表示,即:

$$P_0 = \frac{2 \pi N T}{33000} \tag{1.2}$$

式中　T——扭矩,lbf · ft;

　　　N——电动机转速,r/min;

　　　P_0——输出功率,hp。

输入功率可用燃料消耗速度 Q_f 和燃料热值 H 的函数表示:

$$P_i = \frac{Q_f H}{2545} \tag{1.3}$$

式中　Q_f——燃料消耗速度，lb/h；

　　　H——燃料热值，Btu/lb；

　　　P_i——输入功率，hp。

例 1.1：钻井平台上配有 3 台柴油机，当电动机转速是 900r/min、平均输出扭矩 1610lb·ft、电动机效率是 40%、柴油热值是 19000Btu/lb 时每天燃料的总消耗量是多少？

解：

根据式（1.1）至式（1.3），每个电动机的燃料消耗量可根据下式计算：

$$P_i = \frac{48.5}{2545} \frac{NT}{\eta} \text{ 或 } Q_f = 48.5 \frac{NT}{\eta H}$$

式中，$N = 900\text{r/min}$，$\eta = 40$，$H = 19000\text{Btu/lb}$，$T = 1610\text{lb·ft}$。

因此：

$$Q_f = 48.5 \times \left(\frac{1610\text{lb·ft} \times 900\text{r/min}}{40 \times 19000\text{Btu/lb}} \right) = 92.5\text{lb/h}$$

或

$$Q_f = \frac{92.5\text{lb}}{\text{h}} \times \frac{24\text{h}}{\text{d}} \times \frac{\text{gal}}{7.2\text{lb}} = 308\text{gal/d}$$

3 台电动机的总消耗量为 308gal/d×3 = 924gal/d。

1.4　钻机设备的选择

钻机设备的选择标准与钻井的成本密切相关，必须与所钻井眼的情况相匹配，从而达到最经济的目的。在钻机设备选择过程中，判断其是否是适合的一套钻机是从钻机的几大系统方面进行评估的：(1)发电和动力系统；(2)提升系统；(3)钻井液循环系统；(4)井控系统；(5)数据的获取和监测系统。

此外，钻井监督和施工人员的资质选择具有最高优先级。还有一些其他的选择标准包括：(1)钻井承包商的安全记录；(2)钻机动员和安装；(3)钻井承包商的可靠性；(4)合同的费用（进尺费、日费或总包制等）；(5)所有钻井设备的状况。

钻机设备的选择是在正式招标之前以及在所有钻井设计完成后进行，所选设备尽可能符合钻井的实际需要，例如必须满足钻具、钻井液、钻头、水力参数、井控、数据采集和监测以及下套管固井等基本需要。

1.5　旋转钻井系统

1.5.1　提升系统

旋转钻井系统的提升系统在作业中最基本的功能是提升和承载钻柱与套管，它主要包括绞车、天车、游动滑车、大钩、钻井大绳和吊卡等部分（图 1.7）。

1.5.1.1　绞车

绞车是一套提供提升、控制下放、承载钻具和套管或其他装置质量的设备总成，它主要由滚筒、刹车、传动装置和锚组成。

绞车额定功率与输入功率有关，求已知井的额定载荷时，首先要考虑大钩提取最重钻杆的大钩马力和合适的举升速度。推荐进尺速度是 100ft/min，举升效率一般是 65%。

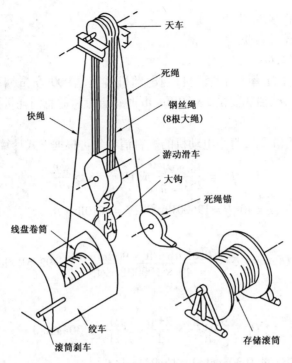

图 1.7 滑轮组

1.5.1.2 滑轮和钻井大绳

滑轮和大绳的基本作用是在提升和下入重载荷物体时有一个好的机械效率,可以表示为:

$$\eta = 输出功率 / 输入功率 = P_o/P_i \tag{1.4}$$

输出功率的定义式:

$$P_0 = F_h v_{tb} \tag{1.5}$$

式中 F_h——大钩载荷;

v_{tb}——游动滑车速度。

输入功率的定义式:

$$P_i = F_{fp} v_{fp} \tag{1.6}$$

式中 F_{fp}——大绳载荷;

v_{fp}——大绳速度。

F_{fp} 的大小与天车和滑车之间的大绳根数以及大绳与滑轮的摩擦应力有关。

利用式(1.5)和式(1.6),式(1.4)可以变为:

$$\eta = \frac{F_h v_{tb}}{F_{fp} v_{fp}} \tag{1.7}$$

还可以变为:

$$v_{tb} = \frac{v_{fp}}{n} \tag{1.8}$$

因此:

$$\eta = \frac{F_h}{nF_{fp}} \tag{1.9}$$

式中　n——天车和滑车之间的大绳根数。

例 1.2：旋转钻井平台配有 1200hp 的绞车，举升效率是 81%，计算在大钩载荷是 300000lb 时起出一个单根所用的时间。

解：

η = 输出功率/输入功率 = P_o/P_i = 0.81 = $P_o/1200$

P_o = 927hp，$P_o = v_{tb}F_h$，因此：

$$v_{tb} = \frac{P_o}{F_h} = \frac{927\text{hp} \times 33000 \frac{\text{lb} \cdot \text{ft}}{\text{min}} \div \text{hp}}{300000} = 107\text{ft/min}$$

$$t = L_s/v_{tb} = 90\text{ft}/(107\text{ft/min}) = 0.84\text{min} = 50.5\text{s}$$

1.5.1.3　大绳

大绳就是钢丝绳，绕在绞车滚轮和天车、滑车之间，必须保持其工作良好，大绳损坏会引起落鱼事故，伤害钻工和设备仪器。

美国石油协会（API）建议使用吨英里的概念评价大绳的状态。为了使大绳均匀磨损，强烈建议根据钻井条件有规律地更换起始载荷点（详见 API – RP – 9B）。

1.5.1.4　游动滑车

游动滑车和大钩的载荷能力用吨（t）表示，额定值需要合适的安全系数。在额定载荷内可保证其安全工作，游动滑车和大钩的额定最小功率与大钩吊起最重套管柱的载荷有关。然而，如果需要大的牵引力，应首先考虑大钩载荷。

1.5.1.5　天车

天车上的载荷远大于大钩载荷，在滑轮组系统中，在不考虑摩擦力的情况下，每根绳上的应力相等。大钩载荷和滑轮组、大钩、其他附属设备的质量平均分配到每根大绳上。另外，锚上的死绳和滚轮上的快绳也有天车拉力作用。跳车操作大钩静载荷的能力可用下式计算：

$$R_c = \frac{(H_L + S)(N + 2)}{N} \tag{1.10}$$

式中　R_c——天车额定容量，lb；

　　　H_L——大钩静载荷，lb；

　　　S——附属设备的有效质量；

　　　N——游车上的大绳根数。

例 1.3（绞车最小马力）：当使用 16.6lb 10000ft 长、外径 4½in 钻杆、重 50000lb 的钻铤杆钻井时，计算天车最小马力。

解：

钻柱质量：50000lb + 10000ft × 16.6lb/ft = 216000lb

大钩马力 = 216000lb × 100ft/min/33000 = 655hp

所需天车最小马力 = 655hp/0.65 = 1010hp

这种方法忽略了浮力响应和滑轮大钩的质量,在直井中,浮力可以抵消钻杆的拉力,在定向井中必须考虑这个拉力。

绞车马力应等于天车马力除以85%的效率。绞车也有牵引效率,其值与大绳根数有关(表1.1)。

表1.1 大绳牵引效率

绳根数	效率因子	绳根数	效率因子
6	0.874	12	0.77
8	0.841	14	0.74
10	0.81		

例1.4:计算使用10根大绳拖拽500000lb的套管时的拉力。

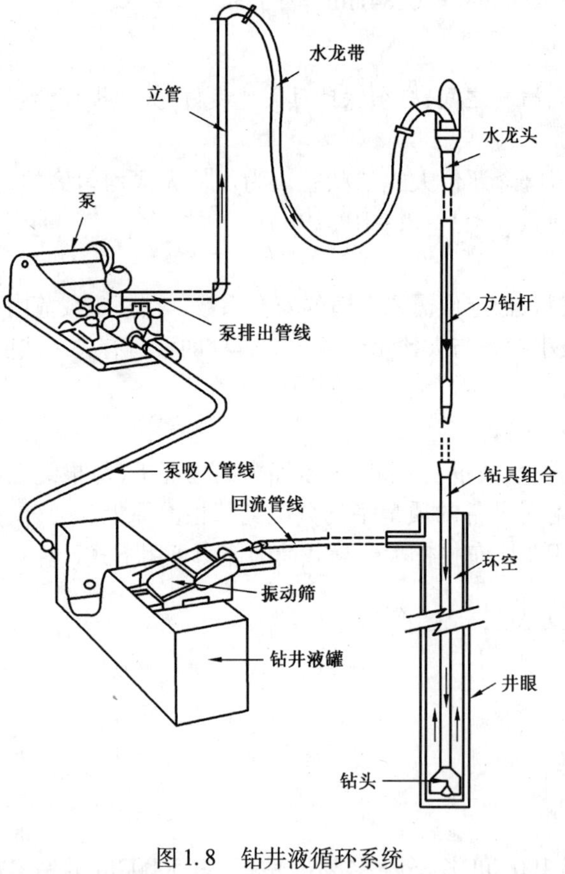

图1.8 钻井液循环系统

解:

500000lb/(10×0.81)=61800lb

1.5.2 钻井液循环系统

钻井液在旋转钻井系统中是从地面到井底再返回地面的过程中进行循环。钻井液循环系统(图1.8)由以下几部分组成:(1)钻井泵与压缩气体装置;(2)高压管汇的连接;(3)钻柱;(4)钻头;(5)环空返出;(6)钻井液罐;(7)钻井液处理设备。

1.6 钻井液体系评价

每一个钻井平台的钻井液罐、振动筛、搅拌机和固相控制装置都是特定的。根据设计人员和监督的要求,钻井平台与辅助设备的建造同时进行。

钻井液的功能性和灵活性要保证钻井操作,如果其中的固相控制装置对钻井液控制不好,那么就需要在钻井之前修理装置或者换更有效的设备。

1.6.1 钻井液体积

钻井液罐中钻井液的保持水平与一定深度井眼的体积、钻井液的混合速度和钻井液处理能力有关。在钻井操作中,需要钻井液的地面体积除了填充整个井眼外,还需额外增加100bbl的体积。钻井液不仅不能影响泵入速度,而且在泵吸入的过程中不能发生沉淀。

由于钻井液地面体积需求量比较大,而且经常在几个连续的钻井液罐里沉淀。所以在每个单独的钻井液罐里有定时喷射移除沉积物的喷嘴,如果钻井液太复杂或者经过加重处理,每一个钻井液罐都需要添加设备以满足钻井要求。

1.6.2 混合系统

混合系统通常包括高速离心泵、段塞罐和预混合罐。段塞罐的容积一般为 20~50bbl,直接供给钻井泵所需的钻井液。混合罐或预混合罐容积为 100~200bbl,也同样能够直接供应钻井泵。

漏斗装置的泵排量要求为 800~1200gal/min,而且需要配有一个多余的混合泵,钻井平台很少配有多余的钻井泵,因为这不仅会增加成本,而且钻井液补充速度会减慢。

1.6.3 固相控制

根据不同地区和钻井液体系的区别,需要的固相控制设备各有不同。对于没有加重的钻井液,在有充足水源的情况下,稀释钻井液来控制固相是有效方法。但是由于液量增加,排放成本和环境污染又成了不得不考虑的问题。因此,控制固相的最好方法是使用有效的固相去除设备,如振动筛、旋流除砂器和离心机等。

1.6.3.1 钻井液振动筛

振动筛是固相控制设备的重要组成部分,满眼循环的振动筛目数大于 120 目,目数少会增加复杂钻井液的成本,低速振动筛处理普通钻井液体系筛网目数一般为 40~60 目。

振动筛的孔眼形式多样,多目振动筛使用比较广泛,固相移除效果较好,固相颗粒的分离效果好坏与最下层的筛网有关。

1.6.3.2 旋流除砂器

旋流除砂器(除砂器和除泥器)一般用于处理大流量的钻井液,但是,钻井平台上的旋流除砂器去除固相的效果很差。

旋流除砂器的作用是从一个钻井液罐中吸入钻井液,经过分离之后将钻井液排入另一个钻井液罐,有时也会发生回流现象,但是如果从一个钻井液罐中吸入,再排入同一钻井液罐中,又不能充分移除固相。

1.6.3.3 离心机

离心机一般用于处理小流量钻井液,处理能力为 60~80gal/min,某些情况下也可以达到 150gal/min。离心机一般在其他固相控制设备之后工作,而且不像振动筛、旋流除砂器那样需要对整个循环用的钻井液进行处理,可以只处理一部分钻井液,通常为 5%~10%。

1.6.4 泵入钻井液

泵入钻井液是钻井液循环的主要过程,也可以说是钻井液水力系统的核心。钻井液反复循环的动力设备是钻井泵,二级泵或三级泵。二级泵有两个缸,流体在其中是双冲程运动;三级泵有三个缸,流体在其中是单冲程运动。图 1.9 为单冲程和双冲程往复运动泵的示意图。

N 缸泵驱替钻井液的理论体积可通过演变得到。对单冲程泵($N_c=3$):

$$V_t = \left(\frac{\pi}{4}D_L^2 L_s\right)N_c \tag{1.11}$$

双冲程泵($N_c=2$):

$$V_t = \frac{\pi}{4}L_s N_c (2D_L^2 - D_r^2) \tag{1.12}$$

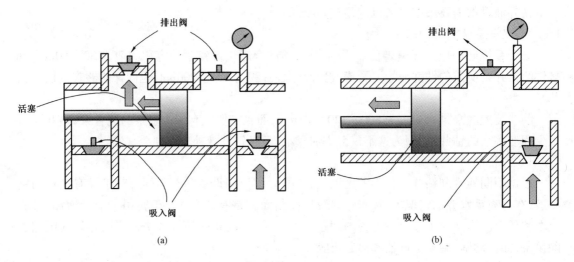

图 1.9 单冲程和双冲程往复运动泵

式中 D_L——缸或活塞的直径;

L_s——活塞冲程或冲程长度;

N_c——缸数;

D_r——杆直径。

实际泵排出的体积 V_a 比理论体积小,大小取决于泵的体积效率,即:

$$V_a = V_t E_v \tag{1.13}$$

或用泵的流量 Q 表示:

$$Q_a = Q_t E_v \tag{1.14}$$

式中 E_v——泵的体积效率。

溶解气通常会降低泵的体积效率,因此有必要对回流到钻井液罐中的钻井液进行脱气处理。

1.6.5 泵入速度

评价泵的参数有最大排出压力、流量。给定泵的排出压力 P,对应的流量为 Q,那么泵的水力功率计算公式如下:

$$水力功率 = PQ \tag{1.15a}$$

使用现场单位后应为:

$$H_{hp} = \frac{PQ}{1714} \tag{1.15b}$$

式中 Q——泵的流量,gal/min;

P——泵的排出压力,psi;

H_{hp}——泵的水力功率,hp。

在给定流量的情况下,式(1.15)可以将任何压力转换成水力功率。

例 1.5：双冲程双缸泵，杆 2.5in，冲程 20in，以 60 冲程/min 的速度泵至 10000ft，最大水力功率为 1360hp，建议泵的排出压力为 3424psi，计算缸的尺寸。

解：

根据式（1.15），所需流量为：

$$Q = 1714H_{hp}/P = 1714 \times 1360hp/3424psi = 681gal/min$$

根据式（1.12）计算理论泵入速率：

$$v_t = \left(\frac{\pi}{4}N_c L_s\right)(2D_L^2 - D_r^2) = \left(\frac{\pi}{4} \times 2 \times 20\right)(2D_L^2 - D_r^2) = \frac{40 \times (2D_L^2 - 6.25)}{294}gal/冲程$$

60 冲程/min 时的理论流量为：

$$Q_t = \frac{40 \times (D_L^2 - 6.25) \times 60}{294} = (16.33D_L^2 - 51.02)gal/min$$

因此，根据式（1.14），$Q_a = Q_t E_v$，或 681 = (16.33D_L^2 - 51.02) × 0.9，得到缸的尺寸 D_L = 6.67in。

例 1.6：单冲程三缸泵，缸 6in，杆 2in，冲程 20in，排出压力为 2250psi，速度 60 冲程/min，持续 4min，4min 内的泵入钻井液总体积为 200ft³，计算泵的体积效率和水力功率。

解：

泵的理论流量：

$$Q_t = \pi D_L^2 L_s N_c/4 = \pi \times 6^2 \times 20 \times 3/4 = 1697in^3/冲程$$

或者

$$Q_t = (1697 \times 7.48gal/ft^3)/(12in)^3 \times 60 = 440gal/min$$

实际测量流量：

$$Q_a = 200 \times 7.48 = 374gal/min$$

因此，体积效率为：

$$E_v = Q_a/Q_t \times 100\% = 374/440 \times 100\% = 84.7\%$$

水力功率：

$$H_{hp} = QP/1714 = 374gal/min \times 2250psi/1714 = 491hp$$

例 1.7（体系效率、泵功率、输入功率）：钻井泵额定要求在 2500psi 下输出速率为 300gal/min，实际的水力功率是多少？体积效率为 90% 时额定泵驱替速率是多少？额定泵功率是多少？输入功率是多少？

解：

实际水力功率 H_{hp} = 300gal/min × 2500psi/1714 = 438hp

额定泵驱替速率 = 300gal/min/0.9 = 333gal/min

额定泵功率 = 333gal/min × 2500psi/(0.85 × 1714) = 572hp

实际输入功率 = 438hp/0.85 = 515hp

1.6.6 动力不足泵

钻井平台上泵动力不足的情况比较常见，使用动力不足的泵，排出压力需要校正如下。

（1）如果泵在最大排量工作时，动力钻具传送最大的连续功率，排出压力应该乘以现有功率与额定功率的比值。例如，如果泵马力为 400hp，额定为 500hp，排出压力需要乘以系数 0.8。

（2）如果动力钻具传送连续功率低于泵的最大泵入速率，排出压力需要乘以的参数如下：

$$\frac{（可获得功率）×（额定冲程数）}{（额定功率）×（可获得冲程数）}$$

例如，泵的额定功率在 65 冲程/min 时为 500hp，可以获得的功率为 60 冲程/min 的 400hp，排出压力乘以的系数为：$(400×65)/(500×60) = 0.866$

1.6.7 空气压缩机

当钻井液中加入空气或者天然气时，才会使用空气压缩机。设计超出了本书的范围，在此不予讨论。

1.6.8 高压地面管线

高压地面管线包括钻井水龙头、立管、水龙带、方钻杆和压力测量盒。水龙带、立管和水龙头用于钻井和起下钻，压力测量盒可以缓冲泵产生的压力，方钻杆为六方形管柱，带动钻杆旋转。

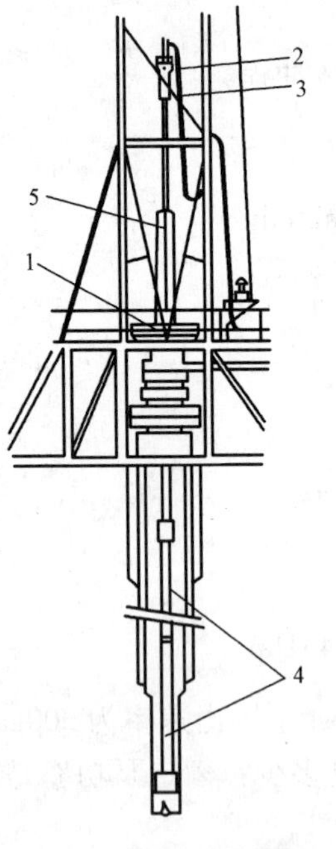

1.6.8.1 钻具组合

钻具组合由方钻杆、钻杆和钻铤组成。钻杆是由不同级别的钢铸成的无缝管柱，钻铤壁厚且无缝，用于增加钻压钻穿地层。钻杆和钻铤通过钻具接头连接，详细内容见第 9 章。

1.6.8.2 回流环空

环空是钻井液和钻屑返到地面的通道，在海洋钻井中一般使用大直径管柱作为隔水导管，建立海底与钻井平台之间的通道形成回流环空。

1.6.8.3 钻井液池

钻井液池通常是铁制的容器，主要作用是：存放井中循环出的钻井液，提供循环用的钻井液，起下钻作业时存放备用钻井液。

1.6.8.4 钻头

钻头是钻井中地层的切削工具，利用钻杆和钻铤的质量及钻头的旋转在钻井液的循环作用下，保证了钻头的有效切削和钻进。目前使用的钻头种类大致分为两种：牙轮钻头和刮刀钻头。详细内容见第 8 章。

图 1.10 旋转系统

1—转盘 – 方补心；2—水龙头；3—水龙带；4—钻杆；5—方钻杆

1.7 旋转系统

旋转系统是指所有能够使钻头转动的部件（图 1.10）。具体包括钻杆、钻铤、转盘、方补心和方钻杆，有些平台也配有顶驱替代传统的转盘，在钻定向井时，会使用井下动力钻具作为旋转动力。

水龙头为钻井液流动提供通道,支撑钻杆并能够旋转。方钻杆是水龙头下面钻柱的第一部分。在传统的转盘上,每次钻井深度等于接入钻杆的深度。现在一种新的旋转动力系统广泛应用——顶驱,顶驱效率更高、更安全,即使在起下钻的过程中也能够旋转钻进和保持循环。

1.7.1 旋转动力要求

钻直井时需要的旋转动力很小,扭矩小于 15000lbf·ft,钻定向井时,扭矩需要超过 80000lbf·ft,需要高输出旋转功率。

计算机可以模拟计算钻柱扭矩,从而确定最小旋转动力。直井中最低为100hp,定向井中达到几百马力。旋转功率可用下式计算:

$$H_{rp} = \frac{2 \pi NT}{33000} \tag{1.16}$$

式中　N——转盘转速,r/min;

　　　T——扭矩,lbf·ft。

钻杆扭矩的不可预测性会使旋转功率难以准确判断,影响因素有钻杆的扭矩,其中包括井眼大小、深度、钻头类型、钻铤尺寸、钻杆尺寸、钻头质量、转速、钻井液性能、井眼倾斜度、狗腿度、扩眼器、平衡器和地层性质。

钻杆必须将旋转功率传送至井底钻具组合和钻头上,下面给出在没有扭矩损失的情况下钻杆传递动力的情况。例如,钻杆最大承受扭矩20000lbf·ft,转盘转速100r/min,那么旋转功率为:

$$H_{rp} = \frac{2 \pi \times 100r/min \times 20000lbf \cdot ft}{33000} = 381hp$$

估算旋转动力的经验公式为:

$$H_{rp} = FN \tag{1.17}$$

式中　F——捻系数;

　　　N——转速,r/min。

捻系数 F 有以下几种情况:$F = 1.5 \pm 1.75$,井深小于 10000ft 的浅井且使用轻钻杆;$F = 1.75 \pm 2.0$,井深 10000 ~ 15000ft;$F = 2.0 \pm 2.25$,深井且使用重钻杆;$F = 2.25 \pm 3.0$,高扭矩井。

这些是根据经验得到的,也会有误差,但大部分情况下能满足旋转动力要求,对于大斜度井,必须通过计算机软件精确计算才可以。

1.7.2 顶驱

使用顶驱可以节约10% ~ 20%的成本,虽然顶驱平台的日成本比常规转盘系统高,但是其总成本较低。使用顶驱有以下优点和缺点。

1.7.2.1 优点

(1)连接时间:减少了两方钻杆的连接时间。

(2)下钻杆时间:打丛式井时,顶驱减少了下入管柱时间。

(3)起下钻时间:顶驱减少了方钻杆的使用,从而节省了起下钻的操作时间。

（4）冲洗和扩眼时间：使用常规转盘旋转平台时，接单根时需要几分钟的循环来冲洗和扩眼。顶驱在旋转时就可以冲洗和扩眼。

（5）井下扩眼时间：如果某一段井身需要扩眼，需要下入整个钻杆进行操作，顶驱节省了下入钻杆和2/3的接单根时间。

（6）提高安全性：钻井和旋转时的接单根工作减少，降低了工作人员的潜在风险。

（7）提高井控：在保护接头上面使用水力安全阀能够在钻井和起下钻时更快地关井，在发生井涌时不用手动关闭安全阀门。

（8）防止卡钻：降低了起下钻扩眼和倒划眼时卡钻的风险。

1.7.2.2 缺点

（1）钻杆的磨损大。

（2）增加维护费。

（3）降低井架承载能力。

（4）平台操作人员经验缺乏。

（5）顶驱如果失败，换用常规转盘会增加更多的费用。

1.8 井控系统

井控系统的基本功能是阻止地层流体进入井筒，防止井涌和井喷。该系统的基本要求是实现安全地关闭井口，控制地层流体进入井筒，为井筒泵入高密度的钻井液，强行起下钻。井控系统主要由以下几部分组成。

防喷器组：包括环形防喷器、闸板防喷器、四通、内防喷器、套管头、节流管汇、压井管汇、内控管线、液气分离器和储能器装置。

井控设备在钻井设备中占有非常重要的地位，要求防喷器组额定压力必须大于井口所能承受的最大压力，同时必须根据政府和保险公司的规定安装其他必要的设备。

为了遵守井控程序和指南，必须按规定最少配置以下装备（图1.11）：分流器、防喷器组盒、节流管汇、压井管汇、储能器装置、井涌控制和监测设备（钻井液罐液面监测仪、流量监测仪、钻井液计量罐、内防喷器）。

闸板防喷器：包括管子或套管闸板、盲板和剪切闸板。

闸板防喷器是一套通过液压驱动的井控装备，可以实现对钻具或套管环空进行密封，闸板芯的外径必须与所封管柱的外径相匹配。如果井筒里没有

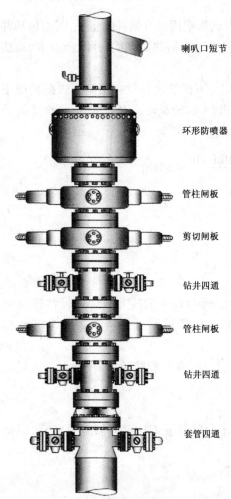

喇叭口短节

环形防喷器

管柱闸板

剪切闸板

钻井四通

管柱闸板

钻井四通

套管四通

图 1.11　典型的防喷器组配置

管柱,可以通过盲板防喷器进行关井。如果井筒中有管柱,但是管子闸板无法成功关井时,可以使用剪切闸板进行关井,剪切闸板一般在其他防喷器关井失败的情况下才能使用。

环形防喷器是通过环状的人造胶芯实现关井的一套井控设备,可以对不同类型和尺寸的管柱进行密封。在开井的状况下,胶芯的内径与防喷器的公称通径保持一致。

钻井四通是防喷器组合中一套用来连接相邻两个闸板防喷器的贯通装置,在强行起下钻作业中,可以通过节流和压井管线实现钻井液的循环。

1.9 数据获取和监测系统

数据获取和监测系统是指用来对整个钻井作业信息进行监测、分析、显示、记录和检索的装置。该系统主要关注以下参数:机械钻速,悬重,井深,泵压,流量,扭矩,转速,钻井液密度、温度、流变性,钻井液罐液面,泵冲程,钻压,提升速度。

监控装置可以比较容易地对钻井作业中的复杂情况,比如井漏、井涌、卡钻等情况进行监测。钻井数据曲线图可以清楚地反映钻遇放空时的状况,同时也能够提供有关地层岩性变化的信息。过大的扭矩可能指示钻头轴承的问题或者钻屑沉积过多。钻井液罐高度的迅速增加说明地层流体流入井眼中,有可能发生井涌。钻速、钻压、钻井液性能和流速的保持对于达到最佳钻井条件至关重要。

因此,监测系统是整个钻井过程的心脏,借助于电脑和井下测量仪器,监测、记录、分析、存储和查找钻井数据已成为钻井过程的一部分。

1.10 海洋钻井的特殊系统

海洋钻井需要两种特殊的系统:浮动设备的动力补偿系统和海水隔离系统(图1.12)。

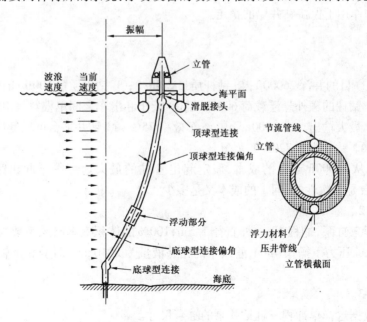

图1.12 海水隔离系统

1.10.1 隔水系统及其组成

海水隔管是井眼的延伸,连接海底至海面上的钻井平台。作用是保护钻杆,为钻井液和钻屑返到地面提供通道。

隔水管是海水隔离系统的基本组成部分,单位长度 40 ~ 50ft,用刚性、耐压接箍(隔水接头)连接,隔水管线上连接有节流器、压井管线和控制管线,它们用于循环钻井液、保持压力平衡,防止井涌发生。这些管线与隔水管线连接在一起但又相互独立。

大固定接头不使用球形接头连接,球形接头设计的旋转角度为 8° ~ 10°,而为了使钻柱能够自由通过接头,允许的最大转动角度为 4° ~ 5°。

隔离管的顶端接有套筒接头,用于平衡浮动阀门的深沉运动。套筒接头的设计冲程为 15 ~ 45ft。

隔离管顶端的拉力通过张紧器保持,每个张紧器可以承受$(60 ~ 80) × 10^3$lb 的质量,其数量通常是 4 个、6 个或 8 个,因此总的拉力范围为$(240 ~ 640) × 10^3$lb。

1.10.2 运动平衡系统

运动平衡系统的作用是减小钻探船与其他浮式钻井装置偏移。系泊系统由绞线、锚、水龙头和浮子组成,这是最早用于海洋环境的平衡工具。它的重要性在于静态和动态的压井,并尽可能保持使用期限。

绞线材料可以是金属的也可是非金属的,取决于环境、强度和疲劳老化。金属绞线的强度重量比大,但是在腐蚀环境中容易产生疲劳断裂。疲劳断裂现象在连接处也经常发生。相反,人造绞线抗腐蚀但对生物损伤敏感。人造纤维的使用避免了诸类问题的产生,因此在海洋钻井中得到广泛应用。

在深水中,系泊系统基本不起作用,从而产生了动态定位的概念,即在不适用锚的情况下,在外侧推进力的作用下保持钻井船的稳定。

1.11 补充问题

(1)问题 1.1。

已知数据:① 目的井深 26000ft;② 钻杆质量 20lb/ft;③ 钻铤质量 100lb/ft;④ 钻头最大载荷 100000lbf;⑤ 钻柱的额外悬浮载荷 60000lbf;⑥ 天车和滑车之间单根数量 10 根;⑦ 滑车效率 81%;⑧ 绞车最大输出功率 2000hp;⑨ 绞车效率 75%;⑩ 钻井平台可反复使用 3 次;⑪ 接单根时间 1min;⑫ 钻井成本 7200 美元/d。

问:① 计算从 26000ft 起钻的成本,假定起出管柱的最大速度等于起出第一根的速度;② 如果钻井平台是一次性的,问①的成本又是多少?

(2)问题 1.2。

有一单冲程三缸泵,冲程 12in,杆直径 1.5in,100% 的体积效率时泵系数为 6.0,泵速 100 冲程/min,3428psi 压力下操作 4min,管线中的钻井液量为 2040gal。计算泵的输出水力功率与缸套直径。

(3)问题 1.3。

根据以下数据选择单冲程三缸钻井泵的缸套尺寸。

① 14in 井眼配 9in 套管,8in 井眼配 4in 套管。

② 环空最低流速 90ft/min。

③ 泵参数:在 700hp 水力功率下工作,低于 40 冲程/min 时体积效率为 90%,大于 40

冲程/min 时体积效率80%，冲程20in，杆直径2¼in，最大泵速70 冲程/min，最小泵速25 冲程/min，循环需要的最大压力3616psi。

④ 钻具组合参数：钻杆外径4in，质量11.85lb/ft；钻铤外径6in，质量90lb/ft，流量等于流速乘以管柱的横截面积。

（4）问题1.4。

计算在11700ft 地层中起下钻的总时间，相关数据如下。

① 钻井平台可反复使用3 次。

② 钻杆长10700ft，质量15lb/ft。

③ 钻铤质量80lb/ft。

④ 最大拉力1200hp。

⑤ 天车和滑车间有12 个单根。

⑥ 天车效率85%。

⑦ 绞车效率75%。

⑧ 接单根或拆单根平均时间18s。

（5）问题1.5。

根据以下数据计算钻机燃料费用。

① 总井深20000ft。

② 钻铤重150lb/ft。

③ 钻铤总长度1000ft。

④ 钻杆重20lb/ft。

⑤ 以60ft/min 的速度起钻的平均牵引力为3.5lb/ft。

⑥ 机械效率70%。

⑦ 天车和滑车间有10 个单根。

⑧ 柴油机效率50%。

⑨ 柴油热值20000Btu/lb，密度7.2lb/gal，价格1.00 美元/gal。

（6）问题1.6。

钻一口15000ft 深的井使用双缸泵（缸套直径6.5in，杆直径0.35in，冲程18in），在泵速50 冲程/min、压力4000psi 条件下，每分钟可以泵送350gal 的钻井液，泵机械效率为70%。

计算：① 泵的输出功率是多少？ ② 如果循环系统动态压力为2200psi，由于摩阻压力损失占（1）中计算功率的比例是多少？

（7）问题1.7。

根据以下数据计算使用柴油机供给双缸泵的日成本。

① 泵为单冲程双缸泵，冲程18in。

② 杆直径2½in。

③ 缸套直径8in。

④ 泵速40 冲程/min 时排出压力1000psi。

⑤ 体积效率90%。

⑥ 机械效率85%。

⑦ 柴油机效率 50%。

⑧ 柴油热值 19000Btu/lb,密度 7.2lb/gal,价格 1.15 美元/gal。

(8)问题 1.8。

在地下 20000ft 处起下钻,计算第一个单根起出地面的最短时间。相关数据如下。

① 钻井平台反复使用 3 次。

② 绞车功率 1000hp,效率 75%。

③ 大绳 12 根。

④ 卷扬效率 80%。

⑤ 钻杆重 14lb/ft。

⑥ 钻铤重 90lb/ft。

⑦ 钻铤长度 1000ft。

⑧ 其他悬浮载荷 30000lb。

(9)问题 1.9。

给出摩擦压力损失与流量的关系:

$$P_f = CQ^m$$

式中　P_f——摩擦压力损失;

　　　C——常数;

　　　m——流动指数;

　　　Q——流量。

根据以下条件计算 m 的表达式:① $Q = Q_i$ 时,$P_f = P_{fi}$;② $Q = Q_j$ 时,$P_f = P_{fj}$。

(10)问题 1.10。

单冲程三缸钻井泵的动力由柴油机提供,泵的参数如下。

① 杆直径 2½in。

② 缸套外径 7in。

③ 冲程 12in。

④ 泵速 60 冲程/min 时排出压力为 3400psi。

⑤ 体积效率 90%。

⑥ 机械效率 85%。

如果柴油机效率是 55%,计算每天需要多少体积的柴油(柴油热值为 19000Btu/lb,密度 7.2lb/gal)?

(11)问题 1.11。

提升大绳有 12 根,求最大大钩载荷为 400000lb、滑车速度 2ft/s 时所需的绞车功率(举升效率 80%,绞车效率 70%)?

(12)问题 1.12。

重 10lb/gal 的钻井液以 540gal/min 的速度在如图 1.12 所示的系统中循环,流体循环系统布局见图 1.13,单冲程三缸泵的体积效率是 85%,计算在以下操作条件下所需泵的水力功率是多少?

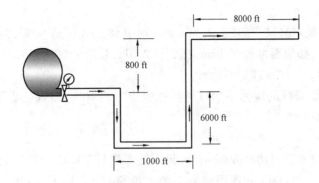

图 1.13　问题 1.12 中流体循环系统布局

① 循环过程中摩阻压力损失梯度是 0.06psi/ft。

② 静水压力可根据 $P=0.052h\gamma$ 计算,其中 h 为管柱高度,γ 为流体密度。

(13)问题 1.13。

计算钻机以转速 1800r/min 输出 3000lb·ft 扭矩工作时的燃料成本。钻机效率 30%,燃料价格 1.05 美元/gal,密度 7.14lb/gal,热值 19000Btu/lb。

(14)问题 1.14。

给出环形防喷器、剪切闸板、防喷器闸板的防喷器组合,并说明理由。

(15)问题 1.15。

根据以下数据计算从 9000ft 钻到 10000ft 的成本(用每英尺的费用表示)。

① 井深 17000ft。

② 套管组合:500ft、4000ft、9000ft、14000ft、17000ft。

③ 钻井平台可反复使用 3 次,租赁费用 12000 美元/d。

④ 接单根时间 1.5min。

⑤ 钻头和对比井数据分别见表 1.2 和表 1.3。

表 1.2　钻头数据

尺寸,in	平均寿命,h	成本,美元
22	40	3000
17½	35	2000
13½	20	1400
8⅜	20	1000
5¾	10	500

表 1.3　对比井数据

井数	钻井费用 k	经济评估系数 a
1	180	0.00021
2	200	0.00024
3	300	0.00025

(16)问题 1.16。

1000hp 的单冲程双缸泵,当泵速为 60r/min 时其体积效率是 80%,钻最后 1000ft 地层的排出压力为 3000psi,如果泵冲程是 20in,杆直径 2.5in,泵速是 60r/min,那么缸套尺寸是多少?

(17)问题 1.17。

问题 1.16 中,如果杆的应力不超过材料屈服应力的 40%,以及临界弯曲应力的 50%,那么最小的杆直径是多少?

(18)问题 1.18。

已知数据:① 绞车输出功率 800hp;② 起下钻深度是 20000ft;③ 钻杆重 15lb/ft;④ 钻铤重 80lb/ft;⑤ 15000~20000ft 井深段的钻头最大负荷 80000lb;⑥ 举升效率 85%;⑦ 绞车效率 80%。

计算起钻的总时间(假定拆单根时间是 20s,起出速度与起第一单根的速度相同)和起钻时的燃料费用(假定柴油机效率 40%,绞车效率 80%,燃料热值 18000Btu/lb,密度 7.2lb/gal,价格 1 美元/gal)。

(19)问题 1.19。

根据以下条件选择分别钻上端和下端井眼的缸套尺寸。

① 钻铤参数:外径 7in,内径 3in,重 100lb/ft,长度 1000ft。

② 钻杆参数:外径 4in,内径 3.5in,重 15lb/ft。

③ 环空钻井液速度要求 120ft/min。

④ 钻井泵参数:单冲程三缸泵,冲程 18in,杆直径 2in,体积效率(100 − 0.25 × 转速)× 100%,机械效率 60%,地面最大压力 4000psi,最大泵速 100 冲程/min,最小泵速 25 冲程/min。

⑤ 井眼尺寸:上段井眼 18in,下入套管 14in;下端井眼 10in,下入套管 7in。

⑥ 柴油机输出功率 800hp。

(20)问题 1.20。

准确描述旋转钻井技术钻井眼的过程,说明钻井平台每一部分的名称及组成,并简述各部分的作用。

(21)问题 1.21。

一钻井 20000ft,钻杆重 20lb/ft,钻铤长 1000ft,重 120lb/ft,天车和滑车间有 10 个单根,如果滑车和水龙带的液体最大容量是 200t,计算从 19000ft 深处起钻的绞车拉力(效率是 80%)。

(22)问题 1.22。

某井按以下要求从深度 A 处钻至深度 B 处,计算钻这段井眼使用的缸套尺寸。

① 最小流量 240gal/min。

② 最大流量 660gal/min。

③ 泵是单冲程三缸泵,且最大排出压力是 3400psi,水力功率是 800hp,泵速小于 50 冲程/min 时体积效率是 80%,大于 50 冲程/min 时体积效率是 70%。

1.12　符号说明

D_L:活塞直径;

D_r:杆直径;

E_v:泵体积效率;

F_{fp}:吊绳载荷;

F_h:大钩载荷;

H:燃料热值,Btu/lb;

H_L:净大钩载荷,lb;

H_{hp}:泵水力功率,hp;

L_s:活塞冲程;

n:天车和滑车间的单根数;

N:电动机转速,r/min;

N_c:缸数;

P:泵排出压力,psi;

P_i:输入功率;

P_o:输出功率;

Q:流量,gal/min;

Q_f:燃料消耗速度,lb/h;

R_c:额定天车载荷,lb;

S:附属设备质量,lb;

T:输出扭矩,lb·ft;

v_{fp}:吊绳速度;

v_{tb}:滑车速度。

2 钻 井 液

2.1 钻井液的特性

2.1.1 钻井液的定义

钻井液是指油气井钻井过程中以其多种功能满足钻井工作需要的各种循环流体(液体、气体或汽化的液体)。

钻井液工艺是整个钻井工程的重要组成部分,钻井液类型的合理选择会对钻井的成败产生直接或间接的影响,同时也会影响钻井的成本。因此选择适合的钻井液体系,并在钻井过程中保持良好的钻井液性能非常重要。

2.1.2 钻井液的作用

钻井液在钻井作业中发挥重要的作用:(1)清除岩屑;(2)平衡地层压力;(3)稳定井壁;(4)冷却和润滑钻具和钻头;(5)有助于地质评价;(6)有助于悬浮有用固相和去除无用固相;(7)浮力作用减少了钻具和套管的悬重。

另外,除了以上钻井液的作用外,如果钻井液类型选择适当,还可以带来一些附加效益:(1)减少对地层的危害;(2)减少对钻井设施和设备的腐蚀;(3)提高机械钻速;(4)减少环境危害;(5)增加钻井安全性;(6)减少摩阻以降低泵压的损失。

2.1.3 其他作用

除了以上描述的作用外,如果恰当选择钻井液还会达到以下效果:

(1)降低地层伤害;

(2)降低对钻具的腐蚀;

(3)提高钻速;

(4)降低对环境的污染;

(5)降低摩阻压力损失;

不能发挥钻井液的功效会导致代价惨重的钻井事故,事实上,绝大部分钻井事故都直接或间接地与使用的钻井液有关,因此,钻井设计的成功与否与钻井液的应用有关。下面将简要介绍每一种作用。

2.1.3.1 清除井底钻屑

为了降低钻井成本需要将钻头切削下的钻屑及时清除,钻井时通常在井底产生有效压差,即钻井液的压力梯度要高于地层的压力梯度。由于有效压差的存在,钻屑会留在井底,从而增加重复钻井的工作。除了降低钻速外,钻屑还会在井底重新结块,造成清除的困难。因此,钻井液必须在井底提供有效的水动力用以清除井底的钻屑。

2.1.3.2 清除环空钻屑

为了防止管柱黏卡、过度扭曲和拖拽、套管和测井事故等事故发生,钻屑需要从井底运移到地面。影响钻屑运移的因素有环空流体流速、钻井液流变性、井眼倾斜度、钻杆旋转、环空离心率、钻速以及钻屑的几何形态。

2.1.3.3　地层流体压力保持

在钻井过程中,为了防止地层流体进入井眼中,防止钻井液漏失的发生,钻井液需要具有足够的密度保持地层孔隙压力。钻遇压力可分为以下三类。

(1)正常压力:压力梯度为 0.433psi/ft。

(2)异常高压:压力梯度高于 0.433psi/ft。

(3)异常低压:压力梯度低于 0.433psi/ft。

基于安全考虑,在钻井操作时钻井液的压力梯度要高于所钻地层的地层压力梯度。这种情况下的钻井称为过平衡钻井,即:

$$p_{df} - p_{ff} = \Delta p \tag{2.1}$$

式中　p_{df}、p_{ff}——钻井液和地层流体的压力;

　　　Δp——压差。

根据 Δp 大于、等于或小于 0 可以判断钻井属于过平衡钻井、平衡钻井或欠平衡钻井。大多数钻井属于过平衡钻井,而且 Δp 通常在 100~500psi。

2.1.3.4　井壁稳定

井壁不稳定在钻井过程中经常遇到,井眼的大小、形态和结构都不能保持一致,导致井壁不稳定的原因可分为以下三类情况:

(1)现场应力不平衡导致的机械故障;

(2)由于钻井液循环导致的腐蚀;

(3)流体与地层反应导致的不稳定。

不稳定的类型可以分为以下几类。

(1)井眼闭合。井眼闭合是井眼缩小的过程,通常发生在塑性页岩和盐岩段,伴随着井眼闭合还会增加钻杆的扭矩和拖拽力,会增加卡钻的概率。钻井液的相对密度是控制这种事故的主要因素。

(2)井眼增大。井眼增大通常是由于对钻杆和页岩段的水力冲蚀、机械磨蚀造成的。伴随着井眼增大还会产生固井困难、井眼增斜、增大水力功率、测井操作困难等问题,通常钻井液设计、低水力功率和减轻钻柱的晃动可以降低这类事故的发生。

(3)井眼断裂。井眼断裂发生在钻井液压力梯度远大于地层破裂压力梯度时,通常还会发生漏失循环和黏卡问题。对地层破裂压力梯度和等效循环钻井液密度的充分认识是降低这类事故发生的唯一方法。

(4)井眼坍塌。当钻井液压力梯度远小于保持地层结构整体性时会发生井眼坍塌,这也会引起钻杆黏卡和漏失的问题。同样的,只有充分了解地层的破裂压力梯度和恰当选择钻井液相对密度才能降低这类问题的发生。

当钻遇以下几类地层时会导致井眼的机械失稳:

(1)疏松地层;

(2)高压页岩地层;

(3)水敏页岩地层;

(4)水力冲蚀敏感地层。

前两种问题的发生与地层的固有机械问题有关,导致了不平衡的机械应力从而是井眼出现问题,因此,钻井液的选择对井壁稳定性至关重要。

在水敏页岩地层中,页岩与滤液之间的化学反应会使黏土水合,从而导致膨胀和加重。降低这种化学反应是解决这种问题的唯一途径,因此需要在钻井液体系中使用抑制剂。

水力冲蚀是由于高速环空流体流速引起的,通常发生在较疏松地层,因此,为了使井壁稳定,钻井液的密度、化学性质、流动性质需要恰当设计并且能够保持性质稳定。

2.1.3.5 冷却

大部分的热量是通过旋转钻杆和钻头与井壁之间产生的,如果热量不及时驱散,会导致钻头和钻杆的过早毁坏,因此,钻井液应具有传递热量的作用。

2.1.3.6 悬浮固体颗粒

当流体循环停止时,钻井液能够保持其固体颗粒不沉降或添加固体材料如加重剂等。对非触变性流体,固体颗粒的重度和大小以及流体的重度和黏度是主要因素。然而,在触变性流体中流体是根据随时间不同的凝胶强度来保持钻屑的悬浮。

在加重的钻井液体系中,加重颗粒如重晶石必须一直悬浮在钻井液中,因此,钻井液的悬浮性质是一项重要作用。

2.1.3.7 清洗钻头

在钻井过程中,在特殊地层会经常发生钻头黏附和形成泥包,改变钻井液的类型和通过调整钻头的水力功率可以阻止其发生。

2.1.3.8 润滑

钻定向井时为了达到一定的角度会产生过度的扭曲和拖拽作用,钻井液体系通过润滑井眼的钻杆可以降低这种作用,从而保证最大的旋转能量作用于钻头上。润滑剂有蒙皂石、石油、洗涤剂、石墨、沥青、特殊表面活性剂和胡桃壳。蒙皂石可以作为润滑剂是因为当其变湿时是光滑可以降低摩擦的。同样,具有润滑性能的钻井液会降低井下工具和套管的磨损。

套管和裸眼段的典型摩擦系数如下:

	下套管井	裸眼井
空气	0.35 ~ 0.55	0.40 ~ 0.60
泡沫	0.30 ~ 0.40	0.35 ~ 0.55
木质素磺酸盐	0.20 ~ 0.25	0.20 ~ 0.30
聚合物	0.15 ~ 0.22	0.20 ~ 0.30
油基	0.10 ~ 0.20	0.15 ~ 0.20

一些润滑添加剂可以降低摩阻系数,而在下入套管或尾管时需要较大的摩阻系数。

2.1.3.9 防止腐蚀

能够导致钻具腐蚀的有氧气、二氧化碳、硫化氢和盐类。氧气吸收剂和氨基止氧剂通常比较有效。氧气腐蚀可以通过使用地面排气装置减轻。当钻遇的井中含有硫化氢和二氧化碳时会对钻井操作影响较大,布井是由于气体对操作人员的伤害大,而且它们对金属装置的损坏也很大。加入吸收剂的钻井液体系可以去除这些污染物。

2.1.3.10 辅助地层评价

钻井液也作为测井工具和地层间的传递介质,其物理化学性质会影响许多测井操作。钻井液的性质需与测井方法相匹配,相反的,测井方法也应与钻井液的性质相匹配。例如,高含盐钻井液中不允许使用自然电位工具,如果钻井液的含量与地层流体一样,仪器会没有记录。油基钻井液中不允许使用电阻率测井,因为油作为绝缘体降低了电流。因此,恰当的测井工具选择需与钻井设计相吻合,而且,钻井液要同时对钻屑和岩心的收集不造成影响。

2.1.3.11 降低地层伤害

对有效储层的保护是钻井液作用的重要部分,泥饼在井壁的附着允许钻井的继续并保护有效生产层位。地层损害通常是指井眼附近的渗透率降低,尤其是在低渗透油藏中或者高黏土油藏中问题比较严重。好的泥饼能够稳定井眼并降低滤失,同时降低了空隙中的黏土膨胀降低渗透率。胶体颗粒、聚合物或黏土漏失进地层并引起堵塞,因此,钻井液的性质和化学组成在防止地层伤害方面起着重要作用。

2.2 钻井液的选择

2.2.1 选择标准

最大化地降低钻井成本是钻井液类型选择的主要标准;其次要考虑的是钻井液必须满足勘探、开发、环境、安全、钻井业绩、后勤保障等需要;其余的考虑因素有井型和井别、地层状况、钻机设备、产层和产层类别、套管程序、用水、对设备潜在的腐蚀、环境影响以及国际钻井作业中产品的可用度。

2.2.2 深层考虑

以下就每一个考虑因素进行详细阐述。

2.2.2.1 井别

石油钻井的井别可以分为探井和开发井。为了获得地质信息,一般先打一口探井,然后进行开发井的钻探,因此开发井可以根据探井得到的条件来选择合理的钻井液,而且该钻井液可以根据对不同井况的适应形成一套钻井液体系。另外,一口开发井的钻井液设计与其他工程设计(如水力、钻头、套管等)都是同步的,目的都是为了实现钻井成本的最小化。

2.2.2.2 复杂地层

钻井作业中,如果钻遇的地层与钻井液之间发生直接或间接的反应,此类地层称作复杂地层,可分为泥页岩层(水敏性,易坍塌)、硬石膏层(石灰或石膏)、盐岩层、高温地层、异常压力地层、破裂和漏失地层。

2.2.2.3 泥页岩层

钻井复杂情况会根据所钻泥页岩的种类不同而不同,造成诸如卡钻、憋扭矩、环空净化困难、测井困难、钻井液污染等问题。因此,针对泥页岩层带来的问题,钻井液性能应根据井下复杂情况的严重程度及时调整。

2.2.2.4 硬石膏层

当使用重晶石处理的淡水钻井液钻硬石膏层时,钙离子进入到钻井液体系中并阻碍重晶石水化、絮凝水化的钻井液,从而影响钻井液的黏度和滤失性。根据该层段的厚度,只能将钙离子移除体系外或将钻井液转化成可以不受离子污染的抑制型钻井液。通常,经济因素决定了使用何种方法进行处理。

2.2.2.5　盐层

使用重晶石处理的淡水钻井液钻盐岩地层的效果与钻遇硬石膏层相似。污染离子有 Mg^{2+}、Ca^{2+} 和 Cl^-。就像在硬石膏地层中一样,经济因素决定了将离子去除掉还是使用抑制剂流体。通常如果钻遇了厚的盐层段,可以使用盐饱和钻井液或油基钻井液。

2.2.2.6　高温地层

一般当裸眼井段的温度大于 250°F 时,钻井液的性能会明显降低,如引起失水和黏度的变化。因此钻遇到高温地层时,应选择油基钻井液体系以防止复杂情况的出现。

2.2.2.7　异常压力地层

当没有预见性地钻遇异常高压地层时,地层流体会侵入钻井液,从而导致钻井液污染和井涌。因此保持合适的钻井液密度可以大大降低异常压力的危害。

2.2.2.8　漏失地层

当钻遇漏失地层时钻井液会进入地层,如果泵入的钻井液仅有一部分进入地层被称为部分漏失,如果钻井液全部进入地层没有返出被称为全部漏失。部分漏失情况下主要考虑控制成本;全部漏失情况下不但要控制成本,更要考虑根据地质信息来选择适当的钻井液以保证钻井顺利进行。

2.2.2.9　钻井设备

固控设备和循环系统是旋转钻井工程的两大组成部分,其重要性关乎钻井液体系的选择和优选。

2.2.2.10　生产层位

在目的层位,钻井液的失水必须控制到最小,而且保证对生产层没有伤害。例如钻遇含有黏土的砂岩层,必须防止失水过多导致的黏土水化膨胀,因为这样会导致储层的渗透率降低,造成减产。

2.2.2.11　套管程序

套管设计中必须考虑的因素和钻井液相似,所下套管的深度必须能够适应岩性的变化和封固复杂地层。

2.2.2.12　可用的水源

钻井液分散介质——水的选择必须根据现场情况的不同而因地制宜,如果作业现场有充足的淡水,钻井液的稀释就会很方便;如果从别的地方供水,现场就要考虑固控设备的高效使用;如果在近海钻井,海水就成为廉价的钻井液资源。

2.2.2.13　腐蚀

腐蚀与环形机械载荷的共同作用是造成钻杆过早损坏的主要原因。有数据显示,溶解气(如氧气、二氧化碳、硫化氢)在钻井液中会明显降低钻杆的寿命。在非腐蚀性疲劳分析中使用的疲劳极限不能描述金属的疲劳性质,在腐蚀环境中,钻杆损坏通常发生在环形应力作用的地方。

2.2.2.14　环境影响

即使钻井液和钻屑得到专门的处理,钻井的环境污染问题依然必须引起人们的重视。例如,海洋钻井一般会选择特别的油基或合成基钻井液体系,而不是常规的柴油基钻井液体系。

2.3　钻井液的分类

钻井液一般可根据其流体介质的特点来进行分类,可分为水基钻井液、油基钻井液和气体(泡沫)型钻井流体(空气、天然气或氮气等)。

2.3.1　气体型钻井流体

气体型钻井流体主要适用于钻低压油气层、易漏失地层和欠平衡钻井中。其特点是密度低可以提高机械钻速,延长钻头使用寿命,控制漏失以及可有效保护油气层;缺点是使用空气或天然气作为循环流体可能引起井下失火、腐蚀、影响定向准确度和井下稳定性。

(1)空气钻井流体:空气钻井液与其他类型钻井液相比可以使机械钻速提高到最大,具有携带钻屑和冷却钻头的两大功能,但是同时还存在钻遇油水产层时会导致井眼不够稳定并且造成钻井成本过高的局限性。

(2)雾状钻井流体:即少量水在空气介质中所形成的雾状流体,具有与空气钻井液同样的特点和局限性。

(3)泡沫钻井流体:水或雾状表面活性剂加入空气流体中产生黏性的气雾状的泡沫,其功能同空气钻井流体,适用于易漏地层或者堵漏成本过高的地层。

(4)汽化或充气钻井液:即空气或氮气加入循环的钻井液中形成的,适用于地层破裂压力低于正常最小钻井液当量密度的地层,也可用于欠平衡钻井中。

2.3.2　水基或油基钻井液

如果考虑成本和适用性不能使用气体型钻井流体,那么可以考虑使用水基或油基钻井液,这种以液体作为连续介质的钻井液可以分为清水(淡水或盐水)钻井液、抑制性和非抑制性水基钻井液、油基钻井液。

2.3.2.1　清水钻井液

在正常地层的钻井作业中,清水被认为是最经济的钻井液。清水钻井液具有提高机械钻速和延长钻头寿命的特点,但是也有局限性,即在钻遇异常压力地层、水敏性地层或者其他不稳定地层时不宜使用。

2.3.2.2　钻井液

钻井液为水、油或者油水混合物加入黏土矿物,如膨润土或聚合物处理后形成的。钻井液由以下两部分组成。

液相:钻井液的连续相,包括水(淡水、海水或盐水),油、柴油、矿物油或合成油等。

固相:惰性固相(如加重材料重晶石),活性固相(造浆和提高黏度的黏土矿物、聚合物及其他化学药剂)。

当连续液体相是水时,钻井液体系称为水基钻井液,否则就是油基钻井液。像黏土这样的反应固体与聚合物是钻井液体系的主要构成部分。钠蒙皂石和硅镁土也是组成部分,作为加重材料使用。化学添加剂与活性黏土反应达到预期的钻井液性质。下面部分将详细讨论每种钻井液的类型和应用。

2.3.2.3　非抑制性水基钻井液

非抑制性水基钻井液具有成本低、容易维护的特点。但是它不适用于高温地层、易分散或含有硫化氢的地层。其种类包括开钻钻井液、清水钻井液、经膨润土预处理的钻井液、褐煤处理钻井液。

(1)开钻钻井液。在有些地区,在页岩/黏土地层中钻地表井眼时使用当地黏度的清水钻井液(称为开钻钻井液),当下入管柱之后就不在使用。

(2)膨润土钻井液。为了提高垂直和近垂直井筒中钻屑的携带能力、悬浮重晶石保持钻井液的重度、防止井眼坍塌问题需要加入膨润土,这种钻井液称为膨润土钻井液。在钻浅的无事故的井场使用此类型钻井液。

(3)磷酸盐钻井液。当膨润土钻井液被钙离子或镁离子污染后,需要加入磷酸盐调节其黏度,这种钻井液称为磷酸盐钻井液。磷酸盐不能控制流体滤失,而且在井底温度高于150 ℉时变得很不稳定,因此,它的使用仅局限于井眼的上部。

(4)胶质化学钻井液。胶质化学钻井液含有膨润土和少量的降黏剂,它们的作用与磷酸盐相似,但能应用于更深的地层。

(5)褐煤/木质素磺酸盐钻井液。使用大量的木质素磺酸盐和更有效的降黏剂处理的钻井液称为木质素磺酸盐钻井液。褐煤是一种更容易滤失的物质,它与木质素磺酸盐一起使用称为褐煤/木质素磺酸盐钻井液。这种钻井液在温度达到375 ℉时还比较稳定。虽然木质素磺酸盐用于控制屈服强度和凝胶强度,处理过的钻井液对钙和氯化物的污染物不敏感。

2.3.2.4　抑制性水基钻井液

抑制性水基钻井液包括钙基钻井液、盐基钻井液、钾基钻井液和聚合物钻井液。

(1)钙基钻井液。石灰或石膏加入到膨润土钻井液中时,含钠的黏土转变成了钙离子黏土,从而称为钙基钻井液。石灰泥浆是通过向膨润土钻井液中添加苛性钠、生物降黏剂、石灰和滤失控制剂得到的。石膏泥浆是通过添加石膏和木质素磺酸盐得到的。钙基钻井液用于钻硬石膏地层和具有轻微页岩膨胀和盐水流的地层。

(2)盐基钻井液。盐基钻井液的盐度从10000mg/L到完全盐水饱和的315000mg/L不等,盐度的大小取决于水的盐度和添加的盐量。常规的盐基钻井液的基液是预水化膨润土或硅镁黏土,用于钻盐岩段、硬石膏段、石膏段和页岩段。可以添加特定的聚合物提高盐水的黏度,这种钻井液可用于修井作业和海上钻井。

(3)钾基钻井液。钾基钻井液是在水敏页岩地层中常使用的钻井液类型,它们的性能取决于钾离子与钠离子或钙离子之间的阳离子交换量。

钾基钻井液对页岩抑制地层的作用优于钙基钻井液,页岩稳定的现象表现在:在钻含蒙皂石的页岩段时,钾离子交换了钠离子和钙离子,从而形成一个更稳定的钻井液体系,对水化不敏感。钾基钻井液有以下四种:氯化钾—聚合物、氯化钾—阳离子聚合物、氯化钾 - 褐煤和氯化钾—石灰。

(4)聚合物钻井液。聚合物钻井液是使用特定聚合物处理的钻井液,聚合物的化学性质决定了其与普通钻井液不同的应用。例如,聚合物用来增黏、控制滤失、絮凝或反絮凝、密封井壁、高温稳定、增加膨润土的屈服极限。聚合物钻井液中聚合物的含量通常低于总低重度固体体积量的5%,并且能够提高钻速。这种钻井液称为真低固体含量钻井液,通常分为两类:未分散低固体聚合物钻井液(PHPA、PAC/CMC 和 Ben - Ex)和高温反絮凝聚合物钻井液(Polytemp、Pyro - Drill 和 Therma - Drill)。

2.3.2.5　油基钻井液

如果连续液相是油(柴油、矿物油或人造油),那么钻井液就是油基钻井液。硫化氢、二氧化碳、盐、硬石膏和活性页岩等污染物对油基钻井液不起作用。主要有两种类型:油包水型和水包油型。水包油型钻井液中自由水含量低于5%,而油包水型的高于5%。不管哪种类型,油都是连续相,水是分散相。这种类型的钻井液具有耐热性,而且可以油水任何比例混合。使用油基钻井液可以保护环境,主要用于高温地层、水敏页岩地层、多盐地层、润滑度低地层、低孔隙压力地层和腐蚀性地层(硫化氢、二氧化碳等)。

2.4 水基钻井液的污染

污染物侵入钻井液会造成钻井液性能的突然变化,比较常见的污染物是微米级和亚微米级的固体颗粒。它们影响钻井液性能,降低了钻速。清除这些固体颗粒的首选是固体清除设备。还有一些化学污染物,清除它们需要化学处理剂:(1)钙用纯碱或碳酸氢钠处理;(2)镁用氢氧化钠处理;(3)碳酸盐用石膏或石灰处理;(4)碳酸氢盐用石灰处理;(5)硫化物用碳酸锌或氧化锌处理。

下面简要叙述这些污染物的来源及对钻井液的影响。

2.4.1 盐岩或盐水侵

盐侵或盐水侵在钻井液中的反应是氯离子含量增加,黏度升高,滤失和pH值下降,还有可能产生泡沫。处理盐水侵的方式是提高钻井液密度,加入纯碱、磺甲基单宁或木质素磺酸盐;处理盐岩侵的方法是将钻具提离盐床层三到四根柱高度,防止系统饱和。此外还可加入凝胶、Desco、木质素磺酸盐、CMC(羧甲基纤维素钠)和Drispac(聚阴离子纤维素)来控制失水,代替水侵的膨润土钻井液固相。

2.4.2 高固相

钻井液中固相过高会表现为漏斗黏度升高、塑性黏度增加、亚甲基蓝测定值升高及钻井液化学处理效果降低等。处理这类问题可以通过使用离心机等固控设备、液体稀释(最经济的方法)等来保持钻井液量和密度的稳定,同时振动筛使用低目数的纱网,一般目数越低越好。

2.4.3 石膏侵

钻遇石膏侵时,钻井液黏度和切力急剧上升,滤失量增大,钙离子和硫酸根离子含量也会急剧上升。但必须注意在大部分情况下,硫酸根离子含量的测定一般不在现场进行,因为需要的化学药品特别难以获取。处理石膏侵时一般会往钻井液中加入小苏打、纯碱或磷酸盐,如果遇到大段石膏地层,钻井液可以直接使用石膏钻井液或者提高pH值(钙离子浓度必须控制)进行处理。

2.4.4 水泥侵

钻井遇到水泥侵情况时,钻井液黏度会升高,切力急剧上升,滤失量增大,钙离子含量升高,而且由于水泥中含有羟基离子使钻井液的pH值明显提高。因此在处理水泥侵时,应根据pH值的情况往钻井液中加入磷酸盐、磺甲基单宁、小苏打、纯碱等进行处理,或者在钻水泥之前给钻井液加入小苏打进行预处理,还可以加入适量有机稀释剂。

2.5 钻井液性能,现场测试与控制

钻井过程中必须全面了解各种钻井液的性能,包括密度、流变性、滤失性,以及其他化学性质。从避免钻井液漏失引起的经济损失角度看,钻井液必须适用于预钻的地层。有必要通过现场测试来监测钻井液性质的变化,发现原因,寻找解决办法。本章主要介绍的是钻井液性质

的定义、相关的作用、现场测试与控制。

2.5.1 黏度

黏度是流体内部阻碍其自身流动的能力。出现这种现象的机理是流体分子之间的相互吸引力作用。阻碍力越强,黏度越大。下面详细介绍黏度。

测量黏度常用的仪器是漏斗黏度计(图 2.11),通过测量一夸脱钻井液漏完的时间计量黏度。另外还有一种仪器——旋转黏度计。仪器使用方法参照 API – RP – 13B 标准。

为测量漏斗黏度,漏斗黏度计的总容量是 1500mL。首先加入钻井液至刻度线共 946mL。记录 946mL 钻井液从漏斗流出的时间(s)作为漏斗黏度。漏斗在使用前必须校正,即在 65 ~ 75℉温度下水的黏度是 25.5 ~ 26.5s/qr。漏斗黏度只是个相对参考值,不能用于计算。最大的作用是直观观察黏度的变化趋势,了解钻井液黏度是升高还是降低了。

旋转黏度计(图 2.12)是电动仪器。通过调整挡位(300r/min 和 600r/min)可以测量塑性黏度(PV)和屈服黏度(YP)。表观黏度是 600r/min 挡读数的一半,表示的是钻井液的稠度。

具体测量流程如下:将摇匀的钻井液倒入搅拌桶中,将旋转黏度计的转轮浸入钻井液中。开启 600r/min 挡开关,示数稳定后读取。然后调到 300r/min 挡,示数稳定后再次读取。

塑性黏度为 600r/min 的示数减去 300r/min 的示数。而屈服黏度等于 300r/min 的示数减去塑性黏度。

静切力也是用旋转黏度计测量的。钻井液先在高速下搅拌 10s 达到稳定示数。静置 10s,在低转速(大约 3r/min)下测量,读取示数即得初切力;在高速下搅拌 10s,静置 10min,然后在低转速下测量得到终切力。

当使用电驱设备时,凝胶读数为低速下的最大读数。塑性黏度和屈服值是决定循环系统压降的重要参数,也是配制钻井液体系的重要参数。

塑性黏度是钻井液中固体颗粒浓度、大小和形状的函数,可以通过稀释或机械方法控制它。屈服值是胶体颗粒间静电力的函数,可以通过化学稀释剂、分散剂等控制。

黏度控制。一般增加黏度采用添加膨润土或聚合物的方法。降低黏度一般采用加水稀释的方法,如果需要大量的液体,则需要加入分散剂,如单宁、褐煤、聚磷酸盐等。除了水外任何一种添加剂都会增加钻井液的黏度。

2.5.2 密度

密度是衡量钻井液性质的重要参数。密度单位常常是 lb/gal,有时也用 lb/ft^3、g/cm^3、psi/ft。

理想情况下,为保证高的机械钻速和防止压裂地层,钻井液密度应该跟清水一样。但是实际上,钻井液密度有时需要达到清水密度的两倍,以此保证地层稳定不坍塌。

2.5.2.1 钻井液静压力

井内深度 D 处,使用密度为 γ_m 的钻井液产生的静液柱压力为:

$$p_h = k\gamma_m D \qquad (2.2)$$

式中　D——深度;

　　　γ_m——钻井液密度;

　　　k——单位转换系数。

如果 p_h 单位是 psi，γ_m 单位是 lb/gal，D 单位为 ft，这时 k 应取 0.052。

2.5.2.2　钻井液密度现场测试

现场测密度的仪器一般是钻井液密度仪(图2.1)。但是除非钻井液试样绝对不含滞留气泡，否则密度仪无法给出准确密度值。目前有一种仪器称为 Tru – Wate cup(图2.2)，可以通过增压有效除去钻井液中的气泡，获得真实密度值。

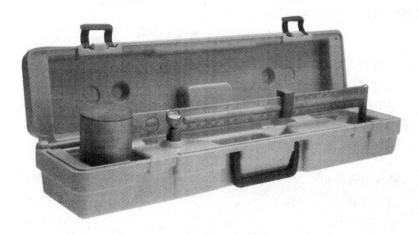

图2.1　常规钻井液密度仪

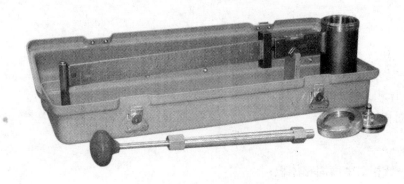

图2.2　增压钻井液密度仪

2.5.2.3　钻井液密度控制

将钻井液密度控制在一定范围内是实现优质、安全、快速钻井的基本要求，也是最重要的条件。钻井产生的碎屑会严重影响机械钻速，如果钻井液中的钻屑没有及时排除就会影响钻井液密度和其他重要性能。控制密度的方法有：(1)有效利用固相清除设备；(2)向钻井液池中添加化学处理剂；(3)加水稀释。

50目的高速振动筛、除砂器、除泥器等都是有效的固相控制设备。离心机专门用于处理加重钻井液，此外也可以用于保持钻井液体系的低固相。通过添加化学絮凝剂产生絮凝作用，也可以将无用固相从钻井液中除去。

通过加水稀释方法控制密度的作用不太理想。一般采用细水长流的方式逐步向钻井液流程管线中加水，一次加水过多会导致钻井液性能被破坏。对于油基钻井液来说，向其中加油稀释成本巨大，而且会降低机械钻速，一般不予采用。

2.5.2.4 钻井液密度数学关系

钻井液中所有的材料都会影响其密度。最主要的就是流体、黏土和重晶石。此外的化学添加剂主要影响黏度、凝胶强度,对密度影响不大,可以忽略不计。本书规定清水密度为 8.33lb/gal,黏土密度为 $2.5g/cm^3$,重晶石密度为 $4.3g/cm^3$。计算钻井液密度一般使用以下四个公式。

物质平衡公式:

$$W_f = W_o + W_a \tag{2.3}$$

式中 W_f——最终混合质量;

W_o——流体质量;

W_a——添加物质量。

体积平衡公式:

$$V_f = V_o + V_a \tag{2.4}$$

式中 V_f——最终混合体积;

V_o——流体体积;

V_a——添加物体积。

质量体积关系:

$$\gamma = \frac{W}{V} \tag{2.5}$$

式中 γ——密度;

W——质量;

V——体积。

低比重固相体积平衡:

$$V_f f_{vf} = V_o f_{vo} \tag{2.6}$$

式中 f_{vf}——低相对密度固相体积;

f_{vo}——最初液体体积。

联立式(2.3)至式(2.6),可得:

$$V_1 D_1 + V_2 D_2 + V_3 D_3 + V_4 D_4 = V_f D_f \tag{2.7a}$$

$$V_1 + V_2 + V_3 + V_4 = V_f \tag{2.7b}$$

式中 V_1, V_2, V_3, V_4——1,2,3,4 四种材料的体积;

D_1, D_2, D_3, D_4——1,2,3,4 四种材料的密度。

式(2.7a)和式(2.7b)已知其余参数就可以求得两个未知参数。

下面是现场通常遇到的问题例子:

(1)最初密度为 γ_o,加重后为 γ_f,求加重材料总量。

$$W_{wm} = \frac{42(\gamma_f - \gamma_o)}{1 - (\gamma_f / \gamma_{wm})} \tag{2.8}$$

式中　W_{wm}——加重材料总量。

（2）两种添加材料 i 和 j，密度分别为 γ_i 和 γ_j，求平均密度 γ_{av}。

$$\gamma_{av} = \frac{\gamma_i \gamma_j}{f_w \gamma_i + (1 + f_w) \gamma_j} \tag{2.9}$$

式中　f_w——材料 j 占添加总材料质量的比例，$f_w = W_j / (\omega_i + \omega_j)$。

（3）V_1 代表配制密度为 γ_f 的钻井液体积达到 V_f 所需的流体总量。

$$V_1 = V_f \frac{1 - (\gamma_f / \gamma_a)}{1 - (\gamma_1 / \gamma_a)} \tag{2.10}$$

式中　γ_a——添加物密度。

（4）配制最终体积为 V_f、密度为 γ_f 的钻井液，求所需材料 i 与 j 的添加量（如黏土和重晶石）。

$$w_i = \frac{42 f_w (\gamma_f / \gamma_o)}{1 - f_w (\gamma_o / \gamma_j) - (1 - f_w)(\gamma_o / \gamma_i)} \tag{2.11}$$

$$w_j = \frac{42 (1 - f_w)(\gamma_f - \gamma_o)}{1 - f_w (\gamma_o / \gamma_j) - (1 - f_w)(\gamma_o / \gamma_i)} \tag{2.12}$$

式中　w_i, w_j——材料 i，j 的添加量。

（5）最初钻井液密度为 γ_o，体积为 V_o；某种流体体积为 V_1，密度为 γ_1。求最终钻井液密度 γ_f。

$$\gamma_f = \frac{\gamma_o + \alpha \gamma_L}{1 + \alpha} \tag{2.13}$$

式中　$\alpha = V_1 / V_o$。

2.5.2.5　由于钻速过快引起钻井液密度增加

当机械钻速过高时，如果固相控制设备不能尽快将钻屑排除，钻井液密度会快速增加。这种情况下应注意控制钻速不应使其过高，导致钻屑过多。

以下公式可以计算环空中的钻井液密度 $\gamma_{m,av}$：

$$\gamma_{m,av} = \frac{\gamma_{ps} Q + 0.85 D_h^2 R}{Q + 0.0408 D_h^2 R} \tag{2.14}$$

式中　$\gamma_{m,av}$——环空平均钻井液密度，lb/gal；

　　　Q——流速，gal/min；

　　　γ_{ps}——泵吸入口钻井液密度，lb/gal；

　　　D_h——井眼尺寸，in；

　　　R——机械钻速，ft/min。

例如，机械钻速为 30ft/1.5min，则 R 为 20ft/min。井眼直径为 17½in，流体流速为 800gal/min，泵吸入口钻井液密度 9.0lb/gal。

$$\gamma_{m,av} = \frac{(800 \times 9) + (0.85 \times 20 \times 17.5 \times 17.5)}{800 + (0.0408 \times 17.5 \times 17.5 \times 20)} = 11.8(lb/gal) \qquad (2.15)$$

2.5.2.6 当量循环密度

在小井眼(9⅝in 或更小)环空中的循环摩阻损失非常大,必须加以考虑。当量循环密度(ECD)根据钻井液密度计算公式如下:

$$ECD = \gamma_m + \frac{p_f}{0.052D} \qquad (2.16)$$

式中 γ_m——地面测量钻井液密度,lb/gal;

p_f——环空水力摩阻,psi;

D——计算点深度,ft。

2.5.3 流体损失

钻井液滤液进入地层造成钻井液量的减少称为流体损失。而流体滤失则是由于井眼压力与地层压力之间的压差造成的。滤液进入地层后,原本在其中的固相颗粒在井壁上形成一层滤饼。滤饼形成之前的钻井液滤失量称为瞬时滤失。滤饼形成后,钻井液在井内循环时的滤失量称为动滤失量,钻井液停止循环后的滤失量称为静滤失量。

2.5.3.1 滤失量测量

滤失量的测量有两种方式:(1)API 静滤失量测量;(2)动滤失量测量。

静滤失量测量是在室内温度,100psi 压差条件下的标准 API 测量。高温高压(300 ℉,500psi)条件下滤失量在实验室内完成测量。动滤失量的测量需要更严格精确的实验条件。

2.5.3.2 流体损失测量

考察钻井液的滤失性和造壁性时一般采用 API 标准压差。在标准的 API 测量中,首先将钻井液放入到失水仪中,顶部供压 100psi 保持 30min,滤出的滤液量即是标准 API 失水量。滤饼的厚度可以精确到 1/32in。

高温高压失水量的测量需要更精密的仪器。这种测试的目的是为了了解地层深处的钻井液失水性。相对标准 API 失水测量,这种高温高压测量仅仅是相对参考。实际井底的失水情况根据地层孔隙度、压差、流体动力的不同也会发生变化。测量仪器如图 2.3 与图 2.4 所示。

2.5.3.3 影响滤失性的因素

为认识影响滤失性的因素,首先要了解达西定律:

$$\frac{dQ_f}{dt} = \frac{kA\Delta p}{\mu h} \qquad (2.17)$$

式中 Q_f——总滤失体积;

k——滤饼渗透率;

A——滤失面积;

Δp——压差;

μ——滤液黏度;

h——滤饼厚度;

t——滤失时间。

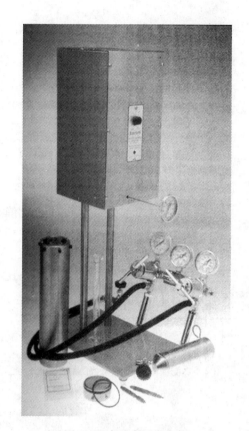

图 2.3   标准失水仪   图 2.4   高温高压失水仪

假设钻井液总体积为 Q_m,根据体积平衡:

$$Q_m = Q_f + hA \tag{2.18}$$

和

$$Q_s = f_{vc} hA \tag{2.19}$$

式中 Q_s——沉积在滤饼上的固相体积;

      f_{vc}——滤饼上固相的体积分数。

钻井液中的固相体积分数:

$$f_{vm} = \frac{Q_s}{Q_m} \tag{2.20}$$

将式(2.18)与式(2.19)代入式(2.20),可得:

$$f_{vm} = \frac{f_{vc} hA}{Q_f + hA} \tag{2.21}$$

滤饼厚度:

$$h = \frac{Q_f}{A[(f_{vc}/f_{vm}) - 1]} \tag{2.22}$$

将式(2.22)代入式(2.17),并假设 Q 只是时间的函数,则累积失水量:

$$Q_f = A\sqrt{\frac{2k[(f_{vc}/f_{vm}) - 1]\Delta pt}{\mu}} + Q_s \tag{2.23}$$

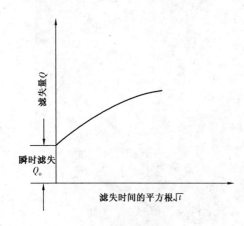

图 2.5　滤失时间对滤失量的影响

式中　Q_s——积分常数,其值等于 $t = 0$ 时刻的失水量。

根据式(2.23)可以计算单位面积上的滤失量,静态条件下的 Q_f/A 与以下因素有关:时间、压差、固相(类型、总量、粒径)、滤饼渗透率和滤液黏度。

(1)时间。滤失量与滤失时间的平方根成正比,见图 2.5。

在计算时间对滤失量影响时,有一个常见的错误:通常测量 7.5min 的滤失量乘以 2 作为标准 30min API 测量。这样做是错误的,因为人们认为 30 除以 7.5 的平方根是 2,但这是在 $Q_s = 0$ 的情况下才成立的,实际上 $Q_s \neq 0$。

$$Q_f(API) = 2(Q_t - Q_s) + Q_s \tag{2.24}$$

式中　Q_t——7.5min 时的滤失量;

Q_s——$t = 0$ 时刻的滤失量。

(2)压差因素。如果滤饼疏松易于压缩,那么压差增大时滤饼中颗粒变形变得致密,渗透率下降。如果滤饼不容易压缩,压差增大可能导致滤失量增大。

(3)固相含量。从式(2.24)看,如果滤饼中裂缝的体积不是时间的函数,那么滤失量与 $\sqrt{\dfrac{f_{vc}}{f_{vm}} - 1}$ 成正比,同时也可以看到增加钻井液中的固相含量会使滤失量降低。但是实际上并不推荐这种做法,一般通过在黏土中添加聚合物来降低滤失量。

(4)滤饼渗透率。滤饼的渗透率越高,滤失量就越高。最有效的降滤失手段就是降低滤饼的渗透率。滤饼的渗透率取决于黏土类型及其颗粒尺寸、级配、形状和水化程度。微米级及亚微米级粒径的固相颗粒可以形成优质的滤饼,而且细小扁平的颗粒比其他不规则的颗粒造壁效果要好。

(5)滤液黏度。根据公式(2.24),多孔介质中的渗透率与滤液黏度成反比,即黏度越高,滤失量越小。但是一味地增加滤液黏度并不可取,因为这样可能导致一些钻井事故。表 2.1 列举了一些控制滤失量的添加剂。

表 2.1　常用流体控制添加剂

膨润土	可形成好的泥饼
CMC（羧基纤维素）	包裹固体颗粒和减少絮凝导致降低滤失速度
淀粉	包裹固体颗粒降低滤失，pH < 11.5 的清水环境中破裂，在盐浓度为 250000mg/L 275 ℉时分解
木质素磺酸盐	钻井液反絮凝降低滤失，增加滤液黏度，300 ℉时分解
褐煤	通过反絮凝和堵塞孔隙，在 300 ℉时分解

由于温度升高会使黏度降低，所以当钻井液温度升高时，可以预计井下滤失量也会增加。而随压差增大，滤饼变得更加致密更难以渗透。这种趋势可以抵消温度增加导致的滤失量增加。

2.6　碱度

钻井液与滤液碱度的测量是用标准硫酸溶液或硝酸溶液滴定至指示剂变色来实现的。最常用的两种指示剂是酚酞和甲基橙。

酚酞的变色 pH 值是 8.3，当 pH 值高于 8.3 时颜色为粉红色。当酸溶液逐滴加入到试样中时，pH 值会降低，当 pH 值低于 8.3 后，粉红色将消失，这时滴定结束。

甲基橙的变色 pH 值是 4.3，在 pH 值高于 4.3 时为黄色，随 pH 值升高将变成粉红色。

钻井液用酚酞指示的碱度计为 P_f，用甲基橙指示的碱度为 M_m，滤液用酚酞指示的碱度为 P_f，M_f。

所有碱度都是指用标准酸溶液滴定所需的体积（cc）。例如，如果 1.4cc 标准酸溶液可以滴定以酚酞为指示剂的滤液 2cc，那么 P_f 就是 0.7cc。

P_f 与 P_m 值表示石灰基钻井液之中游离的石灰量。此外还可以用来估算羟基、碳酸氢根和碳酸根离子的含量。近来 API 改变了传统的 P_f 与 P_m 分析方法，转而采用新的碱度定义——P_1 与 P_2，计算羟基、碳酸氢根和碳酸根离子含量的方法见 API – RP – 13B 标准第 18 ~ 19 页。

碱度调节：如果溶液中有碳酸氢根存在，则必须在其转变为碳酸根之前将其除去。一般做法是添加氢氧化钙（熟石灰），溶解的石灰和碳酸根结合形成沉淀的石灰石。但是不管生石灰还是石膏都不易溶解，因此必须不断循环以沉淀碳酸根离子。

2.6.1　pH 值

pH 值即氢离子含量是表示相对酸度或碱度的标准。pH 值范围 0 ~ 14，0 ~ 6 表示酸性，7 表示中性，8 ~ 14 表示碱性。处理盐水钻井液的 pH 值略低于 7 外，其他大部分钻井液 pH 值都是在 8 ~ 11。

pH 值由酸碱度计测定。酸碱度计测量精确，但是构造太精密过于灵敏，限制了应用场合。一般人们选择使用 pH 值试纸，pH 值试纸可以在任何场所使用。试纸根据酸碱度的变化而呈现不同颜色。但是当氯离子的含量超过了 10000mg/L 时结果会不准确。

此外 pH 值也是控制腐蚀的重要方面，例如防止氧腐蚀套管所要求的最低 pH 值为 9.5

等。当黏土侵入钻井液中时 pH 值会降低。

2.6.2　亚甲基蓝实验(阳离子交换能力)

通过亚甲基蓝实验可以评估钻井液固相的阳离子交换能力。将标准亚甲基蓝染料溶液加入到 1ml 钻井液中,钻井液中含有的过氧化氢和硫酸盐会分解染料中的聚合物和有机物。不断添加亚甲基蓝溶液直至钻井液固相不再吸附染料。滴定的终点是将溶液滴到一张硬质滤纸上(标准 API 滤纸),如果染料过多,会出现一圈晕环。晕环为绿松石颜色,与中间的蓝色斑点区别明显。测量的结果可以精确到每百克毫克当量。

$$亚甲基蓝交换能力 = \frac{染料体积(cc)}{钻井液体积(cc)} \tag{2.25}$$

包括黏土在内的活性固相含量(lb/bbl)是亚甲基蓝量的 5 倍。

2.6.3　含砂量

API 标准含砂量并不是只针对砂,而是指所有粒径大于 200 目($74\mu m$)的固相颗粒。含砂量单位是体积分数(%)。含砂量一般应控制在 0.25% 以内。

2.6.4　氯离子含量

氯离子含量由滴定 1mL 滤液所需要的硝酸银的量测定。使用铬酸钾作指示剂。虽然氯离子含量单位是 ppm($1ppm = 10^{-6}$)。但是实际上应该是毫克/升(mg/L)。氯离子含量的值乘以 1.65 可得钻井液含盐量。

2.6.5　总硬度

总硬度(Ca^{2+} 和 Mg^{2+})通过滴定 1mL 滤液所需的乙二胺四乙酸盐硬度指示剂和缓冲剂量来确定。单位为 ppm Ca^{2+},其中包括 Mg^{2+}。

实际的 Ca^{2+} 硬度可以通过用钙指示剂溶液(乙二胺四乙酸盐)和 2mL 常规氢氧化钠溶液来确定。Mg^{2+} 硬度等于总硬度减去 Ca^{2+} 硬度。

2.6.6　固相含量

现代钻井工艺中,大部分精力都放在保持低固相方面。事实证明低固相钻井液容易控制并且有利于提高机械钻速。低固相钻井液含有极少量膨润土、黏土或者其他低密度固相。固相含量是通过将液体蒸馏除走(水或油),测量剩余的固相体积获得的。

2.6.7　苯胺点

苯胺点是指石油与等体积苯胺相溶为一体所需的最低温度,油基钻井液中油的芳香烃含量越高对橡胶制品就越危险。油中相对芳香烃含量由苯胺点表示。由于芳香烃含量越低的油的苯胺点越高,所以应选择高苯胺点的油,至少应高于 150 ℉。

2.6.8　钻井液黏度

钻井液黏度是指流体内部阻碍流动的能力。流体包括牛顿流体,例如水;还包括非牛顿流体——黏度不能用一个参数描述的流体。而钻井液一般是非牛顿流体。

黏度测量:钻井液黏度的测量包括定量分析和定性分析两种。定量分析需要漏斗黏度计、旋转黏度计等仪器。测量结果为塑性黏度(PV)、屈服值、凝胶强度、稠度系数、流性指数等。

在整个钻井液循环系统中,井底清洁钻屑要求保持低黏度,环空清洁要求足够黏度,悬浮加重材料需要保持高黏度。不论哪种钻井液,黏度太大都会导致循环摩阻太高,除此之外还会引起过高的激动压力和抽汲压力,过高的井底循环当量密度可能会导致昂贵的钻井成本。

2.7　钻井液的流变性

2.7.1　定义

2.7.1.1　流变性

流变性主要研究流体的变形,在分析流体流速、黏度、摩阻压力损失、当量循环密度和环空清洗方面有重要作用,是分析井内流体力学的基础。

2.7.1.2　流速

图 2.6 为两平行板之间流体流速的示意图,底板是固定的,顶板以速度 v 运动,靠近底板的速度是 0,靠近顶板的速度等于顶板移动速度,流体每一层的流速称为剪切速率。

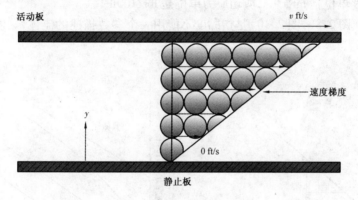

图 2.6　两平行板的速度梯度

2.7.1.3　剪切应力、剪切速率

剪切应力 τ 为作用力 F 作用在面积 A 的流体产生的变形。剪切速率 γ 表示速度梯度,即流体沿 x 轴移动,相对于其垂向的速度变化值。

剪切速率:

$$\gamma = \frac{\mathrm{d}v}{\mathrm{d}y} = \frac{\mathrm{d}v}{\mathrm{d}r} \tag{2.26}$$

剪切应力:

$$\tau = \frac{F}{A} \tag{2.27}$$

现场中剪切速率的单位是秒的倒数(s^{-1}),剪切应力的单位是 $\mathrm{lbf/100ft^2}$。单位面积流体受的力与两板之间的流体速度变化成比例,即:

$$\frac{F}{A} = \frac{\mathrm{d}v}{\mathrm{d}y} \approx \left(\frac{\mathrm{d}v}{\mathrm{d}r}\right)^n \tag{2.28}$$

n 值的大小与流体类型有关。

2.7.1.4　牛顿流体和非牛顿流体

钻井流体分为两种:牛顿流体和非牛顿流体。

牛顿流体的流动特征可以用牛顿黏度 μ 来表示。这类流体包括水和轻质油,剪切应力随剪切速率线性变化,变化的比例就是牛顿黏度常数 μ(图2.7)。

对于牛顿流体有:

$$\tau = \mu\gamma \tag{2.29}$$

(1)工程单位。

τ : $1 \mathrm{dyn/cm^2} = 4.79 \mathrm{lbf/ft^2}$。

γ : s^{-1}。

μ : $100 \mathrm{mPa \cdot s} = 1 \mathrm{dyn \cdot s/cm^2}$。

(2)现场黏度单位是 $\mathrm{mPa \cdot s}$,剪切应力单位是 $\mathrm{lbf/100ft^2}$

非牛顿流体(图2.8~图2.10)是指黏度不能用一个参数描述的流体,黏度符合以下三种模型之一。

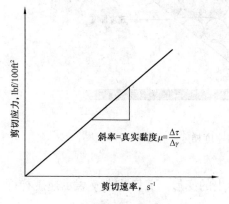

图2.7 牛顿流体剪切速率与
剪切应力关系曲线

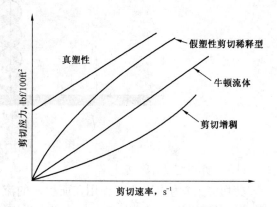

图2.8 与时间无关的非牛顿流体
剪切速率–剪切应力关系曲线

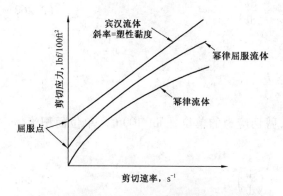

图2.9 非牛顿流体剪切
速率–剪切应力关系曲线

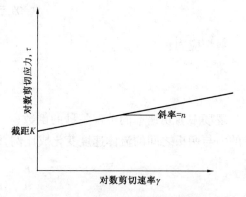

图2.10 幂律流体双对数曲线上的
剪切速率–剪切应力关系曲线

(1)宾汉流体。

$$\tau = \tau_y + \mu_p\gamma \tag{2.30}$$

(2)幂律流体。

$$\tau = K\gamma^n \tag{2.31}$$

(3)幂律屈服流体。

$$\tau = \tau_y + K\gamma^n \tag{2.32}$$

式中 τ_y——屈服应力;

μ_p——宾汉塑性黏度;

K——稠度系数;

n——幂律指数。

上面三种剪切应力 – 剪切速率的关系表达式中,描述流体黏性性能的参数都不止一个。

2.7.1.5 塑性黏度(μ_p)

塑性黏度是流体由于机械摩擦产生的流动阻力。机械摩擦是由于固相颗粒间、固相颗粒和液体间或者剪切应力下的流体变形产生的。固相颗粒的数量、大小、分选和形态对塑性黏度有直接影响。虽然钻井液体系中没有定量描述固相颗粒与塑性黏度的关系式,测量的塑性黏度值能一定程度上反映钻井液中的固相含量。

2.7.1.6 静切力(τ_y)

静切力或屈服值是流体内电化学应力产生的流动阻力,这种电化学应力与活性颗粒表面的电荷、微米级下颗粒的电荷、水基钻井液和电解质的存在有关。油田现场使用的单位是 $lb/100ft^2$。

2.7.1.7 凝胶强度(τ_g)

凝胶强度反映了流体静止条件下电化学应力的大小,使用与静切力相同的单位。

2.7.1.8 触变性流体

多数非牛顿钻井液表现的流动特征与时间有关,触变性流体在静止时有凝胶强度,而当以一定剪切速率剪切时剪切应力降低。

当触变性流体以一定剪切速率剪切时,在短时间内其凝胶强度被破坏,因此,宾汉塑性和幂律公式可以用来估算流体的形态及性能。

2.7.1.9 黏弹性流体

某些聚合物在剪切后表现出弹性和延展性,剪切速率降低后又恢复原状,这种流体称为黏弹性流体或具有剪切稀释性质的钻井液。即当钻井液高速流过钻头喷嘴时黏度降低,当在环空中低速流动时黏度又变大。

2.7.2 现场黏度测量

现场有两种测量黏度的方法:定性测量和定量测量。定性测量或漏斗黏度仅测量流体黏性是否有变化,常使用马氏漏斗(图2.11)测量。漏斗黏度的值以1夸脱钻井液从马氏漏斗流出的时间来计,因此,黏度值与流体的性质(塑性黏度和屈服点等)有关。如果给定钻井液体系的黏度一定,那么使用马氏漏斗测量的值也一定。但是流体黏度如果需要准确测量,则不能单使用马氏漏斗测量。

钻井液体系黏度使用范式黏度计(图 2.12,详细描述和操作流程见 API – RP – 13B)测量,通过范式黏度计可以测量塑性黏度和屈服点的数值,以及 10s ~ 10min 的凝胶强度。根据黏度计的刻度盘读数 θ_N、旋转速度 $N(\text{r/min})$,可以计算钻井液性能。

图 2.11　马氏漏斗(Courtesy Fann 仪器公司)　　图 2.12　范氏黏度计(Courtesy Fann 仪器公司)

(1)牛顿流体。

$$\mu = 300 \frac{\theta_N}{N} \tag{2.33}$$

式中　μ——牛顿流体黏度,mPa·s;

　　　θ_N——黏度计在转速 N 时的读数。

(2)非牛顿流体。

① 使用宾汉塑性模型时:

$$\mu_\text{p} = 300 \frac{\theta_N}{N} - \frac{300 \, \tau_\text{y}}{N} \tag{2.34}$$

当 $N = 300\text{r/min}$、600r/min 时:

$$\mu_\text{p} = \theta_{600} - \theta_{300} \tag{2.35a}$$

$$\tau_\text{y} = 2\theta_{300} - \theta_{600} \tag{2.35b}$$

式中　μ_p——塑性黏度;

　　　θ_{600},θ_{300}——转速为 600r/min 和 300r/min 时黏度计的读数;

　　　τ_y——屈服点,lb/100ft;

　　　τ_g——凝胶强度,lb/100ft。

② 当使用幂律流体模型时:

$$n = 3.32\lg\frac{\theta_{2N}}{\theta_N}$$

$$K = \frac{\theta_N}{(\gamma N)^n} \tag{2.36}$$

式中　n——幂律指数；

　　　K——稠度系数。

③ 当使用幂律屈服模型时：

$$n = 3.32\lg\frac{(\theta_{2N} - \theta_0)}{(\theta_N - \theta_0)} \tag{2.37}$$

$$K = \frac{\theta_N - \theta_0}{(\gamma N)^n} \tag{2.38}$$

式中　θ_0——零胶凝。

剪切速率 γ 通常用转速 N 表示，根据黏度计的几何形态，转速可以用下式转换成剪切速率：

$$\gamma = 1.7N \tag{2.39}$$

2.7.2.1　钻井液黏度控制

为了控制钻井成本，必须控制钻井液的黏度性质（塑性黏度、屈服点和凝胶强度）。控制黏度有以下优点：(1)保持最佳井底洁净状态；(2)防止加重材料的沉淀；(3)易于除去钻屑；(4)减少循环系统中的摩阻压力损失；(5)起下钻和套管操作时减小抽汲或冲击压力。

钻井液体系的黏度性质受以下因素影响：(1)钻井液中固相大小、形态和密集度；(2)絮凝剂和反絮凝剂的添加；(3)钻井时进入钻井液的污染物，包括水泥、盐、石膏等。

为了防止钻井液的黏度突然或逐渐变化，必须时刻监测漏斗黏度的大小，事后可以综合测试钻井液的性能，并决定补救措施。

2.7.2.1.1　塑性黏度控制

前面讨论过，塑性黏度受固相大小、形态、密集度和化学污染物的影响，因此，控制塑性黏度的方法有：(1)稀释（如果钻井液量大则不建议使用）；(2)使用固相清除设备；(3)添加化学絮凝剂。

2.7.2.1.2　屈服强度控制

钻井液体系中的电化学应力等级反映了钻井液体系的屈服强度。应力的产生与体系中存在的电荷有关。因此，控制方法有：(1)清除固相颗粒；(2)添加化学分散剂（褐煤和木质素磺酸盐）；(3)添加化学絮凝剂；(4)添加蒙皂石或聚合物。前三种方法会降低钻井液的屈服值，而第四种方法会增加屈服值。

低固相含量钻井液体系中，控制屈服强度的关键是在管线中添加絮凝剂并结合使用固相清除设备。

为了保持最佳流动特性，根据井眼和所使用钻井液的类型，钻井液体系的屈服值必须保持在一定范围内。有效的固控设备是控制钻井液体系屈服值、降低处理要求和提高钻井效率的关键因素。

2.7.2.1.3　凝胶强度控制

在静止状态下，电化学应力的测量值反映了钻井液的凝胶强度。与屈服值不同的是，凝胶强度与时间有关,而且在流动时凝胶强度被破坏。与其他性质相同的是,凝胶强度与固相含量有关。最基本的控制方法是在管线中使用絮凝剂和增黏剂。

钻井液在理想条件下流动,有如下几种情况:(1)在塑性黏度不变的情况下,屈服值的增加只能通过添加化学剂控制;(2)在屈服值不变的情况下,塑性黏度的增加可通过清除固相或稀释方法控制;(3)在屈服值和塑性黏度都增加的情况下,可通过化学剂、稀释和清除固相的方法综合控制。

2.7.2.2 循环有效黏度

油田现场使用的钻井液表现的黏度性质通常与剪切速率相关,钻井过程中,钻井液在不同部分循环时的速度不同,在钻井液罐中的流速 0 到在钻头处的 300ft/s。钻井液速度的变化使剪切速率从小于 $5s^{-1}$ 变化到 $100000s^{-1}$。因此,循环有效黏度可以定义为在一定压力和温度下,钻井液在固定剪切速率循环时的黏度。

通过前面的内容,发现标准钻井液黏度没有在每个剪切速率下都测量其相应黏度。只是在某一部分有要求,例如必须在钻头水眼处和钻井液罐中控制钻井液黏度,从而提高钻速和高效清洁井底以及有效清除固相。在剪切速率一定范围内,钻井液有效黏度可定义如下:

$$\mu_e = 47913K\left(\frac{v_a}{D_h - D_p}\right)^{n-1} \tag{2.40}$$

式中 μ_e——有效黏度,mPa·s;

   K——稠度系数;

   n——幂律指数;

   D_h,D_p——井眼和管柱直径;

   v_a——环空流体速度。

2.7.3 固相含量测量

测量固相含量的目的是为了决定钻井液系统中的固相、砂和活性膨润土的含量。含砂量是指经 200 目振动筛筛选后剩余的固相含量,必须从钻井液中清除掉的固相(图 2.13)。

图 2.13 砂含量测量工具(Courtesy Fann 仪器公司)

钻井液蒸馏是为了确定钻井液中油、水和总固相含量所占的百分比(图 2.14)。

亚甲基蓝法(MBT)可以测量钻井液中活性蒙皂石的含量。它与蒸馏方法配合使用,能够测出每一种类型固相的含量,作为一个诊断工具,它可以不考虑黏度问题原因并能确定流体滤失量大的原因。测试的基本原理依据的是固相颗粒的阳离子交换能力(图2.15)。

图2.14　油和水蒸馏测量工具
(Courtesy Fann 仪器公司)

图2.15　亚甲基蓝法测量工具
(Courtesy Fann 仪器公司)

2.7.3.1　固相含量控制

钻井液体系中控制固相含量已广为接受,低固相含量的钻井液黏度低,滤饼效果好,能延长钻头和管柱的寿命,而且机械钻速快。固相的控制能力与钻井液体系和钻井平台的选择、钻速的控制以及油田固相清除设备和技术有关。

现场中可以使用的固相清除设备有:钻井液振动筛、除砂器、除泥器、离心机和除浆器。

这些仪器清除固相颗粒的尺寸大小范围详见图2.16。除钻井液振动筛外,其他所有设备都遵循以下固相沉积物理定律:

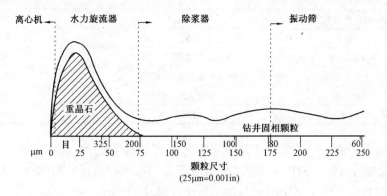

图2.16　清除固相颗粒设备的有效范围

$$v_{sp} = \frac{(\gamma_p - \gamma_m)d_p^2}{\mu} \tag{2.41}$$

式中　v_{sp}——固相颗粒沉积速度；

　　　γ_p , γ_m——固相颗粒和钻井液密度；

　　　d_p——固相颗粒最大直径；

　　　μ——钻井液黏度。

2.8　钻井液的处理剂

钻井液处理剂可分为如下七类。

(1)增黏剂:膨润土、硅镁土、聚合物。

(2)降黏剂:磷酸盐、单宁酸盐、褐煤、木质素磺酸盐、聚丙烯酸钠。

(3)加重材料:重晶石、氧化铁、石灰石、可溶性盐、方铅矿。

(4)降滤失剂:膨润土、淀粉、聚合物。

(5)乳化剂。

(6)堵漏材料:核桃壳、纤维、赛璐玢、柴油、膨润土。

(7)特殊处理剂:絮凝剂、缓蚀剂、消泡剂、pH 值控制剂。

下面是一些常用钻井液处理剂的简要介绍和应用范围。

(1)膨润土。膨润土或者称蒙皂石是通过膨润土离子在淡水中的分解用作增黏剂和降滤失剂的,在盐水基钻井液体系中,一般是先将膨润土在淡水中预水化,然后再加入盐水中,控制黏度和滤失。

(2)硅镁土。硅镁土是一种水化的镁铝硅石,可作为盐水基钻井液的增黏剂。而由于其针状的离子结构,无法控制钻井液的滤失量。

(3)聚合物。聚合物是近来刚刚发展成为钻井液处理剂的,常见种类见表2.2。

表 2.2　钻井液中使用的聚合物种类

聚合物	基本功能	温度限制,℉
X – C(黄胞胶)	增黏剂	250
Drispac(聚阴离子纤维素)	降滤失剂	300
CMC(羧甲基纤维素)	降滤失剂	250
HEC(羟乙基纤维素)	增黏剂	250
X – C + HEC	增黏剂	250
Ben – Ex(异分子共聚物)	膨润土增效剂和絮凝剂	250
Lo – Sol(聚丙烯酰胺)	膨润土增效剂	250
PHPA(阳离子聚丙烯酰胺)	增黏剂	250

(4)磷酸盐。下面是一些常用于降低钻井液黏度的磷酸盐类,它们的温度限制在 150℉内:SAPP(酸式焦磷酸盐)、STP(四磷酸盐)、TSPP(乙二胺焦磷酸盐)、SHMP(六烃焦磷酸盐)。

(5)单宁酸盐。单宁主要来源于白坚木和铁杉树,用于降低钻井液黏度,使用温度限制在 250℉内。

(6)褐煤。褐煤属于腐植酸类,是植物腐败后的次生品,用作稀释剂、乳化剂、降滤失剂等,使用温度可以达到 375℉。

(7)木质素磺酸盐。木质素磺酸盐是一种分散性稀释剂,用于降低钻井液的黏度和切力,还可以适当控制滤失。

（8）聚丙烯酸钠。聚丙烯酸钠用于低固相不分散钻井液体系，可以控制钻井液的屈服强度、切力和滤失；使用温度可达到 350℉；当钻井液中固相含量太高或者钙含量超过 200ppm 时它的降黏作用会消失。

（9）重晶石粉。重晶石粉是一种以 $BaSO_4$ 为主要成分的天然矿物，其密度为 $4.2 \sim 4.6 \mathrm{g/cm}^3$，使用重晶石粉可以将钻井液加重到 20lb/gal，是目前应用最广泛的钻井液加重剂。

（10）铁矿粉。铁矿粉密度为 $4.9 \sim 5.3 \mathrm{g/cm}^3$，可以把钻井液加重到 24lb/gal，它对钻井液的滤失量有害而且具有腐蚀性。铁矿粉是一种成本和用量仅次于重晶石的钻井液加重材料。

（11）石灰石。石灰石密度为 $2.7 \mathrm{g/cm}^3$，最基本的功能是在油基钻井液和修井液中提高钻井液密度，直至 11lb/gal。

（12）可溶性盐。氯化钠、氯化钙和溴化钙等可溶性盐类用于钻井液加重或者修井液中。氯化钠适于钻盐膏层，可以获得 10lb/gal 的钻井液密度；氯化钙主要用于修井液中，可以获得 12lb/gal 的钻井液密度；同样溴化钙也可用于修井液中，可以获得 $12 \sim 15 \mathrm{lb/gal}$ 的钻井液密度。

2.9　补充问题

（1）问题 2.1。

根据以下数据，计算宾汉流体塑性黏度和屈服值。

黏度计读数是 45 时，剪切速率是 $340 \mathrm{s}^{-1}$；黏度计读数是 65 时，剪切速率是 $510 \mathrm{s}^{-1}$。

（2）问题 2.2。

使用 12lb/gal 的钻井液钻井时发生漏失（图 2.17），关井钻杆和套管压力分别是 800psi 和 1150psi。计算高压层压力差是 500psi 时额外使用的重晶石的成本（重晶石密度 36lb/gal，价格 8.50 美元/100lb）。

（3）问题 2.3。

根据以下数据，以及图 2.18，选择从 10000ft 钻到 14000ft 用的钻井液密度，保证没有任何事故发生。

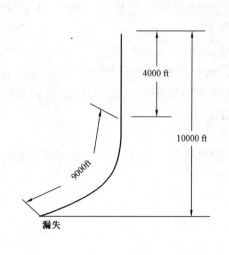

图 2.17　问题 2.2 中的漏失层位

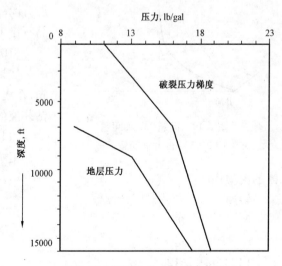

图 2.18　问题 2.3 中的压力曲线

① 中间套管下入深度10000ft。

② 钻铤长度1200ft。

③ 正常钻井环空摩阻压力损失值:$\Delta p_{fadc} = 0.05\text{psi/ft}$,$\Delta p_{fadp} = 0.012\text{psi/ft}$。

④ 起下钻时最大牵引力和冲击力:$\Delta p_{swab} = 0.02\text{psi/ft}$,$\Delta p_{surge} = 0.02\text{psi/ft}$。

⑤ 额定压差400psi。

(4)问题2.4。

根据公式 $p = k\gamma_m D$,如果 p 的单位是psi,γ_m 表示相对密度,D 单位是ft,确定 k 的值。

(5)问题2.5。

① 列举雾状钻井液的功能。

② 列举三种抑制性钻井液体系。

③ 列举选择钻井液的标准。

④ 什么时候可以使用干空气钻井?

(6)问题2.6。

为了得到体积是 V_f、相对密度是 γ_m 的钻井液,使用的钻井液组分是:液体(V、γ)、重晶石(V_b、γ_b)、蒙皂石(V_c、γ_c)。添加固体重晶石的比例为 a,推导钻井液体系的方程。

(7)问题2.7。

在如图2.19所示的井中发生井涌,防喷器已关闭,解释关井压力是900psi,关井钻杆压力是0的原因。

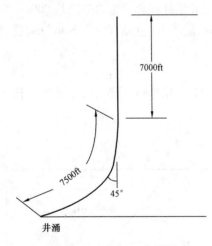

图2.19 问题2.7和问题
2.15中的井涌问题

体的流动特性。

转速	范式黏度计读数
N_i	θ_i
N_j	θ_j

(12)问题2.12。

(8)问题2.8。

为了使钻井液体系压力梯度从0.52psi/ft增加到0.624psi/ft,添重材料相对密度5.2,计算其添加量。

(9)问题2.9。

需要配制 X bblγ_m lb/gal 的水基钻井液,蒙皂石(相对密度 γ_a)和重晶石(相对密度 γ_b)以 $a:b$ 比例添加,计算配制钻井液所需的水量 V_w,蒙皂石量 W_c 和重晶石量 W_b。

(10)问题2.10。

如果要用液体稀释钻井液,添加液体的性质需已知,在质量和体积物质平衡概念的基础上,推导稀释钻井液的表达式。

(11)问题2.11。

根据以下数据,用 N 和 θ 表示牛顿流体和宾汉流体的流动特性。

已知钻井液的正常损失是 2mL,如果用失水仪在 15min 内收集了 10mL 的滤液,计算钻井液的标准 API 失水量。

(13)问题 2.13。

使用相对密度为 44 的重晶石将钻井液从 12lb/gal 加重到 0.78psi/ft,计算由于钻井液相对密度增加而增加的成本(假定重晶石价格为 101 美元/100lb)。

(14)问题 2.14。

列举:① 钻井液选择的标准;② 钻井液的三种类型;③ 空气钻井液的作用;④ 油包水型钻井液的组成。

(15)问题 2.15。

如图 2.19 所示,使用 12lb/gal 的钻井液钻井时发生井涌,记录的关井套管和油管压力分别是 600psi 和 800psi,计算压井且保持 400psi 的压差需要添加多少重晶石?

2.10　符号说明

A:过滤区/过滤面积;

D:深度;

D_h:井眼直径;

d_p:最大尺寸的粒子直径;

D_p:管具外径;

F:力;

f_{vc}:固相在泥饼上的体积分数;

f_{vf}:最终混合物中低密度固体的体积分数;

f_{vo}:初始流体中低密度固体的体积分数;

f_w:水的体积分数;

h:泥饼厚度;

k:泥饼渗透率;

K:稠度系数;

n:幂律指数;

p_{df}:钻液压力;

p_f:环空摩阻损失,psi;

p_{ff}:地层流体压力;

p_h:静水压力;

Q:流量,gal/min;

Q_f:滤失量;

Q_m:钻井液总滤失体积;

Q_s:泥饼中固体体积;

Δp:压差;

R:钻速;

t:滤失时间;

v_a:环空流体流速;

V_a:添加物质体积;

V_f:最终混合体积;

V_o:初始液体体积;

v_{sp}:颗粒沉积速度;

W_a:添加材料质量;

W_f:最终混合物质量;

W_o:初始流体质量;

W_{wm}:所需加重材料的量;

γ:剪切速率;

γ_a:增加总量;

γ_f:最终钻井液密度;

$\gamma_{m,av}$:环空钻井液平均密度;

γ_p:颗粒密度;

γ_{ps}:泵吸入时钻井液密度测量值;

θ_N:转速 N 时的黏度计读数;

μ:滤失黏度或牛顿黏度;

μ_e:有效黏度;

μ_p:宾汉塑性黏度;

τ_y:屈服应力或屈服值;

τ_g:凝胶强度。

3 钻井循环系统中流动压力和相关压力

3.1 简介

相对于静止流体,流动流体的压力更加复杂。因为大多数流动流体是非牛顿流体,很难用数学公式表达。尽管如此,钻井平台循环系统中的摩阻压力损失的计算仍然相当重要,因为它直接关系到:(1)钻头水力设计;(2)起下钻过程中的当量循环密度;(3)钻井和井控过程中的当量循环密度。

3.1.1 钻头水力设计

为了确保理想的钻井操作条件,需要计算钻井泵泵量、最优流量及合适的钻头水眼尺寸。

钻进过程中为满足钻井各种工况的需要,泵压 p_p 应该等于摩擦力损耗 p_f 加上动态压力 p_B(及通过钻头水眼的压力),即:

$$p_p = p_f + p_B \tag{3.1}$$

式中 p_p——钻井泵排出压力;

p_f——循环系统压力损耗;

p_B——通过水眼的动态压力。

3.1.2 在起钻和下套管过程中的压力变化

起钻过程中,会造成环空压力的下降,这个压力降称为抽汲压力。在这种情况下钻井液静液压力将小于地层压力造成井涌。

$$p_{aei} = p_{ahi} + D_i \Delta p_{a\,swab} \tag{3.2}$$

式中 p_{aei}——环空中一定井深处的当量钻井液压力;

p_{ahi}——一定井深处的钻井液静液压力;

$\Delta p_{a\,swab}$——环空中抽汲压力梯度。

从钻井液相对密度的角度说:

$$\gamma_{me} = \gamma_{mh} + \Delta \gamma_{a\,swab} \tag{3.3}$$

式中 γ_{me}——当量循环钻井液相对密度;

γ_{mh}——不静止时实际钻井液相对密度;

$\Delta \gamma_{a\,swab}$——由抽汲压力造成的钻井液相对密度变化。

从钻井的安全考虑,$\gamma_{me} > \gamma_{ff}$,这里 γ_{ff} 是地层破裂压力梯度。

和以上情况相反,下钻的时候会增大环空压力,即激动压力 p_{surge},在一定的井深这将增大对地层的压力。

$$p_{aei} = p_{ahi} + D_i \Delta p_{a\,surge} \tag{3.4}$$

或者

$$\gamma_{me} = \gamma_{mh} + \Delta\gamma_{a\,surge} \qquad (3.5)$$

从钻井安全的角度考虑,γ_{me}应该小于γ_{frac}(即地层破裂压力梯度)。

3.1.3 钻进过程中的压力变化

在钻进过程中,环空摩擦力的损失会造成钻井液相对密度的增加。在激动压力的情况下,将导致地层的破裂:$\gamma_{me} = \gamma_{mh} + \Delta\gamma_{af}$(环空中由于破裂压力损失梯度造成的钻井液相对密度变化)。从钻井安全的角度考虑,γ_{me}应该小于γ_{frac}。在井控作业中也应该考虑同样的情况。

本章的主要目的是考虑循环系统在不同工况下压力的变化,将讨论由于地面连接时环空和钻杆内摩擦力引起的压力损失、钻头水眼的动态压降。

例3.1:根据如下数据解决问题。

(1)最后一次套管下深14000ft(真实测深)。

(2)目的层深度13500ft(垂深)。

(3)目的层井眼尺寸7⅞in。

(4)钻杆:外径4¼in,内径3½in,质量26.88lb/ft。

(5)钻铤:外径6in,内径3½in,质量100.8lb/ft。

(6)泵:2000hp;$E_v = 85\%$;$p_{max} = 3800$psi。

(7)清洗井眼最小环空流体速度120ft/min。

(8)套管摩擦系数0.1,裸眼段摩擦系数0.2。

(9)钻井液:宾汉塑性流体,相对密度=2.0,$\theta_{600}=55$,$\theta_{300}=35$,10s/10min时凝胶强度18/30lb/100ft^2。

(10)测深小于14000ft地层,破裂梯度为18.0lb/gal,孔隙压力梯度为0.83psi/ft。

(11)在测深14000ft时摩擦压力损失:$\Delta p_{fdp} = \Delta p_{fdc} = 0.075$psi/ft,$\Delta p_{adp} = 0.01$psi/ft,$\Delta p_{adc} = 0.08$psi/ft。

(12)从测深14000ft起钻,$\Delta p_{surge} = \Delta p_{swab} = 0.025$psi/ft。

问:(1)详细解释一下在14000ft测深的时候是否会发生钻井事故;(2)当钻至14000ft时所需的压力是多少(条件如图3.1所示,假定表面装置管线长度800ft)?

解:

(1)在钻进过程中套管鞋处的地层破裂压力(14000ft测深):

$$\gamma_e = \gamma_m + \Delta\gamma_{af}$$

$$\gamma_m = 20sp \cdot gr❶ \approx 16.66lb/gal$$

$$L_{fDC} = \frac{设计参数 \times WOB}{W_{de} \times BF \times \cos\theta}$$

$$= \frac{1 \times 56}{100.8 \times 0.746 \times \cos 60} \approx 1500ft$$

$$\Delta\gamma_{af} = \frac{L_{dp}\Delta p_{gadp} + L_{dc}\Delta p_{fadc}}{k(TVD)}$$

---

❶ sp 表示相对密度,gr 表示重度。

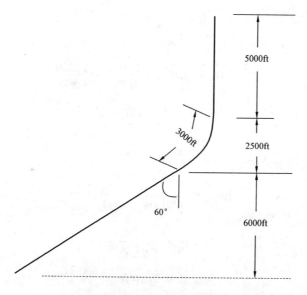

图 3.1 例 3.1 中的钻井条件

$$= \frac{0.01 \times 12500 + 0.08 \times 1500}{0.052 \times 10500}$$

$$= 0.449 \text{lb/gal}$$

$$\gamma_e = 16.66 \text{lb/gal} - 0.641 \text{lb/gal} = 16.02 \text{lb/gal}$$

$$= 0.833 \text{psi/ft}$$

$$> 0.83 \text{psi/ft}$$

在钻进过程中主要应考虑如下三点。

① 由于抽汲压力导致的井涌：

$$\gamma_e = \gamma_m - \Delta\gamma_{swab}（环空）$$

$$\gamma_m = 16.66 \text{lb/gal}$$

$$\Delta\gamma_{swab} = \frac{\Delta p_{fa\,swab}(\text{TMD})}{k(\text{TVD})}$$

$$= \frac{0.025 \times 14000}{0.052 \times 10500}$$

$$= 0.641 \text{lb/gal}$$

$$\gamma_e = 16.66 \text{lb/gal} - 0.641 \text{lb/gal} \approx 16.02 \text{lb/gal}$$

$$= 0.833 \text{psi/ft}$$

$$> 0.83 \text{psi/ft}$$

② 激动压力引起的破裂:

$$\gamma_e = \gamma_m + \Delta\gamma_{surge}$$

$$= 16.66 \text{lb/gal} + \frac{0.025 \times 14000}{0.52 \times 10500}$$

$$= 17.3 \text{lb/gal} < 18 \text{lb/gal}$$

所以没有破裂发生。

③ 由于地层破裂循环停止:

$$\Delta p_{frac} = \frac{\tau_g}{300(D_h - D_{op})}$$

$$= \frac{30}{300 \times (7.875 - 6)}$$

$$= 0.053 \text{psi/ft}$$

(2)在特殊工况和既定井深所需要的总泵压:

$$p_p = p_f + p_b = p_{fdb} + p_{fdc} + p_{fadb} + p_{fadc} + p_{fs} + p_b$$

$$p_f = L_{dp}\Delta p_{fdp} + L_{dc}\Delta p_{fdc} + L_{dp}\Delta p_{fadp} + L_{dc}\Delta p_{fadc} + L_s\Delta p_{fbp}$$

$$\Delta p_{fdp} = \Delta p_{fdc} = 0.075 \text{psi/ft}$$

$$\Delta p_{fadc} = 0.8 \text{psi/ft} \qquad \Delta p_{fadp} = 0.01 \text{psi/ft}$$

$$L_{dp} = 12500 \text{ft} \quad L_{dc} = 1500 \text{ft} \quad L_s = 800 \text{ft}$$

$$p_f = (0.75 \times 12500) + (0.075 \times 1500) + (0.01 \times 12500)$$

$$+ (0.081 \times 1500) + (0.075 \times 800)$$

$$= 1355 \text{psi}$$

$$p_{p,max} = 3800 \text{psi}$$

p_B 表示能够控制的钻头压降

$$p_{p,max} - p_f = 3800 - 1355 = 2445 \text{psi}$$

3.2 机械能和压力平衡

研究钻井液动态性应该基于以下三条原则:(1)能量保持;(2)冲量保持;(3)黏滑保持。

上述原则结合如下方面形成了钻井液液体动态系统的各个状况:流变模式(牛顿、宾汉、功率和屈服值)、液体所处的状态(可压缩的、不可压缩的)、流态(层流或紊流)、管具类型(钻具、环空和筛管)。

不可压缩液体处在一个物理循环系统的状态,在到达 i 点和离开 j 点(图3.2)的机械能量平衡公式如下:

$$\gamma(D_j - D_i) + \frac{\gamma}{2g}(v_j - v_i) + p_j - p_i = W_p - W_f \qquad (3.6)$$

式中　D——高度;

　　　γ——流体相对密度;

　　　v——平均流体速度;

　　　p——压力;

　　　W_p——泵的功率;

　　　W_f——摩阻损耗。

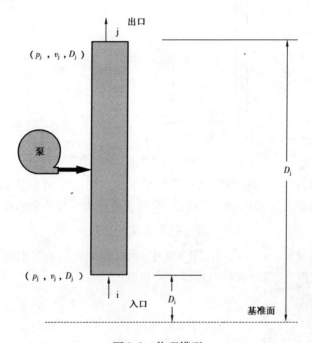

图3.2　物理模型

式(3.1)中的每一项都是压力,因此,式(3.6)可以压力平衡方程表示:

$$p_h + p_d + p_j - p_i = p_p - p_f \qquad (3.7)$$

式中　p_h——流体静压力;

　　　p_d——静态压力;

　　　p_p——泵压;

　　　p_f——由于摩擦引起的压力损失。

在循环过程中循环系统可以被看成 U 形管原理(图3.3)。其中 $D_i = D_j$,$p_i = p_j$,p_b 通过钻头水眼的动态压力相当重要,所以方程式(3.7)可以简化成:

$$p_b + p_f = p_p \qquad (3.8)$$

循环过程中由于摩擦所产生的压力 p_f 可以简化成:

$$p_f = p_{fdp} + p_{fdc} + p_{fadp} + p_{fadc} - p_{fs} \tag{3.9}$$

式中　p_{fdp}、p_{fd}——在钻具和钻铤内的摩阻压力损失;

　　　p_{fadp}，p_{fadc}——钻具环空和钻铤环空的摩擦压力损失;

　　　p_{fs}——地表钻具内摩擦压力损失;

　　　p_{bd}——通过钻头的动态压力变化。

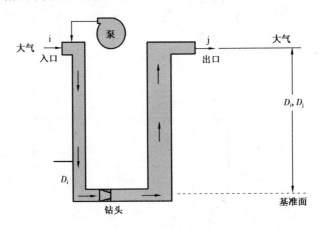

图 3.3　已钻井的 U 形管压力示意图

通过方程式(3.8),可以清楚地发现所需的泵压应达到以下两个基本部分:(1)克服循环过程中的摩擦力;(2)使钻井液以超过 300ft/s 的高速通过相对较小的水眼。

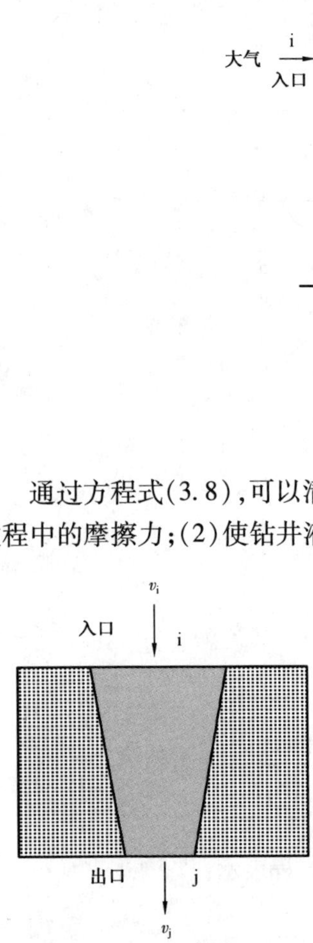

3.3　通过钻头水眼的压降

在图 3.4 中 i 和 j 分别表示钻头水眼的入口和出口,公式(3.7)可以被简化成:

$$p_h + p_b + p_j - p_i = -p_f \tag{3.10}$$

在停泵的情况下,p_p 代表两点的泵压为 0。

也可以被假设由于摩擦压力损失 p_f,和动态压力比较,由于高度所产生的压力可以被忽略。所以式(3.10)可以简化成:

$$p_i - p_j = \Delta p = p_b = \frac{\gamma}{2g}(\bar{v}_j^2 - \bar{v}_i^2) \tag{3.11}$$

图 3.4　钻头喷嘴

v_i 和 v_j 相比较而言是相当小的,所以通过钻头水眼的压降公式为:

$$p_b = \frac{\gamma}{2g}\bar{v}_j^2 = \frac{\gamma}{2g}\bar{v}_{exit}^2 \tag{3.12}$$

钻头流体速度公式:

$$\bar{v}_{exit} = \sqrt{\frac{2g}{\gamma}p_b} \tag{3.13a}$$

由于存在摩擦的原因,实际的钻头流体速度和方程式(3.14)比较是小一些的。为了弥补这一实际缺陷,一个被称为钻头水眼切变黏度的概念被引用到公式(3.14)中:

$$\bar{v}_{\text{exit}} = C_d \sqrt{\frac{2g}{\gamma} p_b} \tag{3.13b}$$

在不考虑其他特殊因素的情况下,C_d 的数值通常被认为是0.95。

如果通过钻头的所有泵冲被认为是 Q,钻头水眼与钻井液的接触面积是 A_t,然后 $\bar{v}_{\text{exit}} = Q/A_t$,结合公式(3.13b)考虑,通过钻头水眼的压降公式为:

$$p_b = \frac{\gamma Q^2}{2gA_t^2 C_d^2} \tag{3.14}$$

公式(3.14)变形得到:

$$p_b = \frac{(8.3 \times 10^{-5})\gamma Q^2}{C_d^2 A_t^2} \tag{3.15}$$

式中,Q 的单位是 gal/min,γ 的单位是 lb/gal,A_t 的单位是 ft^2,C_d 单位根据实际情况确定,p_b 的单位是 psi。

例3.2:10lb/gal 的钻井液以500gal/min 的速度通过钻头水眼,比较如下钻头设置的不同动态功率消耗。

(1)9 - 9 - 9。

(2)11 - 11 - 11。

(3)13 - 13 - 13。

钻头水眼的直径尺寸是32进制,如 9 - 9 - 9 表示每个水眼的直径是9/32in。假设 $C_d = 0.95$ 的所有钻头设计。根据式(1.15)水力功率的表达式:

$$BHP = p_b Q/1714$$

将下面各数值代入式(3.15),其中 $Q = 500$gal/min,$\gamma = 10$lb/gal,$C_d = 0.95$,$A_t = 0.389$in^2,得:

$$p_b = (8.3 \times 10^{-5} \times 500^2 \times 10)/(0.95^2 \times 0.389^2) = 1519 \text{psi}$$

因此:

$$BHP = 1519 \times 500/1714 = 443 \text{hp}(13 - 13 - 13 \text{ 喷嘴})$$

$$BHP = 2975 \times 500/1714 = 859 \text{hp}(11 - 11 - 11 \text{ 喷嘴})$$

$$BHP = 6465 \times 500/1714 = 1931 \text{hp}(9 - 9 - 9 \text{ 喷嘴})$$

3.4　循环钻进过程中的压力损耗

除钻头以外,钻井液循环系统主要包括管柱内流动和环空流动。根据钻井液的流速,钻井液可表现出层流和紊流的特点。起始阶段流体的流速可以数字的形式定义,因此摩擦压力损耗也可以数字形式计算,这将在本章给予说明。与之相反,后续的流体流动不能以数字形式表示,摩擦压力数字计算也不能进行。

层流即流体微粒沿着各自的运行轨迹平行流动,微粒之间并不混合。在静止状态,在环形的管柱内,层流以层层叠加的方式流动,就像同一圆心而不同半径长度的圆柱体,如图3.5所示。离壁越近的流体呈现出静止状态。流体的速度越快,流体微粒的流动越不规则,这种情况被定义为紊流。

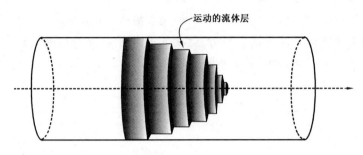

运动的流体层

图3.5 同心流体的层状结构

雷诺准则通常用来区分层流或紊流。在理想情况下,牛顿流体中建立了经验雷诺数,即超过这个数值(大约2100)时紊流。钻具的雷诺数 N_{Rp} 可以通过数学公式表示:

$$N_{Rp} = = \frac{\rho \bar{v}_p D_{ip}}{\mu} \qquad (3.16)$$

式中 ρ——流体的整体密度;

$\bar{v}_p$——流体的平均流速;

D_{ip}——钻具的外径;

μ——牛顿流体的黏度。

所以如果钻具流体的雷诺数通过式(3.16)计算的值低于2100,这种流体是层流;反之则为紊流。

如果使用油田现场单位,则式(3.16)变为:

$$N_{Rp} = \frac{928 \gamma \bar{v}_p D_{ip}}{\mu} \qquad (3.17)$$

式中,γ 的单位是 lb/gal,$\bar{v}_p$ 的单位是 ft/s,D_{ip} 的单位是 in,μ 的单位是 mPa·s。

对于环空流体,式(3.17)也可以被表述为:

$$N_{Ra} = = \frac{928 \gamma \bar{v}_a D_{ep}}{\mu} \qquad (3.18)$$

式中 $\bar{v}_a$——平均环空流体流速;

D_{ep}——环空当量钻具直径。

计算钻具当量直径的相关公式如下:

$$D_{ep} = \sqrt{\frac{D_h^2 + D_{op}^2 - (D_h^2 - D_{op}^2)}{\ln(D_h/D_{op})}} \qquad (3.19a)$$

$$D_{ep} = 0.816(D_h - D_{op}) \qquad (3.19b)$$

$$D_{ep} = \frac{1}{2} \sqrt{D_h^2 - D_{op}^2} \sqrt[4]{D_h^4 - D_{op}^4 - \left[\frac{D_h^2 - D_{op}^2}{\ln(D_h/D_{op})}\right]^2} \qquad (3.19c)$$

当采用公式(3.19c)计算时,环空中流体的平均流速要在钻具当量直径的基础上计算。

$$\bar{v}_a = \frac{Q}{A_a} = \frac{Q}{(1/4)\pi D_{ep}^2} \qquad (3.20)$$

式中　Q——流量。

对于非牛顿流体,式(3.17)和式(3.18)可以表达为:

$$N_{Rp} = \frac{928\gamma\bar{v}_a D_{ip}}{\mu_e} \qquad (3.21)$$

$$N_{Ra} = \frac{928\gamma\bar{v}_a D_{ep}}{\mu_e} \qquad (3.22)$$

式中　μ_e——非牛顿流体的当量牛顿流体黏度。

例3.3：一口油井的计划产量是480bbl。油的黏度是5mPa·s,相对密度是0.8。为实现层流的产层油管的最小尺寸是多少?假设是牛顿流体,并且雷诺数为2100。

根据式(3.17):

$$N_{Ra} = 928\gamma\bar{v}D_p/\mu < 2100$$

管柱内平均流速是:

$$\bar{v} = QD_{ip}^2/2.45$$

式中,Q 的单位是 gal/min,D_{ip} 的单位是 in,v 的单位是 ft/s。

因此:

$$Q = 480\text{bbl/d} \times 42\text{gal/bbl} \times \text{d}/24\text{h} \times \text{h}/60\text{min} = 14\text{gal/min}$$

$$\bar{v} = 14D_{ip}^2/2.45$$

$$2100 > 928 \times 0.8 \times 8.34 \times 14/(D_{ip} \times 2.45 \times 5^2)$$

$D_{ip} < 3.37\text{in}$,选用 $3\frac{1}{4}$in 生产。

3.5　层流在管柱内和环空中的摩阻压力损失

以上所提到的钻井动态流体主要指管柱内流动和环空(钻杆外壁与井壁间的环空)中的流动。如果流体的速度足够低,会出现层流。在以下几点假设下,流体排量速率、流体的各项物理特性、管柱的几何特性及摩擦压力损失等数据信息可以用数学方程表达。

(1)流体恒温。

(2)不可压缩流体。

(3)中心对称环形环空。

(4)钻具静止不旋转。

(5)附着在钻具和井眼之间的流体层相对稳定。

(6)流体剪切速率在该点作用唯一。

(7)无论何时流体流速都稳定。

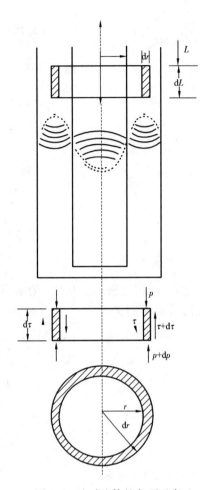

图 3.6 流动流体的各项元素

大量的研究证明这些假设对钻井液而言是很有效的。

为了推导出摩擦压力损耗 p_f、流体剪切应力 τ 及管具的几何半径,假设了如下作用在流体层面的各种外力。在 r 点的力、辐射方向 $r + \Delta r$ 点的力及沿着井眼轴心 $L + \Delta L$ 点的力,如图 3.6 所示。

利用牛顿定律,公式 $\sum F = ma$,这里 m 表示质量,a 表示加速度。为此,在没有加速度的情况下公式就变成了 $\sum F = 0$。

因此,如果是单层流体并且根据其屈服点,各项受力可以总结成:

$$(p_f + \Delta p_f) \times (2\pi r)\Delta r - p_f \times (2\pi r)\Delta r$$
$$+ (\tau + \Delta\tau)[2\pi(r + \Delta r)\Delta L] - \tau \times (2\pi r)\Delta L = 0$$
$$(3.23)$$

在忽略相关差异并简化后,上式可以简化成:

$$\frac{\Delta p_f}{\Delta L} + \frac{\Delta\tau}{\Delta r} + \frac{\tau}{r} = 0 \qquad (3.24)$$

在 r 及 L 都为 0 的情况下,式(3.24)就变成:

$$\frac{d\tau}{dr} + \frac{\tau}{r} + \frac{dp_f}{dL} = 0 \qquad (3.25)$$

式中 dp_f/dL——摩擦压力损失梯度,与 r 无关。

结合公式(3.25),τ 就可以表达为:

$$\tau = -\frac{r}{2}\left(\frac{dp_f}{dL}\right) + \frac{c_1}{r} \qquad (3.26)$$

式中 c_1——常数积分,在一定的范围内是固定的。

式(3.26)在不考虑钻井液流变性的情况下是有效的。对于钻具内流体,在公式(3.26)中可以为 0,所以在中心点 τ 趋向无穷。这就导致了一个不现实的解决方案,并且和以下观点是相反的:剪切流在钻具壁时最大,在到达中心时为 0。所以对钻具内流体而言,c_1 的选择应该接近 0。

$$\tau = -\frac{r}{2}\left(\frac{dp_f}{dL}\right) \qquad (3.27)$$

环形管具内流体剪切速率(γ)的计算和流体颗粒的速度有关:

$$\gamma = -\frac{dv}{dr} \qquad (3.28)$$

式中 v——颗粒的瞬时速度。

当 r 从管具中心上升时流体的速度将增加。剪切速率和流体的不同流变模式相关。常用的流变模式如下。

牛顿流体：

$$\tau = \mu\gamma \tag{3.29a}$$

宾汉流体：

$$\tau = \tau_y + \mu_p\gamma \tag{3.29b}$$

能量定律：

$$\tau = k\gamma^n \tag{3.29c}$$

屈服力定律：

$$\tau = \tau_y + k\gamma^n \tag{3.29d}$$

通过如下公式可知，钻井液和管柱内接触面积和流速决定钻井液排量：

$$Q = \int_A v\mathrm{d}A = \int_r v(2\pi r)\mathrm{d}r \tag{3.30}$$

公式(3.16)至公式(3.18)、公式(3.21)、公式(3.22)为雷诺数计算公式，可以计算在层流情况下钻具和环空中的摩擦压力损耗。

3.5.1 牛顿流体

图3.7说明了牛顿流体的流速和剪切应力的分配。思考式(3.29a)和式(3.26)以及以下的公式：

$$\gamma = \frac{\mathrm{d}v}{\mathrm{d}r} \tag{3.31a}$$

$$Q = \int_r 2\pi r\mathrm{d}r \tag{3.31b}$$

将公式(3.31a)带入公式(3.29a)，再将结果带入式(3.26)，最终结果为：

$$v(r) = \frac{r^2}{4\mu}\frac{\mathrm{d}p_f}{\mathrm{d}L} - \frac{c_1}{\mu}(\ln r) + c_2 \tag{3.31c}$$

从环空流体考虑，它们的临界情况如下：

$$v(R_{op}) = 0$$

$$v(R_h) = 0 \tag{3.31d}$$

式中 R_{op}——钻具外径；

R_h——钻具水眼半径。

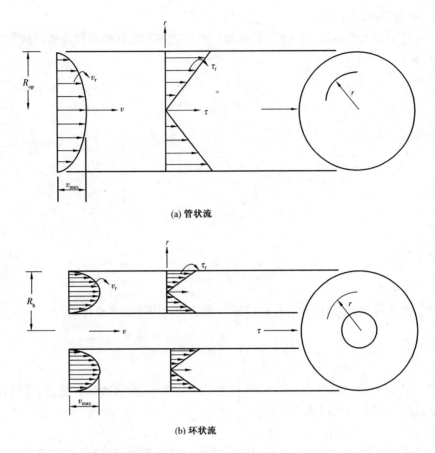

(a) 管状流

(b) 环状流

图 3.7 　牛顿流体的速度剖面和剪切应力分布图(顶、管柱、底和环空中的流动)

将公式(3.31d)带入公式(3.31c),则常数 c_1 和 c_2 为:

$$c_1 = \left[\frac{R_h^2 - R_{op}^2}{4\ln(R_h/R_{op})}\right]\left(\frac{\mathrm{d}p_f}{\mathrm{d}L}\right) \tag{3.31e}$$

$$c_2 = \frac{1}{4\mu}\left(\frac{\mathrm{d}p_f}{\mathrm{d}L}\right)\left[\frac{\ln R_{op}(R_h^2 - R_{op}^2)}{\ln(R_h/R_{op})} - R_{op}^2\right] \tag{3.31f}$$

将公式(3.31e)和公式(3.31f)重新带入公式(3.31c):

$$v(r) = -\frac{1}{r\mu}\left(\frac{\mathrm{d}p_f}{\mathrm{d}L}\right)\left[(R_{op}^2 - r^2) - (R_h^2 - R_{op}^2)\frac{\ln(r/R_{op})}{(R_h/R_{op})}\right] \tag{3.31g}$$

将公式(3.31g)带入公式(3.31b):

$$Q = -\frac{\pi}{8\mu}\left(\frac{\mathrm{d}p_f}{\mathrm{d}L}\right)\left[(R_h^4 - R_{op}^4) - \frac{(R_h^2 - R_{op}^2)^2}{\ln(R_h/R_{op})}\right] \tag{3.31h}$$

通过如下公式可知,总流量和流体的平均速度有关:

$$Q = A\bar{v} \tag{3.31i}$$

式中 A——和流体的接触面积。

$$A = \begin{cases} \pi(R_{\mathrm{h}}^2 - R_{\mathrm{op}}^2) & \text{环空流动} \\ \pi R_{\mathrm{ip}}^2 & \text{管柱流动} \end{cases} \tag{3.31j}$$

式中 R_{ip}——钻具的内半径。

应用公式(3.31i)和公式(3.31j),再结合常数 L 就产生了如下公式:

$$\frac{p_{\mathrm{f}}}{L} = \Delta p_{\mathrm{fa}} = \frac{\mu \bar{v}_{\mathrm{a}}}{1500} \Bigg/ \left[D_{\mathrm{h}}^2 + D_{\mathrm{op}}^2 - \frac{D_{\mathrm{h}}^2 - D_{\mathrm{op}}^2}{\ln(D_{\mathrm{h}}/D_{\mathrm{op}})} \right] \quad (\mathrm{NLAF}) \tag{3.32}$$

式中 μ——牛顿流体的黏度,$mPa \cdot s$;

$\bar{v}_{\mathrm{a}}$——牛顿流体的平均流速,ft/s;

D_{h}——水眼直径,in;

D_{op}——钻具外径,in;

p_{f}/L——摩擦压力损失梯度,psi/ft;

NLAF——牛顿流体和层流流体。

对于钻具流量,D_{op} 趋于 0,所以简化公式(3.32):

$$\frac{p_{\mathrm{f}}}{L} = \Delta p_{\mathrm{fp}} = \frac{\mu \bar{v}_{\mathrm{p}}}{1500 D_{\mathrm{ip}}^2} \quad (\mathrm{NLPF}) \tag{3.33}$$

式中 $\bar{v}_{\mathrm{p}}$——钻具内平均流体的速度,ft/s;

NLPF——钻具内牛顿流体和层流流体;

D_{ip}——钻具内径,in。

公式(3.33)就是有名的哈根—泊肃叶方程式,该公式解决的是牛顿流体在层流情况下的情况。$\mathrm{d}p_{\mathrm{f}}/\mathrm{d}L$ 是指压力损失。

例3.4:提供的钻井参数如下。

(1)井深:10000ft。

(2)井眼尺寸:$8\frac{7}{8}$in。

(3)钻具尺寸:外径5in,内径4in。

(4)钻铤:外径7in,内径4in,长度1000ft。

(5)钻井液被认为是牛顿流体,$\mu = 40 mPa \cdot s$,$r = 8.5 lb/gal$。

(6)最小容许的环空平均流速为100ft/min。

钻到1000ft,流量和环空最小容许的流速相对应,并且泵的液压马力损耗和摩擦有关。循环过程中是层流流体,井口以上接了500ft的钻具。

解:

由于摩擦,液压马力损失 HHF 可以表述成:

$$HHF = p_{\mathrm{f}} Q/1714$$

$$Q = \bar{v}_{\mathrm{a\,min}} A_{\mathrm{a\,max}} = \bar{v}_{\mathrm{a\,min}} \frac{\pi}{4}(D_{\mathrm{h}}^2 - D_{\mathrm{odp}}^2)$$

$$= 0.041 \times 100 \times \frac{\pi}{4}(8.875^2 - 5^2) \approx 173\,\text{gal/min}$$

$$p_\text{f} = p_\text{fdp} + p_\text{fdc} + p_\text{fadp} + p_\text{fadc} + p_\text{fs}$$

$$= \bar{L}_\text{dp}\Delta p_\text{fdp} + L_\text{dc}\Delta p_\text{fdc} + L_\text{dp}\Delta p_\text{adp} + L_\text{dc}\Delta p_\text{fadc}$$

进一步，$\Delta p_\text{fp} = \dfrac{\mu \bar{v}_\text{p}}{1500 D_\text{ip}^2}$

它的演推公式为：$\bar{v}_\text{p} = \dfrac{Q}{A_\text{ip}} = \dfrac{Q}{(\pi/4)D_\text{ip}^2}$

所以：

$$\bar{v}_\text{p} = \frac{173}{2.45 \times 4^2} = 4.4\,\text{ft/s}$$

$$\Delta p_\text{fp} = \frac{40 \times 4.4}{1500 \times 4^2} = 7.32 \times 10^{-3}\,\text{psi/ft}$$

$$\Delta p_\text{fadp} = \frac{\mu \bar{v}_\text{adp}}{1500} \Bigg/ \left[D_\text{h}^2 + D_\text{odp}^2 - \frac{D_\text{h}^2 - D_\text{opd}^2}{\ln(D_\text{h}/D_\text{odp})} \right]$$

$$= \frac{40 \times 100/60}{1500} \Bigg/ \left[8.875^2 + 5^2 - \frac{8.875^2 - 5^2}{\ln(8.875/5)} \right]$$

$$= 4.44 \times 10^{-3}\,\text{psi/ft}$$

对于 Δp_fadc 可以简化为：

$$\bar{v}_\text{adc} = \frac{Q}{\pi/4}(D_\text{h}^2 - D_\text{odc}^2)$$

$$= \frac{173}{2.45 \times (8.875^2 - 7^2)} = 2.4\,\text{ft/s}$$

$$\Delta p_\text{fadc} = \frac{40 \times 2.4}{1500} \Bigg/ \left[8.875^2 + 7^2 - \frac{8.875^2 - 7^2}{\ln(8.875/7)} \right]$$

$$= 0.272\,\text{psi/ft}$$

$$p_\text{f} = (7.82 \times 15^3) \times (10000 + 500) + (4.44 \times 10^{-3}) \times 9000 + 0.278 \times 1000$$

$$= 388\,\text{psi}$$

$$HHF = \frac{388 \times 173}{1714} = 39\,\text{hp}$$

或表述成百分数的形式：$\dfrac{39}{2000} \times 100\% = 1.85\%$

例 3.5: 回到公式(3.4),在流量是 400gal/min 的情况下,看地层是否发生破裂。

ECD 通过公式给出: $\gamma_{em} = \gamma_{hm} + \Delta\gamma_{af}$

在 10000ft 处:

$$\Delta\gamma_{af} = \frac{L_{dp}\Delta p_{fadp} + L_{dc}\Delta p_{fadc}}{0.052 \times 10000}$$

$$\Delta p_{fadc} = \left|_{Q=10000gal/min} = \frac{400}{173}\Delta p_{fadp}\right|_{Q=173} = 0.01psi/ft$$

同样可以推导出如下公式:

$$\Delta p_{fadc} = \frac{400}{173} \times 0.272 = 0.629psi/ft$$

$$\Delta\gamma_{af} = \frac{(0.01 \times 9000) + (0.629 \times 1000)}{0.052 \times 10000} = 1.38lb/gal$$

$$\gamma_{em}\big|_{D=10000ft} = 8.5 + 1.38 = 9.88lb/gal > 9lb/gal$$

所以会发生破裂。

3.5.2 宾汉流体

适用于宾汉流体的公式模式是公式(3.26)、公式(3.28)和公式(3.29),以及公式(3.34a)。

$$Q = \int_r v(2\pi r)dr \tag{3.34a}$$

宾汉流体的流速和剪切应力分配如图3.8所示。

考虑到钻具内流体,公式(3.26)就变成:

$$\tau = \frac{r}{2}\left(\frac{dp_f}{dL}\right) \tag{3.34b}$$

将公式(3.28)带入公式(3.29b),结合公式(3.34b),就会产生同样的结果:

$$\tau_y = \mu_p\frac{dv}{dr} = -\frac{r}{2}\left(\frac{dp_f}{dL}\right); r > R_y \tag{3.34c}$$

积分产生:

$$v(r) = \frac{r^2}{4\mu_p}\left(\frac{dp_f}{dL}\right) + \frac{\tau_y r}{\mu_p} + c_1 \tag{3.34d}$$

临界情况,$v(R_{ip}) = 0$:

$$c_1 = \frac{R_{ip}^2}{4\mu_p}\frac{dp_f}{dL} - \frac{\tau_y}{\mu_p}R_{ip} \tag{3.34e}$$

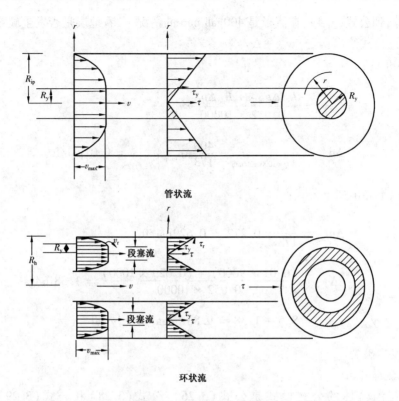

图3.8 具有屈服力的非牛顿流体流速和剪切应力分布图(顶部、钻具内流体、底部及环空)

所以:

$$v(r) = \frac{1}{4\mu_p}\frac{\mathrm{d}p_f}{\mathrm{d}L}(r^2 - R_{ip}^2) + \frac{\tau_y}{\mu_p}(r - R_{ip}) ; r > R_y \tag{3.35}$$

根据公式(3.35),对于堵塞部分流速是:

$$v_y = v(R_y) = \frac{1}{4\mu_p}\left(\frac{\mathrm{d}p_f}{\mathrm{d}L}\right)(R_y^2 - R_{ip}^2) + \frac{\tau_y}{\mu_p}(R_y - R_{ip}) \tag{3.36}$$

但是从公式(3.34b)可以推导出:

$$\tau(R_y) = \tau_y = -\frac{R_y}{2}\left(\frac{\mathrm{d}p_f}{\mathrm{d}L}\right) \tag{3.37}$$

进一步

$$v_y = \frac{1}{4}\left(\frac{\mathrm{d}p_f}{\mathrm{d}L}\right)(R_y^2 - R_{ip}^2) - \frac{1}{2\mu_p}\left(\frac{\mathrm{d}p_f}{\mathrm{d}L}\right)R_y(R_y - R_{ip})$$

$$= -\frac{1}{4\mu_p}\left(\frac{\mathrm{d}p_f}{\mathrm{d}L}\right)(R_y - R_{ip})^2 ; r \leqslant R_y \tag{3.38}$$

将公式(3.35)和公式(3.38)代入公式(3.34b),就会得到如下公式:

$$Q = -\frac{\pi R_{ip}^4}{8\mu_p}\left(\frac{dp_f}{dL}\right)\left[1 - \frac{4}{3}\left(\frac{\tau_y}{\tau_{ip}}\right) + \frac{1}{3}\left(\frac{\tau_y}{\tau_{ip}}\right)^4\right] \tag{3.39}$$

在公式(3.39)的基础上,在流体流动前,钻具壁的剪切力超过了屈服力。实际上钻具壁的剪切力τ_{ip}超过了屈服力τ_y的两倍。所以能够毫无疑问地得出公式(3.39)。公式(3.39)可以简化成:

$$Q = -\frac{\pi R_{ip}^4}{8\mu_p}\left(\frac{dp_f}{dL}\right)\left[1 - \frac{4}{3}\left(\frac{\tau_y}{\tau_{ip}}\right)\right] \tag{3.40}$$

然而

$$\pi R_{ip}^2 \bar{v}_p = -\frac{\pi R_{ip}^2}{8\mu_p}\left(\frac{dp_f}{dL}\right)\left[1 + \left(\frac{8}{3}\right)\frac{\tau_y}{R_{ip}(dp_f/dL)}\right] \tag{3.41}$$

解出dp_f/dL并代入公式得出:

$$\frac{p_f}{L} = \Delta p_{fp} = \frac{\mu_p \bar{v}_p}{1500 D_{ip}^2} + \frac{\tau_y}{225 D_{ip}}(\text{BLPE}) \tag{3.42}$$

式中,p_f的单位是psi;L的单位是ft;τ_y的单位是lb/100ft²;BLPE适合宾汉流体和层理流体;μ_p的单位是mPa·s;$\bar{v}_p$的单位是ft/s;D_{ip}的单位是ft。

对于具有屈服强度的非牛顿流体在环空中的摩擦力损失公式推导是很复杂的。然而,Melrose等认为只要与井眼直径的比率大于0.3(这个条件在钻井中是常用的),环空中流体可以通过槽流方程大概算出,如地表的两个平行流体。

如图3.9所示,环空可以用几何高度的形式,用以下公式表示(图3.10):

$$h = \sqrt{R_h^2 - \varepsilon^2 c^2 \sin^2\theta} - R_{op} + \varepsilon c\cos\theta \tag{3.43}$$

$$c = R_h - R_{op}$$

式中 ε——环空的离心率,$\varepsilon = 100e/(R_h - R_{op})$,即井眼中心和钻具中心之间的距离。

对于同心的环空,$\varepsilon = 0$,公式(3.43)可以简化成:

$$h = R_h - R_{op} \tag{3.44}$$

槽的宽度可以通过如下公式计算:

$$w = \frac{(2\pi R_{op} + 2\pi R_h)}{2} = \pi(R_h + R_{op}) \tag{3.45}$$

所以槽的面积是由槽的高度和宽度决定的:

$$A = hw = (R_h - R_{op})\pi(R_h + R_{op}) = \pi(R_h^2 - R_{op}^2) \tag{3.46}$$

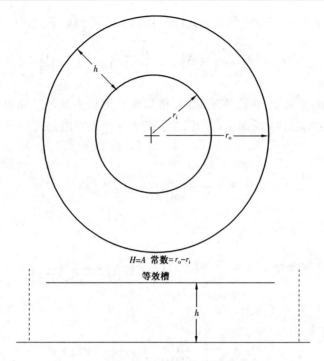

图 3.9 同心环空和偏心环空的等效槽

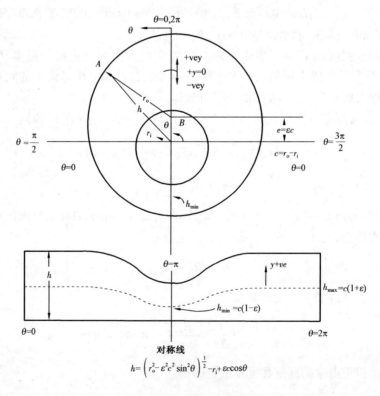

$$h= \left(r_o^2 - \varepsilon^2 c^2 \sin^2\theta \right)^{\frac{1}{2}} - r_i + \varepsilon c\cos\theta$$

图 3.10 离心环空和等效槽

对于宾汉流体来说,通过图 3.9 的直角坐标,它是很明显的:

$$\tau = - y \frac{dp_f}{dL} + c_1 \tag{3.47a}$$

$$\gamma = - \frac{dv}{dy} \tag{3.47b}$$

$$Q = \int_A v dA \tag{3.47c}$$

所以通过公式(3.43)至公式(3.47)及公式(3.29)可以得到如下关系:

$$\tau_w = \tau \mid_{h=0} = \frac{h}{2}\left(\frac{dp_f}{dL}\right) \tag{3.48}$$

$$Q = - \frac{wh^3}{12\mu_p}\left(\frac{dp_f}{dL}\right)\left[1 + \frac{3}{2}\left(\frac{\tau_y}{\tau_w}\right) - \frac{1}{2}\left(\frac{\tau_y}{\tau_w}\right)^3\right] \tag{3.49}$$

考虑大部分实际情况,公式(3.49)中的$(\tau_y/\tau_w)^3$,如果被去掉也不会产生很大的错误。用公式(3.44)和公式(3.48)代入流体的平均流速和管柱面积就可以产生:

$$- \frac{dp_f}{dL} = \frac{12\mu_p \bar{v}_a}{(R_h - R_{op})^2} + \frac{3\tau_y}{R_h - R_{op}} \tag{3.50}$$

从 L 的角度并采用相关的公式就产生:

$$\frac{p_f}{L} = \Delta p_{fa} = \frac{\mu_p \bar{v}_a}{1000(D_h - D_{op})^2} + \frac{\tau_y}{200(D_h - D_{op})}(BLSF) \tag{3.51}$$

这里 BLSF 代表宾汉流体和层流流体的槽流。对于牛顿流体,$\tau_y = 0$,$\mu_p = \mu$,所以公式(3.50)就变成了:

$$\Delta p_{fa} = \frac{\mu \bar{v}_a}{1000(D_h - D_{op})^2}L \quad (NLSF) \tag{3.52}$$

例 3.6:通过例 3.4,假设流体是宾汉流体并具有如下的流体特性:$\theta_{600} = 55$,$\theta_{300} = 35$;10s/10min,凝胶强度 8/17lb/100ft²。

解:

$$\Delta p_{fp} = \Delta p_{fdp} = \Delta p_{fdc} = \frac{\mu_p \bar{v}_p}{1500 D_{ip}^2} + \frac{\tau_y}{225 D_{ip}}$$

$$\mu_p = \theta_{600} - \theta_{300} = 55 - 35 - 20 mPa \cdot s$$

$$\tau_y = \theta_{300} - \mu_p = 35 - 20 = 15 lb/100ft^2$$

$$\bar{v}_p = 4.4ft/s(例 3.4)$$

$$\Delta p_{fp} = \frac{20 \times 4.4}{1500 \times 4^2} + \frac{15}{225 \times 4} = 0.02\text{psi/ft}$$

$$\Delta p_{fadp}^{\bullet} = \frac{\mu_p \bar{v}_a}{1000(D_h - D_{odp})^2} + \frac{\tau_y}{200(D_h - D_{odp})}$$

$$\bar{v}_{adp} + \frac{100\text{ft/min}}{60\text{s/min}} = 1.67\text{ft/s}(\text{例}3.4)$$

$$\Delta p_{fadp} + \frac{20 \times 1.67}{1000 \times (8.875 - 5)^2} + \frac{15}{200 \times (8.875 - 5)} = 0.022\text{psi/ft}$$

$$p_f = (0.02 \times 10500) + (0.022 \times 9000) + (0.054 \times 1000) = 462\text{psi}$$

$$HHF = \frac{p_f Q}{1714} = \frac{462 \times 173}{1714} = 46.6\text{hp}$$

$$\%Loss = \frac{46.6}{2000} \times 100\% = 2.33\%$$

例3.7: 用例3.6中的钻井液解决例3.5。

解:

对于例3.6有:

$$\mu_p = 20\text{mPa} \cdot \text{s}$$

$$\tau_y = 15\text{lb/100ft}^2$$

$$\tau_g = \text{凝胶强度} = 8/17\text{lb/100ft}^2$$

对于例3.5有:

$$Q = 400\text{gal/min}$$

$$\gamma_{frac} = 9\text{lb/gal}$$

当钻到1000ft时,当量循环密度是:

$$\gamma_{em} = \gamma_{hm} + \Delta\gamma_{af}$$

所以

$$\Delta\gamma_{af} = \frac{L_{dp}\Delta p_{fadp} + L_{dc}\Delta p_{fadc}}{0.052 \times 1000}$$

假设是层流,摩擦压力损失是成比例分配给流量的。

$$\Delta p_{fadp} = \frac{400}{173} \times 0.022 = 0.051\text{psi/ft}$$

$$\Delta p_{fadc} = \frac{400}{173} \times 0.054 = 0.125\text{psi/ft}$$

或者

$$\Delta\gamma_{af} = \frac{(0.051 \times 9000) + (0.125 \times 1000)}{0.052 \times 10000} = 1.13 \text{lb/gal}$$

$$\gamma_{em} = 8.5 + 1.13 = 9.62 > 9\text{lb/gal}(破裂)$$

3.5.3 幂律流体

回顾公式(3.26)、公式(3.28)、公式(3.29c)和公式(3.30)。对于流体,c_1 应该接近 0,所以:

$$-\frac{dv}{dr} = \left[-\frac{dp_f}{dL}\left(\frac{r}{2k}\right)\right]^n \tag{3.53}$$

$$v = -k^{-\frac{1}{n}}\left[-\frac{1}{2}\left(\frac{dp_f}{dL}\right)\right]^{\frac{1}{n}}\left(\frac{n}{n+1}\right)r^{\frac{n}{n+1}} + c \tag{3.54}$$

从临界的情况看,当 $r = R_{ip}$ 的时候,$v = 0$,因此得出常数 c:

$$c = k^{-\frac{1}{2}}\left[-\frac{1}{2}\left(\frac{dp_f}{dL}\right)\right]^{\frac{1}{n}}\left(\frac{n}{n+1}\right)(R_{ip}^{\frac{n+1}{n}} - r^{\frac{n+1}{n}}) \tag{3.55}$$

将公式(3.55)代入公式(3.30),得到:

$$\frac{dp_f}{dL} = \frac{2k\bar{v}^n(3n+1)^n}{R_{ip}^{n+1}n^n} \tag{3.56}$$

使用油田现场单位,公式(3.56)就变成了:

通过例3.6和例3.7,范式黏度计读数为 $\theta_{600} = 55$、$\theta_{300} = 35$ 在以下参数的情况下为幂律流体。

解(例3.6):

$$n = 3.32\log\frac{\theta_{600}}{\theta_{300}} = 3.32\lg\frac{55}{35} = 0.652$$

$$k \cong \frac{510\theta_{300}}{511^n}$$

$$k = \frac{35 \times 510}{511^{0.652}} = 306 \text{ 等效厘泊}$$

当 $Q = 173\text{gal/min}$,$\bar{v}_{dp} = \bar{v}_{dc} = \bar{v}_p = 4.4\text{ft/s}$,$\bar{v}_{adp} = 1.67\text{ft/s}$,$\bar{v}_{adc} = 2.4\text{ft/s}$ 时:

$$\Delta p_{fp} = \frac{306 \times 4.4^{0.652}}{143700 \times 4^{1.652}}\left(\frac{3 \times 0.652 + 1}{0.0461}\right)$$

$$= 9.1 \times 15^3 \text{psi/ft}$$

$$\Delta p_{fadp} = \frac{306 \times 1.67^{0.652}}{143700 \times (8.875 - 7)^{1.652}}\left(\frac{2 \times 0.652 + 1}{0.0208}\right)$$

$$= 6 \times 15^3 \text{psi/ft}$$

$$\Delta p_{\text{fadc}} = \frac{306 \times 2.4^{0.652}}{143700 \times (8.875 - 7)^{1.652}} \left(\frac{2 \times 0.652 + 1}{0.0208} \right)$$

$$= 0.019 \text{psi/ft}$$

因此：

$$p_{\text{f}} = (9.1 \times 15^3) \times 10500 + (6 \times 15^5) \times 9000 + 0.019 \times 1000 = 169 \text{psi}$$

$$HHF = \frac{169 \times 173}{1714} = 17 \text{hp}$$

$$\% Loss = \frac{17}{2000} \times 100\% = 0.85\%$$

解(例 3.7)：

$$\Delta p_{\text{fadp}} = \frac{400}{173} \times (6 \times 15^3) = 0.014 \text{psi/ft}$$

$$\Delta p_{\text{fadp}} = \frac{400}{173} \times 0.019 = 0.044 \text{psi/ft}$$

求当量循环密度为：

$$\gamma_{\text{em}} = \gamma_{\text{hm}} + \Delta\gamma_{\text{af}} = 8.5 + \frac{0.014 \times 9000 + 0.044 \times 1000}{0.052 \times 10000}$$

$$= 8.83 < 9 \text{lb/gal}$$

$$\frac{p_{\text{f}}}{L} = \Delta p_{\text{f}} = \frac{k \bar{v}_{\text{p}}^n}{143700 D_{\text{ip}}^{n+1}} \left(\frac{3n + 1}{0.0416} \right)^n \quad (\text{PLPF}) \tag{3.57}$$

式中，p_{f}/L 的单位是 psi/ft；v_{p} 的单位是 ft/s；k 的对等单位是 mPa·s；PLPF 代表幂律层流钻具流体。

对于幂律流体在环空中以层流形式产生的摩擦力损失可以被简单表示为：

$$\Delta p_{\text{fa}} = \frac{k \bar{v}_{\text{a}}^n}{143700 (D_{\text{h}} - D_{\text{op}})^{n+1}} \left(\frac{2n + 1}{0.0208} \right)^n \quad (\text{PLAF}) \tag{3.58}$$

式中　PLAF——幂律层流环空流体。

例 3.8：根据例 3.6 和例 3.7，在以下参数的情况下幂律流体：

$$n = 3.32 \lg \frac{\theta_{600}}{\theta_{300}} = 3.32 \lg \frac{55}{35} = 0.652$$

$$k \cong \frac{510 \theta_{300}}{511^n}$$

$$k = \frac{35 \times 510}{511^{0.652}} = 306 \text{mPa} \cdot \text{s}$$

$$p_{\text{f}} = 9.1 \times 15^{3} \times 10500 + 6 \times 15^{3} \times 9000 + 0.019 \times 1000 = 169 \text{psi}$$

$$HHF = \frac{169 \times 173}{1714} = 17 \text{hp}$$

$$\% Loss = \frac{17}{2000} \times 100\% = 0.85\%$$

$$\Delta p_{\text{fadp}} = \frac{400}{173} \times 6 \times 15^{3} = 0.014 \text{psi/ft}$$

$$\Delta p_{\text{fadc}} = \frac{400}{173} \times 0.019 = 0.044 \text{psi/ft}$$

当量循环密度是:

$$\gamma_{\text{em}} = \gamma_{\text{hm}} + \Delta\gamma_{\text{af}} = 8.5 + \frac{(0.014 \times 9000) + (0.044 \times 1000)}{0.052 \times 10000}$$

$$= 8.83 < 9 \text{lb/gal}(\text{没有破裂})$$

3.5.4 屈服应力流体

幂律流体屈服力可以采取同样的做法。本章将对相关的结果进行讨论。

对于钻具流体,摩擦力损失可以表示为:

$$\Delta p_{\text{fp}} = \frac{1}{281(D_{\text{h}} - D_{\text{p}})}\left\{\theta_{0} + k\left[\frac{G\bar{v}_{\text{p}}}{63.9(D_{\text{h}} - D_{\text{p}})}\right]^{n}\right\} \quad (\text{PYLPF}) \tag{3.59}$$

$$G = [(3n+1)/(4n)][(1-0.877)/0.123]^{1/n}$$

式中 θ_{0} ——0 黏度;

PYLPE——能量屈服流体和层流环空流体。

环空流体有:

$$\Delta p_{\text{fa}} = \frac{1}{281(D_{\text{h}} - D_{\text{p}})}\left\{\theta_{0} + k\left[\frac{G\bar{v}_{\text{a}}}{63.9(D_{\text{h}} - D_{\text{p}})}\right]^{n}\right\} \quad (\text{PYLAF}) \tag{3.60}$$

当 PYLAF 表示应力屈服流体层流时,有:

$$\alpha = 1 - \left[1 - \left(\frac{D_{\text{p}}}{D_{\text{h}}}\right)^{0.37n^{-0.14}}\right]^{2.7n^{0.14}} \tag{3.61}$$

3.6 紊流在管柱内和环空中的摩阻压力损失

在以前讨论中知道:钻具和环空摩擦力损失相关研究也没有取得科学的进展。对于激动流体的压降因素的描述也往往是通过经验获得的。通过维度分析:这些因素可以非维度的形式分组,如扇形摩擦因素和雷诺数,这些都决定了摩擦力损失能以经验的形式估算。

钻具流体在钻具中循环,扇形摩擦因素的计算公式为:

$$f_p = \frac{D_{ip}\Delta p_{fp}}{2\rho \bar{v}_p^2} \qquad (3.62a)$$

式中 f_p——扇形摩擦因素;

$\quad D_{ip}$——钻具的内径;

$\quad \Delta p_{fp}$——钻具摩擦压力损失梯度;

$\quad \rho$——流体整体的密度;

$\quad \bar{v}_p$——钻具内流体平均流速。

使用油田单位,有:

$$f_p = \frac{25.8 D_{ip}\Delta p_{fp}}{\gamma_m \bar{v}_p^2} \qquad (3.62b)$$

同样,雷诺数是:

$$N_{Rp} = \frac{\rho \bar{v}_p D_{ip}}{\mu} \qquad (3.63)$$

式中 μ——牛顿黏度;

$\quad N_{Rp}$——钻具内流体的雷诺数。

公式(3.62)和公式(3.63)仅适合钻具流体内的牛顿流体。判断钻具内流体是否是紊流,这时雷诺数(接近2100)往往是通过经验获得的。摩擦因素可以通过 Colebrook 公式获得:

$$\frac{1}{\sqrt{f}} = 3.48 - 4\lg\left(\frac{2\varepsilon}{D_{ip}} + \frac{9.35}{N_{Rp}\sqrt{f}}\right) \qquad (3.64)$$

或者

$$\frac{1}{\sqrt{f}} = 2.28 - 4\lg\left(\frac{\varepsilon}{D_{ip}} + \frac{21.25}{N_{Rp}^{0.9}}\right) \qquad (3.65)$$

式中 ε——钻具的粗糙度,同 D_{ip} 一样是指钻具的几何特性。

对于环空内流体,公式(3.62)和公式(3.63)可以改写成:

$$f_a = \frac{1}{2}\left(D_e \frac{\Delta p_{fa}}{\rho \bar{v}_a^2}\right) \qquad (3.66a)$$

或者

$$f_a = \frac{25.8 \Delta p_{fa} D_e}{\gamma_m \bar{v}_a^2} \qquad (3.66b)$$

$$N_{Ra} = \frac{\rho \bar{v}_a D_e}{\mu} \qquad (3.67)$$

式中 f_a, N_{Ra}——环空流体的扇形摩擦因素和雷诺数;

$\quad \bar{v}_a$——环空流体平均流速;

D_e——钻具当量直径。

在公式(3.19a)至公式(3.19c)中已经演示了计算钻具当量直径 D_e 的步骤。

对于非牛顿流体,公式(3.63)和公式(3.67)可以表述成:

$$N_{Rp} = \frac{\rho \bar{v}_p D_{ip}}{\mu_e} \tag{3.68}$$

$$N_{Ra} = \frac{\rho \bar{v}_p D_{ip}}{\mu_e} \tag{3.69}$$

式中　μ_e——非牛顿流体的当量牛顿黏度。

3.7　当量牛顿黏度

对于非牛顿流体,从层流到紊流的转换也有一定的判断标准。对于钻具内的牛顿流体,这些标准的建立也是基于雷诺数(2100)。

假设在层流形式的牛顿流体和非牛顿流体摩擦压力损失梯度基本对等的情况下,可以得到公式(3.68)和公式(3.69)中 μ_e 的值。

$$\Delta p_{fpN} = \Delta p_{fpNN} \tag{3.70a}$$

$$\Delta p_{faN} = \Delta p_{faNN} \tag{3.70b}$$

式中　Δp_{fpN}、Δp_{faNN}——钻具和环空中牛顿流体的摩擦力损失梯度;

Δp_{fpNN}、Δp_{faNN}——钻具和环空中非牛顿流体的摩擦力损失梯度。

所以对于钻具(μ_{eBp})和环空中(μ_{eBa})的宾汉流体:

$$\mu_{eBp} = \mu_p + \frac{20 D_{ip} \tau_y}{3 \bar{v}_p} \tag{3.71a}$$

$$\mu_{eBa} = \mu_p + \frac{5(D_h - D_{op}) \tau_y}{\bar{v}_a} \tag{3.71b}$$

对于钻具(μ_{epp})和环空(μ_{epa})中的幂律流体:

$$\mu_{epp} = \frac{k \bar{v}_p^{n-1}}{96 D_{ip}^{n-1}} \left[\frac{3 + (1/n)}{0.0416} \right]^n \tag{3.72a}$$

$$\mu_{epa} = \frac{k \bar{v}_a^{n-1}}{144(D_h - D_{ip})^{n-1}} \left[\frac{2 + (1/n)}{0.0208} \right]^n \tag{3.72b}$$

3.8　钻具中非牛顿流体的紊流

钻具中非牛顿流体的激动性已经有学者进行相关的研究,如 Metzner 等。这些研究主要基于一种被称为广义雷诺数的概念,其主要适用于幂律流体,后来延伸到不以时间长短而存在的其他非牛顿流体。

在非牛顿流体获得当量牛顿黏度的情况下,原本用于分析牛顿流体的雷诺数现在也可以分析非牛顿流体。通过公式(3.68),当量牛顿黏度可以通过如下公式获得:

$$\mu_e = \frac{\tau_w}{8\bar{v}_p/D_{ip}}$$ (3.73)

式中 τ_w——与剪切速率 $8v_p/D_{ip}$ 相适应的层流壁剪切应力。

把公式(3.73)代入公式(3.67):

$$N_{Rp} = \frac{\rho \bar{v}_p D_{ip}}{\tau_w}\left(\frac{8\bar{v}_p}{D_{ip}}\right)$$ (3.74)

通过 Skelland 可以看出:

$$\tau_w = k'\left(\frac{8\bar{v}_p}{D_{ip}}\right)^{n'}$$ (3.75)

式中,k 和 n 不同于 $8v_p/D_{ip}$。在 $8v_p/D_{ip}$ 的对数坐标图上,n 是坡度的切线,k 是纵坐标的中断线。对于幂律流体,在 τ_w 的范围内是常数,即 $n' = n, k' = k$。

将公式(3.75)代入公式(3.74)可以得到广义雷诺数的计算公式:

$$N_{RpGe} = \frac{\rho \bar{v}_p^{2-n'} D_{ip}^{n'}}{k' 8^{n'-1}}$$ (3.76)

对于幂律流体,公式(3.76)就成为:

$$N_{RpGe} = \frac{\rho \bar{v}_p^{2-n'} D_{ip}^{n'}}{k[(3n+1)/(4n)]^n 8^{n-1}}$$ (3.77)

式中 n, k——幂律常数。

以上讨论的扇形摩擦因素可以表达成:

$$f = \frac{D_{ip} p_f/(4L)}{\rho \bar{v}_p^2/2} = \frac{\tau_w}{\rho \bar{v}_p^2/2}$$ (3.78)

式中 p_f——扇形摩擦力损失;
    L——钻具长度。

通过公式(3.75)、公式(3.78)可变为:

$$f = 16 \left/ \left(\frac{\rho \bar{v}_p^{2-n'} D_{ip}^{n'}}{k' 8^{n-1}}\right)\right.$$ (3.79)

或者

$$f = \frac{16}{N_{RpGe}}$$ (3.80)

在不考虑雷诺数的情况下,公式(3.80)和牛顿流体相似。

Dodge 和 Metzner 在幂律流体的基础上发展了在钻具光滑的情况下摩擦因素:

$$\sqrt{\frac{1}{f}} = \frac{4}{(n')^{0.75}}\lg(N_{RpGe} f^{1-n^{\frac{1}{2}}}) - \frac{0.4}{(n')^{1.2}}$$ (3.81)

在通常情况下,并且认为壁剪切力决定 k 和 n,Dodge 和 Metzner 认为公式(3.81)同样适用于非幂律流体。Metzner 还认为现存的关系还适用于粗糙钻杆内的牛顿流体。

尽管广义的雷诺数适用于所有的非牛顿钻井液,对于顺畅钻具内的宾汉塑性钻井液而言,Tomita 关系如下所示:

$$\sqrt{\frac{1}{f_B}} = 4\lg(N_{RpB} \sqrt{f_B}) - 0.40 \tag{3.82}$$

$$N_{RpB} = (D_{ip}\bar{v}_p\rho/\mu_p)(1-x)(x^4 - 4x + 3)/3$$

$$f_B = D_{ip}p_f/[2\rho\bar{v}_p^2(1-x)]$$

$$x = \frac{\tau_y}{\tau_w} = \frac{r}{R_{ip}}$$

$$R_{ip} = D_{ip}/2$$

式中 μ_p——宾汉流体塑性黏度。

3.9 钻具环空的非牛顿液体流动

钻具环空的非牛顿液体流动研究一直以来就非常有限。Frederickson 和 Bird 推荐使用下述公式:

$$f = \frac{\Delta p_f D_h[1-(D_{op}/D_h)^2]}{2[1+(D_{op}/D_h)]\rho\bar{v}_a^2} \tag{3.83}$$

$$N_{Re} = \frac{D_h^n \bar{v}_a^{2-n}\rho/(D_{op}/D_h)}{2^{n-3}[-(D_{op}/D_h)^2]/[1+(D_{op}/D_h)]}\Theta \tag{3.84}$$

在公式(3.84)里

$$\Theta = \frac{Q}{\pi(D_h/2)^2[\Delta p_f(D_h^2/D_{op})^{\frac{1}{n}}]} \tag{3.85}$$

式中 Q——排量。

Skelland 指出钻具环空的非牛顿液体流动可以表示为 Blasius 公式:

$$f = \frac{0.0791}{(N_{Re})^{0.25}} \quad 3 \times 10^3 < N_{Re} < 10^5 \tag{3.86}$$

式中的 N_{Re} 已经在公式(3.84)中给出。

例3.9: 根据下面给出的一口 S 形定向井数据和图 3.11,计算为了钻至设计井深,需要的泵水力功率是多少? 假定泵体积系数是 85%,最大流速 400gal/min。

(1)钻井液:宾汉塑性流体,密度 10.2lb/gal;$\theta_{600} = 65$,$\theta_{300} = 40$,10s/10min,凝胶强度 15/25lb/100ft^2。

(2)钻头使用三牙轮喷射钻头,12 - 12 - 12 型。

(3)钻杆:外径 4.5in,内径 4in,质量 14lb/ft。

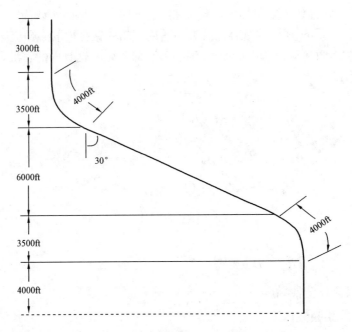

图 3.11   例 3.9 中的 S 形定向井示意图

(4)钻铤:外径 7.5in,内径 4in,重 110lb/ft,$L_{dc} = 1000$ft。

(5)地面连接 500ft。

(6)井身结构:中间套管参数(内径 8.5in 套管下至 16000ft,使用钻头 7.5in)。

解:

$$PHHP = p_p Q/1714$$

$$p_p = p_{fdp} + p_{fdc} + p_{fadp} + p_{fadc} + p_{fs} + p_B$$

速度:

$$\bar{v}_{dp} = \bar{v}_{dc} = \frac{Q}{2.45 D_i^2} = \frac{400}{2.45 \times 4^2} = 10.2\text{ft/s}$$

流动类型:

$$N_{Rdp} = N_{Rdc} = N_{Rp} = \frac{928 \gamma_m \bar{v}_p D_{ip}}{\mu_{ep}}$$

$$\mu_{ep} = \mu_p + \frac{6.66 \tau_y D_{ip}}{\bar{v}_p}$$

$$N_{Radp} = \frac{928 \gamma_m \bar{v}_{adc} D_{edc}}{\mu_{eadp}}$$

$$D_{edp} = 0.816(D_h - D_{odp})$$

$$N_{\text{Radc}} = \frac{928\gamma_{\text{m}}\bar{v}_{\text{adc}}D_{\text{edc}}}{\mu_{\text{eadc}}}$$

$$D_{\text{edc}} = 0.816(D_{\text{h}} - D_{\text{odc}})$$

$$\mu_{\text{eadp}} = \mu_{\text{p}} + \frac{5\ \tau_{\text{y}}(D_{\text{h}} - D_{\text{odp}})}{\bar{v}_{\text{adp}}}$$

$$\mu_{\text{eadc}} = \mu_{\text{p}} + \frac{5\ \tau_{\text{y}}(D_{\text{h}} - D_{\text{odc}})}{\bar{v}_{\text{adc}}}$$

$$\mu_{\text{p}} = \theta_{600} - \theta_{300} = 65 - 40 = 25\text{mPa} \cdot \text{s}$$

$$\tau_{\text{y}} = \theta_{300} - \mu_{\text{p}} = 40 - 25 = 15\text{lb}/100\text{ft}^2$$

$$\mu_{\text{p}} = 64.4\text{mPa} \cdot \text{s}$$

$$\mu_{\text{eadp}} = 117.6\text{mPa} \cdot \text{s}$$

$$\mu_{\text{eadc}} = 32.4\text{mPa} \cdot \text{s}$$

$$D_{\text{edp}} = 3.26\text{in}$$

$$D_{\text{edc}} = 0.816\text{in}$$

$$\mu_{\text{eadp}} = \mu_{\text{p}} + \frac{5\ \tau_{\text{y}}(D_{\text{h}} - D_{\text{odp}})}{\bar{v}_{\text{adp}}}$$

$$\mu_{\text{eadc}} = \mu_{\text{p}} + \frac{5\ \tau_{\text{y}}(D_{\text{h}} - D_{\text{odp}})}{\bar{v}_{\text{adc}}}$$

$$\mu_{\text{p}} = \theta_{600} - \theta_{300} = 65 - 40 = 25\text{mPa} \cdot \text{s}$$

$$\tau_{\text{y}} = \theta_{300} - \mu_{\text{p}} = 40 - 25 = 15\text{lb}/100\text{ft}^2$$

因此，$N_{\text{Rp}} = 5956 > 2100$，是紊流；$N_{\text{Radp}} = 850 < 2100$，是层流；$N_{\text{Radc}} = 2414 > 2100$，是紊流。为了计算紊流的 Δp_{fp} 和 Δp_{fadc}，需要计算范式摩擦系数，根据式(3.65)，可假定 $\varepsilon = 0$。

$$\frac{1}{\sqrt{f}} = 2.28 - 4\lg\left(\frac{24.25}{N_{\text{Ra}}^{0.9}}\right)$$

$$N_{\text{Ra}} = \frac{928\gamma_{\text{m}}\bar{v}_{\text{a}}D_{\text{ea}}}{\mu_{\text{p}}}$$

$$\Delta p_{\text{fp}} = \frac{\gamma_{\text{m}}\bar{v}_{\text{p}}^2 f_{\text{p}}}{25.8D_{\text{ip}}}$$

$$\Delta p_{\text{fadp}} = \frac{\mu_{\text{p}}\bar{v}_{\text{a}}}{1000(D_{\text{h}} - D_{\text{op}})^2} + \frac{\tau_{\text{y}}}{200(D_{\text{h}} - D_{\text{op}})}$$

（由于 $D_{\text{odp}}/D_{\text{h}} = 0.53 > 0.3$，所以为槽流）

$$\Delta p_{fadc} = \frac{\gamma_m \bar{v}_{sbadc}^2 f_{adc}}{25.8 D_{edc}}$$

$$N_{Rp} = \frac{928 \times 10.2 \times 10.2 \times 4}{25} = 15448$$

$$N_{Radc} = 3151$$

$$f_p = 0.007$$

$$f_{adc} = 0.011$$

$$\Delta p_{fp} = \frac{10.2 \times 10.2^2 \times 0.007}{25.8 \times 4} = 0.072\text{psi/ft}$$

$$\Delta p_{fadp} = 0.024\text{psi/ft}$$

$$\Delta p_{fadc} = \frac{10.2 \times 10.2^2 \times 0.011}{25.8 \times 0.816} = 0.554$$

$$p_B = \frac{(8.31 \times 10^{-5})\gamma_m \theta^2}{C_d^2 A_t^2} = \frac{8.31 \times 10^{-5} \times 10.2 \times 400^2}{0.95^2 [3(\pi/4) \times (12/32)^2]^2} = 1367\text{psi}$$

要求 $PHHP = \dfrac{1039}{0.85} = 1222\text{hp}$

3.10　钻具活动造成的环空摩擦压力损失

当钻具沿着充满不动钻井液的井眼轴上下活动时,会产生摩擦压力损失,这和钻具静止钻井液循环时是一模一样的。在摩擦压力损失公式的分析中,唯一的区别是应用的范围和条件不一致(图3.12)。

因钻具活动而造成的环空摩擦压力损失与环形段有关系。如果钻具以一定的速度(v_p)被拉出井眼,环空(更低的钻井液密度)将产生压力损失。这时候的环空压力损失被称为抽汲压力 p_{sw}。危险在于,产生的抽汲压力如果过量,将导致井涌。因此,在起钻过程中,一定要维持下面的状态:

$$p_{ec} = p_m - p_{sw} > p_{ff} \qquad (3.87a)$$

或者用压力梯度表示:

$$\gamma_{ec} = \gamma_m - \gamma_{sw} > \gamma_{ff} \qquad (3.87b)$$

式中　p_{ec}——等效循环钻井液压力;

　　　p_m——钻井液静水压力;

　　　p_{sw}——抽汲压力;

　　　p_{ff}——地层流体压力;

　　　γ——压力梯度。

类似的,当以速度 v_p 下钻时,环空压力(更高的钻井液相对密度)将增加。这个增加称为

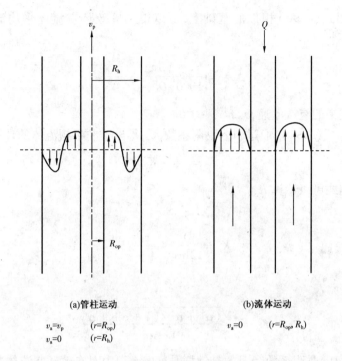

图 3.12 层流速度剖面

激动压力 p_{surge}。危险在于,激动压力如果过量,将引起地层破裂,进而可能导致整个循环终止,循环终止又可能引发井涌。因此,在下钻的过程中,下面情况一定要被维持:

$$p_{ec} = p_m + p_{surge} < p_{frac} \tag{3.88a}$$

或者

$$\gamma_{ec} = \gamma_m + \gamma_{surge} < \gamma_{frac} \tag{3.88b}$$

式中 p_{frac}——地层破裂压力;

p_{surge}——激动压力。

激动压力和抽汲压力经常产生于两种工况:起下钻和下套管。因此,必须采取必要的措施以避免井喷的发生。

在抽汲/激动压力的计算过程中,难点在于判定其实际的液体流动形态和由于管柱运动产生的环空流体速度剖面。对牛顿液体而言,使用接近于层流的槽流计算,可以很容易得出如下公式来计算钻具活动中的摩擦压力损失:

$$\Delta p_{fsp} = \frac{\mu(\bar{v}_a - 0.5v_p)}{1000(D_h - D_{op})^2} \tag{3.89}$$

式中 Δp_{fsp}——摩阻压力损失梯度。

根据式(3.32),可得牛顿流体摩擦压力损失:

$$\Delta p_{fs} = \frac{\mu \bar{v}_a}{1000(D_h - D_{op})^2} \tag{3.90}$$

在式(3.89)和式(3.90)相似的基础上,可以得到等效环空流体平均流速 $\bar{v}_{ae}$,因此,式(3.89)可表示如下:

$$\Delta p_{fs} = \frac{\mu \bar{v}_{ae}}{1000(D_h - D_{op})^2} \tag{3.91}$$

式中 v_{ae}——环空中的有效流速,$\bar{v}_{ae} = v_a - 0.5 v_p$。

Burkhardt 根据式(3.91),通过引入黏附系数 K_c,得出了非牛顿流体的计算公式:

$$\bar{v}_{ae} = \bar{v}_a - K_c v_p \tag{3.92}$$

使用下列方程式可以计算 K_c。

层流:

$$K_c = \frac{1}{2\ln x} + \frac{x^2}{1 - x^2} \tag{3.93}$$

紊流:

$$K_c = \frac{\sqrt{(\alpha^4 + \alpha)/(1 + \alpha)} + \alpha^2}{1 - \alpha^2} \tag{3.94}$$

式中,$\alpha = D_{op}/D_h$,黏附系数表示的是钻杆黏度的牵引力对有效环空流体速度的贡献值。

为了计算抽汲/激动压力,平均环空流体流速 $\bar{v}_a$ 需要根据管柱的运动需要确定,应考虑以下两种情况:(1)尾端闭合管柱;(2)尾端开口管柱。

对于尾端闭合管柱,环空流速 Q_a 等于驱替流体的速度,$Q_a = (\pi 4) D_{op}^2 v_p$。因为尾端闭合,这就是环空的流速。因此,平均环空流体流速可表示为 $v_a = Q/A_a$,其中 A_a 表示环空横截面积,更为详细的公式是:

$$\bar{v}_a = \frac{D_{op}^2 v_p}{D_h^2 - D_{op}^2} \tag{3.95}$$

对于尾端闭合管柱,由于管柱的运动比较复杂,所以很难确定平均环空流体流速。这在油田现场是经常存在的问题,由于尾端闭合管柱运动引起的环空摩阻压力损失比开口的要大,不考虑开口的损失。

例3.10:根据以下数据计算起下钻操作时最大管柱速度,假设管柱是尾端闭合的。

(1)现在井深 10000ft。

(2)钻井液是宾汉钻井液,密度 10lb/gal,$\theta_{600} = 65$,$\theta_{300} = 40$。

(3)井眼尺寸 $7\frac{7}{8}$in。

(4)钻杆:外径 4in,内径 $3\frac{1}{4}$in。

(5)钻铤:外径 6in,内径 $3\frac{1}{4}$in,长度 700ft。

(6)地层压力梯度 0.5psi/ft,破裂压力梯度 0.56psi/ft。

解:

需要考虑抽汲压力(起钻)和激动压力(下钻)可能会引起井涌或地层破裂问题,即 $p_{ff} \geqslant p_{hm} - p_{swab}$,$p_{frac} \leqslant p_{hm} + p_{surge}$。

$$\Delta p_{\text{surge}}, \Delta p_{\text{swab}} = \frac{\mu_p \bar{v}_{ae}}{1000(D_h - D_{op})^2} + \frac{\tau_y}{200(D_h - D_{op})}$$

对于尾端闭合管柱，$\bar{v}_a = D_{op}^2 v_p / (D_h^2 - D_{op}^2)$，或者

$$\bar{v}_{adp} = \frac{D_{op}^2 v_p}{D_h^2 - D_{odp}^2}$$

$$\bar{v}_{adc} = \frac{D_{odc}^2 v_p}{D_h^2 - D_{odc}^2}$$

$$K_{cdp} = \frac{1}{2\ln\alpha_{dp}} + \frac{\alpha_{dp}^2}{1 - \alpha_{dp}^2} (\text{层流})$$

$$K_{cdp} = \frac{-\sqrt{\alpha_{dp}^4/(1 + \alpha_{dp})} + \alpha_{dp}^2}{1 - \alpha_{dp}^2} (\text{紊流})$$

$$\alpha_{db} = D_{odp}/D_h = 0.51$$

对于 K_{cdc}，$\alpha_{dc} = D_{odc}/D_h = 0.762$，因此

$$\bar{v}_{adp} = 0.35 v_p$$

$$\bar{v}_{adc} = 1.38 v_p$$

$$K_{cdp} = \begin{cases} -0.391(\text{层流}) \\ -0.484(\text{紊流}) \end{cases}$$

$$K_{cdp} = \begin{cases} -0.453(\text{层流}) \\ -0.5(\text{紊流}) \end{cases}$$

因此

$$\bar{v}_{aedp} = \begin{cases} 0.35 v_p = 0.391 v_p = 0.741 v_p (\text{层流}) \\ 0.384 v_p (\text{紊流}) \end{cases}$$

$$\bar{v}_{adc} = \begin{cases} 1.83 v_p (\text{层流}) \\ 1.88 v_p (\text{紊流}) \end{cases}$$

假设沿着钻杆层流：

$$\Delta p_{\text{swab}}, \Delta p_{\text{surge}} = \frac{\mu_p \bar{v}_{aedp}}{1000(D_h - D_{odp})^2} + \frac{\tau_y}{200(D_h - D_{odp})}$$

$$\mu_p = \theta_{600} - \theta_{300} = 65 - 40 = 25 \text{mPa} \cdot \text{s}$$

$$\tau_y = \theta_{300} - \mu_p = 40 - 25 = 15 \text{lb}/100\text{ft}^2$$

$$\Delta p_{\text{swab}}, \Delta p_{\text{surge}} = \frac{25 \times (0.741 v_{\text{p}})}{1000 \times (7.875^2 - 4^2)} + \frac{15}{200 \times (7.875 - 4)}$$

$$\Delta p_{\text{swab}} \leqslant \Delta p_{\text{hm}} - \Delta p_{\text{ff}} = 0.52 - 0.5 = 0.02$$

$$\Delta p_{\text{surge}} \leqslant \Delta p_{\text{fac}} - \Delta p_{\text{hm}} = 0.56 - 0.52 = 0.04$$

或者

$$v_{\text{p}} \leqslant 1.5 \text{ft/s}(\text{抽汲压力})$$

$$v_{\text{p}} \leqslant 51 \text{ft/s}(\text{激动压力})$$

3.11 补充问题

(1)问题3.1。

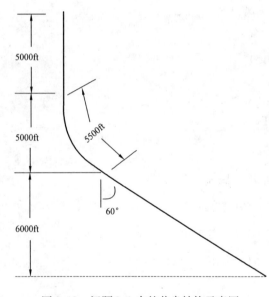

图3.13 问题3.1中的井身结构示意图

根据以下数据和图3.13,预测在14000ft处钻井或起下钻时是否会发生事故,假定流速是500gal/min,管柱起下钻速度10ft/s。

① 最后套管深度14000ft。

② 实际井深13500ft。

③ 实际井深处的井眼尺寸$7\frac{7}{8}$in。

④ 钻杆:外径$4\frac{1}{4}$in,内径$3\frac{1}{2}$in,重26.88lb/ft。

⑤ 钻铤:外径6in,内径$3\frac{1}{2}$in,重100.8lb/ft,长1500ft。

⑥ 泵功率2000hp,体积效率85%,最大泵压3800psi。

⑦ 清洁井眼的最小环空流体流速120ft/min。

⑧ 井壁摩擦系数:油管、套管时是0.2,裸眼时是0.3。

⑨ 钻井液:宾汉塑性,相对密度2.0,$\theta_{600} = 55$,$\theta_{300} = 35$,10s/10min,凝胶强度18/35lb/100ft²。

⑩ 14000ft以下地层的破裂压力梯度为18.0lb/gal,孔隙压力梯度为0.83psi/ft。

(2)问题3.2。

根据以下数据和图3.14预测在18000ft处钻进或在28000ft处起下钻时是否会发生事故,假定流速是650gal/min,管柱起下钻速度20ft/s。

① 套管组合:1000ft、8000ft、18000ft、20000ft。

② 实际井深18000ft处的井眼尺寸$7\frac{7}{8}$in。

③ 钻杆:外径$4\frac{1}{2}$in,内径$3\frac{1}{2}$in,重26.88lb/ft。

④ 钻铤:外径$6\frac{1}{2}$in,内径$3\frac{1}{2}$in,重100.8lb/ft,长1500ft。

⑤ 钻井液:宾汉塑性,相对密度 1.5,$\theta_{600}=35$,$\theta_{300}=35$,10s/10min,凝胶强度 18/30lb/100ft^2。

⑥ 18000ft 以下地层的破裂压力梯度为 17.2lb/gal,孔隙压力梯度为 0.83psi/ft。

(3)问题 3.3。

根据以下数据和图 3.15 进行相关计算。

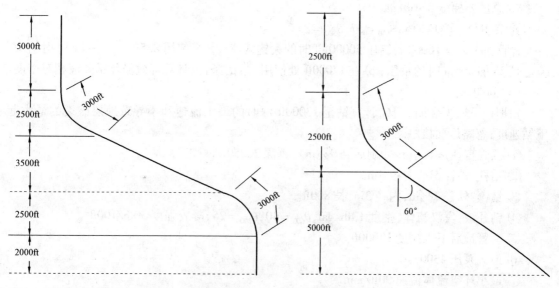

图 3.14   问题 3.2 中的井身结构示意图   图 3.15   问题 3.3 中的井身结构示意图

① 实际井深 10000ft。

② 最终套管下入 5000ft 深,外径 9⅞in,壁厚 0.3125in。

③ 下一段的井眼大小是 8½in,三牙轮钻头。

④ 清洁井眼的最小环空流体流速 120ft/min

⑤ 钻杆:外径 4½in,内径 3¾in,重 18.10lb/ft。

⑥ 钻铤:外径 7in,内径 3¾in,长 1200ft。

⑦ 钻井液:宾汉塑性,$\theta_{600}=37$,$\theta_{300}=25$,10s/10min,凝胶强度 7/16lb/100ft^2,屈服值 13lb/100ft^2。

⑧ 钢重 66.3lb/gal。

⑨ 地层和管柱之间的摩擦系数是 0.2。

⑩ 套管鞋处的地层破裂压力梯度是 17lb/gal。

计算:

① 钻至 7500ft 时的最大钻压是多少?

② 在 15000ft 处,使用 14-14-14 钻头,体积效率 85% 时的 PHHP 是多少?

③ 分析在(2)中是否会发生井涌。

(4)问题 3.4。

根据以下数据进行相应计算。

① 现在井深 16000ft。

② 目的井深 17000ft。

③ 钻杆:外径 4.5in,壁厚 0.43in,重 18.7lb/ft。

④ 钻铤:外径 7in,内径 2in,重 120lb/ft。

⑤ 最大钻压 80000lbf。

⑥ 最大地层压力梯度 0.83psi/ft。

⑦ 总压差梯度 0.4lb/gal。

⑧ 钻井液:幂律流体,$\theta_{600}=37$,$\theta_{300}=25$。

计算:① 钻至 16000ft,钻压 50000lbf 时的大钩载荷;② 当使用 8.5ft9 – 11 – 11 喷射钻头,流速是 250gal/min 时的泵压;③ 在 17000ft 处使用(2)的条件,计算等效循环钻井液相对密度。

(5)问题 3.5。

根据以下数据和图 3.16,计算钻至 13000ft 深时的最大流速和不导致地层破裂的最大起下钻速度,忽略地面接触。

① 裸眼直径是 8⅞in(冲刷后到 9⅞in),垂深 20250ft。

② 钻杆:外径 5in,内径 3in。

③ 钻铤:外径 7½in,内径 3in,长 800ft。

④ 钻井液:宾汉流体,密度 13lb/gal,$\theta_{600}=40$,$\theta_{300}=25$,凝胶强度 30lb/100ft^2。

⑤ 套管最后下入深度 13000ft。

⑥ 最大泵压 4300psi。

⑦ 最小环空流体流速 90ft/min。

(6)问题 3.6。

根据以下数据和图 3.17,判断当钻至 16000ft 时钻井最大压力是 4500psi 是否安全。

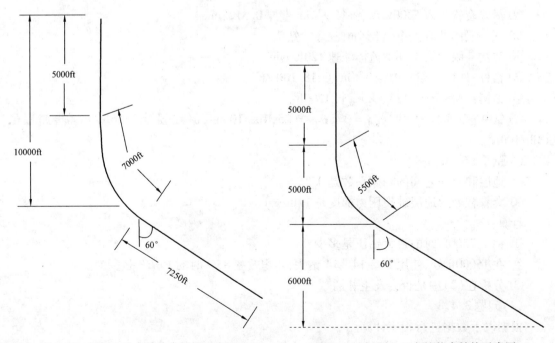

图 3.16　问题 3.5 中的井身结构示意图　　　图 3.17　问题 3.6 中的井身结构示意图

① 套管最后下入深度 10500ft。

② 套管内径 $8\frac{1}{2}$in。

③ 实际井深 16000ft。

④ 钻头尺寸 $7\frac{7}{8}$in,三牙轮钻头。

⑤ 井眼大小是 $8\frac{1}{2}$in。

⑥ 最大钻压 40000lbf。

⑦ 钻杆:外径 $4\frac{1}{2}$in,内径 $3\frac{1}{2}$in,重 27lb/ft。

⑧ 钻铤:外径 $6\frac{1}{2}$in,内径 $3\frac{1}{2}$in,重 100lb/ft。

⑨ 套管壁摩擦系数 0.25,裸眼摩擦系数 0.3。

⑩ 钢重 65lb/ft。

⑪ 钻井液:幂律流体,$\theta_{600}=65$,$\theta_{300}=40$。

⑫ 钻机地面接触:钻杆 600ft。

⑬ 最小环空流体流速 120ft/min。

⑭ 压差梯度 0.5lb/gal。

⑮ 套管鞋下入深度 10000ft 到实际井深。

⑯ 地层压力梯度 0.52psi/ft,破裂压力梯度 13lb/gal。

⑰ 钻井泵:双冲程,3.7gal/冲程。

(7)问题 3.7。

根据以下数据进行相应计算。

① 钻杆:外径 4.5in,内径 4in,重 12.75lb/ft。

② 钻铤:外径 7.5in,内径 4in,重 107.3lb/ft,长 1000ft。

③ 中间套管:外径 10.75in,壁厚 0.4in。

④ 现在深度 10000ft。

⑤ 实际井深 15000ft。

⑥ 钻头:8.5in,三牙轮钻头,9 - 9 - 9 型喷嘴。

⑦ 钻井液:宾汉塑性,密度 10lb/gal,$\theta_{600}=95$,$\theta_{300}=50$,屈服值 30lb/100ft^2。

⑧ 清洁井眼的最小环空流体流速 120ft/min。

⑨ 泵功率 2000hp,最大地表压力 4800psi,体积效率 90%。

⑩ 当前深度处 $Q=250$gal/min 时,泵压 $p_p=2333$psi,$Q=350$gal/min 时,泵压 $p_p=4377$psi。

计算:

① 假定地层破裂压裂梯度在套管鞋处为 0.545psi/ft,计算循环过程中是否会发生地层破裂;

② 分别计算当流速为 450gal/min 时在正向循环和反向循环过程中井底等效循环钻井液密度。

(8)问题 3.8。

当环空流动是近槽流的牛顿流体层流时,推导摩阻压力损失方程。

(9)问题 3.9。

推导方程(3.87)。

3.12 符号说明

a：加速度；

A：面积；

BLPE：宾汉流体层流流动；

C_d：无量纲量；

D：高度；

D_{ep}：等效管柱直径或环空等效管柱直径；

D_h：井眼直径；

D_{ip}：管柱内径；

D_{op}：管柱外径；

e：井中心和管柱中心的距离；

f_a：环状流范式摩擦系数；

f_p：管状流范式摩擦系数；

L：长度；

N_{Ra}：环状流雷诺数；

N_{Rp}：管状流雷诺数；

NLPF：牛顿流体层流；

p_b：钻头的动态压力变化；

p_B：钻头喷嘴的动压力；

p_d：动压力；

p_f：摩擦压力损失或循环系统摩阻压力损失；

p_{fdp}、p_{fdc}：钻杆和钻铤内的摩擦压力损失；

p_{fadp}、p_{fadc}：钻杆和钻铤外环空的摩擦压力损失；

Δp_{fp}：管柱摩擦压力损失梯度；

p_{fs}：表面连接时摩擦压力损失；

p_h：静水压力；

p_p：额定泵输出压力；

Q：流量；

R_h：井眼半径；

R_{ip}：管柱内半径；

R_{op}：管柱外半径；

W_f：摩擦能量损失；

W_p：有用功；

γ：钻井液相对密度；

$\Delta \gamma_{a\,swab}$：抽汲压力对钻井液相对密度的改变量；

γ_{me}：等效循环钻井液相对密度；

γ_{mh}：实际钻井液相对密度；

ε：环空偏心率或者管柱的粗糙度；

θ_o:0s 凝胶；

μ:牛顿黏度,mPa·s；

μ_p:塑性黏度,mPa·s；

$\bar{v}$:平均流速；

$\bar{v}_a$:环空流体平均流速,ft/s；

$\bar{v}_p$:管柱内流体平均流速,ft/s；

ρ:密度；

τ_y:屈服值,lb/100ft^2。

参 考 文 献

1. Bourgoyne, A. T. , M. E. Chenevert, K. K. Millheim, and F. S. Yong. 1986. Applied Drilling Engineering. SPE Textbook Series, Vol. 2. Critendon, B. C. 1959. "The Mechanics of Design and Interpretation of Hydraulic Fracture Treatment. " Journal of Petroleum Technology. October, 21 – 29.

2. Melrose, J. C. , J. G. Savins, W. R. Foster, and E. R. Parish. 1958. "A Practical Utilization of the Theory of Bingham Plastic Flow in Stationary Pipes and Annuli. " Transactions of the AIME. 213, 316.

3. Iyoho, A. W. , and J. J. Azar. 1980. "An Accurate Slot-Flow Model for Non-Newtonian Fluid Flow through Eccentric Annuli" Paper SPE-AIME Annual Fall Meeting, Dallas.

4. Herschel, W. H. , and R. Bulkley. 1926. Kolloid Zeitschrift, 39, 291 – 300. Herschel, W. H. , and R. Bulkey. 1926. Proceedings of the ASTM, Part II, 26, 621 – 29

5. Colebrook, C. F. 1938 – 39. "Turbulent Flow in Pipes, with Particular Reference to the Transition Region between the Smooth and Rough Pipe Laws. " Journal of the Institute of Civil Engineers, London.

6. Tomita, Y. 1959. Bulletin J. S. M. E. , 2, 469. Tomita, Y. 1961. Bulletin J. S. M. E. , 4, 77.

7. Metzner, A. B. 1956. In Advances in Chemical Engineering, edited by T. B. Drew and J. W. Hoopes. Vol. 1, p. 77. New York: Academic Press. Metzner, A. B. 1957. Ind. Eng, Chem. , 49, 1429.

8. Dodge, D. W. , and A. B. Metzner. "Turbulent Flow of Non-Newtonian Systems. " Journal of the American Institute of Chemical Engineers, Journal 5, 189, 1959.

9. Metzner, A. B. , and J. C. Reed. 1955. "Flow of Non-Newtonian Fluids-Correlation of the Laminar Transitioni, and Turbulent-Flow Regions. " Journal of the American Institute of Chemical Engineers, 1, 434.

10. Skelland, A. H. P. 1967. Non-Newtonian Flow and Heat Transfer. New York: John Wiley & Sons.

11. Tomita, Bulletin J. S. M. E. , 2, 469. Tomita, Bullentin J. S. M. E. , 4, 77

12. Fredrickson, A. G. , and R. B. Bird. 1958. "Non-Newtonian Flow in Annuli. " Ind. And Eng. Chem. , 347.

13. Skelland. Non-Newtonian Flow and Heat Transfer

14. Burkhardt, J. A. 1961. "Wellbore Pressure Surges Produced by Pipe Movement. " Journal of Petroleum Technology, June, 595 – 605. Burkhardt, Transactions of the AIME, 222.

15. Bourgoyne et al. Applied Drilling Engineering.

4 钻头水力学

4.1 简介

如何最有效地利用钻井泵马力对于旋转钻进有着重大的意义。理解、分析、评估这些消耗能源的钻机部件对于如何有效利用这些能源是非常关键的。

钻头水力学总的来说和喷射式钻头有关。钻头水眼的目的是提高钻井液在井底的清洗能力。那些还沉在钻头底下,没有被有效带出的岩屑将会重新沉积,加速钻头磨损,延长钻井时间,从而增加钻井成本。

石油行业公认,牙轮钻头界面的流体能耗对钻井表现有非常大的影响。尽管如此,还有一个问题有待于解决,那就是流体能源如何能被有效地利用起来,以使得钻井液能够最有效地携带钻头下面的岩屑。某些先进技术,例如钻头水力优化观念、喷射式钻头冲击力和喷射速度,已经为钻头水力优化提供了支持和指导。这些准则已经有力地阻止了岩屑聚积,但是还远远不是理想的井底清理工具。研究此问题的学者们对此争论不休,提出了不同的观点。有些人认为应用了最大水力能源,进尺将受益无限。也有人认为,对于每一个地层都有一个最佳的动力水平,超过此水平的受益将会被油料的消耗和设备保养费用所抵消。

钻井水力学是最复杂,但却是研究得最少的一个钻井变量,由于钻井液、钻头和地层之间相互活跃而复杂的关系。虽然液体流动技术已经相当发达,在钻井中,井底的流动机制尚未被完全知晓。但是,在钻头水力学的文献中有强有力的证据证明,钻头底下的液体流动是控制井底岩屑流动的关键因素。遗憾的是,这一观念目前尚未得到有效的证明和广泛的认可。研究者们正在努力探讨钻井液流体转换机制、窜流速度、流体冲击力和其他一些被认为可能解决井底清理问题的重要概念。

目前现场在钻头水力学设计的应用主要包括选择最佳的流体速度及相对应的最佳钻头水眼尺寸,以让下面的参数最大化:(1)钻头水力功率;(2)喷射冲击力;(3)喷射水眼速度。

最近,喷射冲击力这个概念已经在某些文献中有所提及。尽管如此,它的实际应用价值还远远没有展示出来。首要的两大准则——钻头水力功率和钻头冲击力是应用最广泛的,所以也理所当然成为了本章内容的焦点。

4.2 旋转钻进中的泵压要求

钻井泵表面压力,一般也称为循环中立管压力,以如下的形式贯穿于整个循环系统中。

(1)地表连接中的摩擦压力损失(p_{fs})。

(2)钻具内的摩擦压力损失(p_{fdp})。

(3)钻铤内的摩擦压力损失(p_{fdc})。

(4)钻具外环空内的摩擦压力损失(p_{fadp})。

(5)钻铤环空内的摩擦压力损失(p_{fadp})。

(6)钻头的动态压力变化(p_b)。

在数学上,可以表示为以下的公式:

$$p_s = p_{fs} + p_{fdp} + p_{fdc} + p_{fadp} + p_{fadc} + p_b \tag{4.1}$$

或者

$$p_s = p_f + p_b \tag{4.2}$$

式中　p_f——总的摩擦压力损失;

　　　p_s——最大允许地表压力 $p_{s\,max}$(或者某一个最佳操作地表压力, $p_{s\,opt}$);

　　　p_b——钻头的动态压力变化,可以用本书第 3 章推导出的公式计算得出。

例 4.1:钻一口 15000ft 深的井,在钻最后 1000ft 井眼段时,循环系统中以下最大压力梯度分别为: $\Delta p_{fdb} = 0.1\mathrm{psi/ft}$; $\Delta p_{fdc} = 0.3\mathrm{psi/ft}$; $\Delta p_{fadp} = 0.01\mathrm{psi/ft}$; $\Delta p_{fadc} = 0.07\mathrm{psi/ft}$; $p_b = 2200\mathrm{psi/ft}$。

求每一个最大压力梯度要求的地面压力。钻铤长度 1000ft,地面接触当量钻杆长度 600ft。

根据公式(4.1)和公式(4.2), $p_s = (L_{dp} + L_s)\Delta p_{fdp} + L_{dc}\Delta p_{fdc} + L_{dp}\Delta p_{fadp} + L_{dc}\Delta p_{fadc} + p_b = 4170\mathrm{psi}$。

4.3　水力功率要求

液压力 H_h,是流量 Q 和对应的压力 p 的乘积,即:

$$H_h = pQ \tag{4.3}$$

在式(4.2)的两边都乘以 Q,并利用式(4.3),可以得出如下公式:

$$p_s Q = p_f Q + p_b Q \tag{4.4}$$

或者

$$H_{hs} = H_{hf} + H_{hb} \tag{4.5}$$

式中　H_{hs}——液压泵力;

　　　H_{hf}——因循环系统中的摩擦压力损失而产生的液压力;

　　　H_{hb}——因钻头周围动态压力变化而产生的液压力。

$$H_h = \frac{pQ}{1714} \tag{4.6}$$

例 4.2:为实现泵的体积效率为 80%,假设流速为 350gal/min,确定泵水力功率。

解:

$$H_{hf} = \frac{p_f Q}{1714} = 402.28\mathrm{hp}$$

$$H_{hb} = \frac{p_b Q}{1714} = 449.24\mathrm{hp}$$

4.4　流量表示方法

根据第 3 章得出摩擦压力损失 p_f 和流量 Q 有如下关系:

$$p_f = CQ^\alpha \tag{4.7}$$

在此，C 是个常量(钻井液流性能、井眼几何、钻具几何等的一种功能)，而 α 是流量的一种表示方法，数值 $1 \sim 2$，既可以像下面显示的一样在现场量出来，也可以被假设为 1.86。

在公式(4.7)左右两侧取对数，得到以下等式：

$$\lg p_f = \lg(CQ^\alpha) = \lg C + \alpha \lg Q \tag{4.8}$$

如果将式(4.8)的函数曲线绘制在双对数坐标纸上，会得到线性关系。斜率为 α。因此：

$$\alpha = \frac{\lg p_{fj} - \lg p_{fi}}{\lg Q_j - \lg Q_i} \tag{4.9a}$$

$$\alpha = \frac{\lg(p_{fj}/p_{fi})}{\lg(Q_j/Q_i)} \tag{4.9b}$$

在现场中，利用已知钻井液密度和喷嘴直径时，当钻井至一定深度钻井泵的压力降随排量变化。不同排量 Q_j 与 Q_i 对应不同压力 p_{sj} 与 p_{si}。

通过式(4.2)，$p_{sj} = p_{fj} + p_{bj}$ 且 $p_{si} = p_{fi} + p_{bi}$，进一步求 p_{bj} 与 p_{bi}：

$$p_{bj,i} = \frac{(8.3 \times 10^{-5})\gamma Q_{j,i}^2}{A_t^2 C_d^2} \tag{4.10}$$

求 p_{fj} 与 p_{fi}：

$$p_{fj} = p_{sj} - \frac{(8.3 \times 10^{-5})\gamma Q_j^2}{A_t^2 C_d^2} \tag{4.11a}$$

$$p_{fi} = p_{si} - \frac{(8.3 \times 10^{-5})\gamma Q_i^2}{A_t^2 C_d^2} \tag{4.11b}$$

例 4.3：一口井 12000ft，所使用钻井液密度为 15.5lb/gal，钻头使用 14 − 14 − 14 喷嘴，流量为 400gal/min 和 300gal/min，立管压力分别为 4622psi 与 2800psi。试确定流动指数。

解：

应用公式(4.9b)，代入流量 Q。由式(4.11a)：

$$p_{fj} = p_{sj} - \frac{(8.3 \times 10^{-5})\gamma Q_j^2}{A_t^2 C_d^2}$$

$$= 4622 - \frac{8.3 \times 10^{-5} \times 15.5 \times 400^2}{(\pi/4) \times 4 \times (14/32)^2 \times 0.95^2}$$

$$= 4622 - 3150 = 1472\text{psi}$$

同样

$$p_{fj} = p_{sj} - \frac{(8.3 \times 10^{-5})\gamma Q_i^2}{A_t^2 C_d^2}$$

$$= 2800 - 1800 = 1000\text{psi}$$

所以

$$\alpha = \frac{\lg(1472/1000)}{\lg(400/300)} = 1.34$$

4.5 最大钻头水力功率准则

最大钻头水力功率的准则是:钻头水眼处的水力功率对应的流量可以使井底清洁达到最优。因此水力功率体现在流量上,利用微积分知识求得能满足最优井底水功率的流量。

一开始钻头水力功率定义为 $H_{hb} = p_b Q$。但是 p_b 是流量的函数,可以用 $p_b = p_s - p_s = p_s - C_1 Q_1^\alpha$ 代替。

$$H_{hb} = (p_s - CQ^\alpha)Q = p_s Q - CQ^{\alpha+1} \tag{4.12}$$

式中,H_{hb} 作为流量 Q 的函数是因变量,流量是自变量。

利用微积分,对 H_{hb} 取 x 是一阶导数,并令导数等于 0。

$$\frac{\mathrm{d}H_{hd}}{\mathrm{d}Q} = p_s - (\alpha + 1)CQ^\alpha = 0 \tag{4.13}$$

由于 $p_f = CQ^\alpha$

$$p_s - (\alpha + 1)p_f = 0 \tag{4.14a}$$

$$p_f = \frac{1}{\alpha + 1}p_s \tag{4.14b}$$

这就是令 H_{hb} 最大的解。要注意在式 $p_f = [1/(\alpha+1)]p_s$ 中的 $\mathrm{d}^2 H_{hb}/\mathrm{d}Q^2 < 0$。

因此在最大钻头水力功率基础上,如果沿程摩阻保持在如下值,那么最优钻头水力学就可以实现。

$$p_{f\,opt} = \frac{1}{\alpha + 1}p_{s\,max} \tag{4.15}$$

或者钻头水眼处压降最大:

$$p_{b\,opt} = p_{s\,max} - p_{f\,opt} = \frac{\alpha}{\alpha + 1}p_{s\,max} \tag{4.16}$$

根据公式(4.9b)可得:

$$\alpha = \frac{\lg(p_{f\,opt}/p_{fqa})}{\lg(Q_{opt}/Q_a)} \tag{4.17}$$

式中 p_{fqa}——沿程摩阻;

Q_{opt}——寻求的最优排量。

求解 Q_{opt}:

$$Q_{opt} = Q_a \lg^{-1} \left[\frac{1}{\alpha} \lg \left(\frac{p_{f\,opt}}{p_{fqa}} \right) \right] \tag{4.18}$$

如果 α 是已知的,$p_{f\,opt}$ 可以通过式(4.18)计算得出。假定一个流量 Q_a,p_{fqa} 可以通过第 3 章的沿程摩阻公式得到,这样利用公式(4.18)可以得到 Q_{opt}。

Q_{opt} 与 $p_{b\,opt}$ 已知后,根据公式(4.10)可得:

$$p_{b\,opt} = \frac{(8.3 \times 10^{-5}) \gamma Q_{opt}}{A_{t\,opt}^2 C_d^2} \tag{4.19}$$

解得 $A_{t\,opt}$:

$$A_{t\,opt} = \sqrt{\frac{(8.3 \times 10^{-5}) \gamma Q_{opt}}{C_d^2 p_{b\,opt}}} \tag{4.20}$$

相应的最优喷嘴尺寸 $d_{n\,opt}$ 可以从下式得到:

$$A_{t\,opt} = \frac{\pi}{4} (d_{1\,opt}^2 + d_{2\,opt}^2 + d_{3\,opt}^2 + \cdots + d_{n\,opt}^2) \tag{4.21}$$

如果多个喷嘴的直径都相等,那么:

$$A_{t\,opt} = \frac{\pi}{4} n d_{n\,opt}^2 \tag{4.22}$$

解得 $d_{n\,opt}$:

$$d_{n\,opt} = 2 \sqrt{\frac{A_{t\,opt}}{n\,\pi}} \tag{4.23}$$

式中 n——钻头水眼的个数,三牙轮钻头 n 为 3,刮刀钻头 n 可能大于 3。

重要的是最优排量 Q_{opt} 必须在最大和最小排量之间,即 $Q_{min} \leq Q_{opt} \leq Q_{max}$。最大排量由以下情况决定。

(1)钻井泵可以提供的最大水力功率。$Q_{max} = H_{hp} \eta_V / p_{s\,max}$,此处 η_V 是钻井泵效率。

(2)由于高的流速会产生井眼冲蚀。

(3)由于太高的环空摩阻损失或者由此引起的循环当量密度:$p_{frac} > p_h + p_{af} = ECD$,此处 p_{frac} 是地层破裂压力,p_h 为钻井液柱压力;p_{af} 是环空中的循环摩阻。

最小流速根据上返钻岩屑计算。为了保证井底及环空清洁,至少应保证排量不小于 $Q_{min} = v_{a\,min} A_{a\,max}$,此处 $A_{a\,max}$ 是最大环空过流面积。详见第 3 章。

例 4.4:根据以下数据,利用钻头水力功率准则选取最优喷嘴直径进行下一步钻井。假设目前深度为 12000ft。

(1)钻杆:外径 4.5in,内径 3.64in,重 20lb/ft。

(2)钻铤:外径 7in,内径 2in,重 120.3lb/ft,长度 1000ft。

(3)钻井液:类型为宾汉流体,$\theta_{300} = 21$,$\theta_{600} = 29$,密度为 15.5lb/gal。

(4)钻井泵:国产双冲程,最大允许泵压 5440psi,水力功率 1600hp,效率 80%。

（5）最小要求环空返速 85ft/min。

（6）测斜数据：如图 4.1 所示，最后中间套管为 $9\frac{7}{8}$ in，垂深 12000ft。

（7）钻头：$12\frac{7}{8}$ in 三牙轮钻头钻至 12000ft，带有 3 – 14 水眼。次级钻头为 $8\frac{7}{8}$ in 三牙轮钻头。

（8）现场数据：在 12000ft 深度处，用 $8\frac{7}{8}$ in 三牙轮钻头，3 – 14 水眼，$Q_1 = 300$ gal/min，$Q_2 = 400$ gal/min，$p_{p1} = 2966$ psi，$p_{p2} = 4883$ psi。

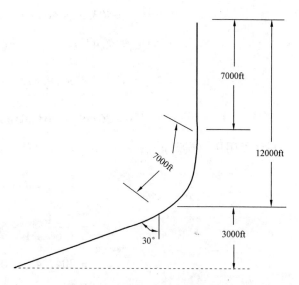

图 4.1　例题 4.4 中的井眼轨迹

解：

流速 300 ～ 400gal/min 时，通过钻头的压力降计算如下：

$$p_b = \frac{(8.311 \times 10^{-5})\gamma Q^2}{A_t^2 C_d^2}$$

假设 $C_d = 0.95$，总水眼过流面积为：

$$A_t = \frac{\pi}{4}(d_1^2 + d_2^2 + d_3^2) = \frac{3}{4}\pi\left(\frac{14}{32}\right)^2 = 0.45099 \text{in}^2$$

进一步计算

$$p_{b1} = \frac{8.311 \times 10^{-5} \times 15.5 \times 300^2}{0.95^2 \times 0.45099^2} = 631.6 \text{psi}$$

$$p_{b2} = \frac{8.311 \times 10^{-5} \times 15.5 \times 400^2}{0.95^2 \times 0.45099^2} = 1122.8 \text{psi}$$

以上流速下的水力摩阻损失是 $p_f = p_p - p_b$，或者

$$p_{f1} = 2966 - 631.6 = 2334.4 \text{psi}$$

$$p_{f2} = 4833 - 1122.8 = 3760.2 \text{psi}$$

因此此井的流动指数为：

$$\alpha = \frac{\lg(p_{f2}/p_{f1})}{\lg(Q_2/Q_1)} = \frac{\lg(3760.2/2334.4)}{\lg(400/300)} = 1.66$$

最大与最小排量：

$$Q_{\max} = 1714\eta_V\left(\frac{H_{hp}}{p_{p\,\max}}\right)$$

$$= 1714 \times 0.8 \times \left(\frac{1600}{5440}\right)$$

$$= 403.3 \approx 403 \, \text{gal/min}$$

$$Q_{\min} = 2.448 (D_h^2 - D_p^2) v_{\min}$$

$$= 2.448 \times (9.875^2 - 4.5^2) \times \left(\frac{85}{60}\right)$$

$$= 267.9 \approx 268 \, \text{gal/min}$$

最优摩阻压力损失 $p_{f\,opt}$:

$$p_{f\,opt} = \left(\frac{1}{\alpha + 1}\right) p_{p\,\max}$$

$$= \frac{1}{1.66 + 1} \times 5440$$

$$= 2047.4 \approx 2047 \, (\text{psi})$$

最优钻头压力降:

$$p_{b\,opt} = p_{p\,\max} - p_{f\,opt}$$

$$= 5440 - 2047 = 3393 \, (\text{psi})$$

最优排量:

$$Q_{opt} = Q_a \lg^{-1} \left[\frac{1}{\alpha} \lg \left(\frac{p_{f\,opt}}{p_{fqa}}\right) \right]$$

$$= 300 \lg^{-1} \left[\frac{1}{1.66} \lg \left(\frac{2047}{2334}\right) \right]$$

$$= 227 \, \text{gal/min}$$

这个值在 $Q_{\min} = 268 \, \text{gal/min}$ 和 $Q_{\max} = 403 \, \text{gal/min}$ 之间,因此 277gal/min 是可取的。最优总喷嘴面积:

$$A_{t\,opt} = \sqrt{\frac{(8.311 \times 10^{-5}) \gamma Q_{opt}^2}{C_d^2 \Delta p_{b\,opt}}}$$

$$= \sqrt{\frac{8.311 \times 10^{-5} \times 15.5 \times 277.1^2}{0.95^2 \times 3392.6}}$$

$$= 0.18 \, \text{in}^2$$

对于三个等直径的喷嘴:

$$d_{n\,opt} = 2 \sqrt{\frac{0.18}{3\pi}} = 0.28 \, \text{in}$$

因此,应选用三个9/32in 的喷嘴。实际喷嘴过流面积:

$$A_t = \frac{3\pi}{4 \times 32^2} \times 9^2 = 0.1863 \text{in}^2$$

4.6　最大射流冲击力准则

最大射流冲击力准则:利用跟流量有关的最大射流冲击力来实现井底清洁。因此要求得使 F_j 最大的流量 Q。利用微积分方法可以解决问题。

射流冲击力是由钻井液作用在井底上的,根据牛顿第二定律:

$$F_j = BQ\sqrt{p_b} \tag{4.24}$$

此处 $B = 0.01823 C_d \sqrt{\gamma}$,$Q$ 单位为 gal/min,γ 为 lb/gal,p_b 单位 psi。钻头压降为 $p_b = p_s - p_f = p_s - CQ^\alpha$。因此公式(4.24)化为:

$$F_j = BQ\sqrt{p_s - CQ^\alpha} \tag{4.25}$$

在进行微积分转换之前应首先考虑两方面因素:(1)泵最大水力功率 $H_{p\,max}$ 的限制;(2)最大地面工作压力 $p_{s\,max}$。

在钻浅层时,系统磨损要求较小,流速的要求较高。射流冲击力只是由有限的泵功率确定,因此可以得到地面压力。

$$p_s = \frac{H_{p\,max}}{Q} \tag{4.26}$$

将式(4.26)代入式(4.25)之中:

$$F_j = BQ\sqrt{\frac{H_{p\,max}}{Q} - CQ^\alpha} = B\sqrt{H_{p\,max}Q - CQ^{\alpha+2}} \tag{4.27}$$

对式(4.27)求导数:

$$\frac{dF_j}{dQ} = \frac{(1/2)B[H_{p\,max} - (\alpha+2)CQ^{\alpha+1}]}{\sqrt{H_{p\,max}Q - CQ^{\alpha+2}}} = 0 \tag{4.28}$$

令上式等于0,得$(1/2)B[H_{p\,max} - (\alpha+2)CQ^{\alpha+1}] = 0$,或者 $H_{p\,max} - (\alpha+2)CQ^\alpha Q = 0$,或者 $p_s Q - (\alpha+2)CP_f Q = 0$。求解最优摩阻:

$$p_{f\,opt} = \frac{1}{\alpha+2}p_{s\,opt} \tag{4.29}$$

经过钻头的压降为:

$$p_{opt} = p_{s\,opt} - p_{f\,opt} = \frac{\alpha+1}{\alpha+2}p_{s\,opt} \tag{4.30}$$

随着井眼的延伸,沿程摩阻要求逐渐增加,同时流速要求也增加。因此射流冲击力会受到最大泵压 $p_{s\,max}$ 的限制。公式(4.25)变为 $F_j = BD\sqrt{p_{s\,max} - CQ^\alpha}$,求导数并令导数为0。

$$\frac{\mathrm{d}F_j}{\mathrm{d}Q} = \frac{(1/2)B[2p_{s\,max}Q - (\alpha+2)CQ^{\alpha+1}]}{\sqrt{p_{s\,max}Q^2 - CQ^{\alpha+2}}} = 0 \tag{4.31}$$

为得到有效解,分子必须为 0,即 $(1/2)B[2p_{s\,max}Q - (\alpha+2)CQ^{\alpha+1}] = 0$,或者 $2p_{s\,max}Q - (\alpha+2)p_f = 0$。因此:

$$p_{f\,opt} = \frac{2}{\alpha+2}p_{s\,max} \tag{4.32}$$

因此

$$p_{b\,opt} = p_{s\,max} - p_{f\,opt} = \frac{\alpha}{\alpha+2}p_{s\,max} \tag{4.33}$$

联立公式(4.29)、公式(4.30)、公式(4.32)、公式(4.33),得到最优排量 Q_{opt},最优喷嘴直径 $d_{n\,opt}$ 根据射流冲击力最大化准则确定。

例 4.5:根据例 4.4 的数据进行计算。

(1)应用射流冲击力准则,钻 12000ft 以下地层应该用的最优喷嘴直径;

(2)确定钻 12000ft 以下地层所需的最大水力功率,假设钻头寿命为 50h。

解:

(1)根据例题 4.4,$\alpha = 1.66$,$Q_{max} = 403\mathrm{gal/min}$。泵的地面压力也是限制条件。根据公式(4.32)与公式(4.33):

$$p_{f\,opt} = \frac{2p_{s\,max}}{2+\alpha}$$

$$= \frac{2 \times 5440}{3.66} = 2975\mathrm{psi}$$

$$p_{b\,opt} = p_{s\,max} - p_{f\,opt}$$

$$= 5400 - 2975 = 2465\mathrm{psi}$$

$$Q_{opt} = Q_a \lg^{-1}\left[\frac{\lg(p_{f\,opt}/p_{fqa})}{\alpha}\right]$$

$$= 300\lg^{-1}\left[\frac{\lg(2975/2334)}{1.66}\right]$$

$$= 347\mathrm{gal/min}$$

Q_{opt} 在最大和最小排量之间,可以使用。

$$A_{t\,opt} = \frac{(8.3 \times 10^{-5}) \times 15.5 \times 347^2}{0.95^2 \times 2465} = 0.2639\mathrm{in}^2$$

假如有三个水眼,$d_{n\,opt} = 10.71/32\mathrm{in}$,应用三个 $11/32\mathrm{in}$ 的喷嘴。

(2)钻头总进尺为 $A = RT = 50\mathrm{h} \times 10\mathrm{ft/h} = 500\mathrm{ft}$。

井的斜深 TMD $= 14000\mathrm{ft} + 500\mathrm{ft} = 14500\mathrm{ft}$;垂深 TVD $= 12000\mathrm{ft} + 500\mathrm{ft}\sin30° = 12250\mathrm{ft}$。

由于钻杆内的沿程摩阻梯度没有给出,而最优排量又是 347gal/min。钻杆内的平均速度 $\bar{v}_{dp}$:

$$\bar{v}_{dp} = \frac{24.51Q}{D_p^2} = 642.3\text{ft/min}$$

塑性黏度和屈服值分别为:

$$\text{PV} = \theta_{600} - \theta_{300} = 29 - 21 = 8(\text{mPa} \cdot \text{s})$$

$$\text{YP} = \theta_{300} - \text{PV} = 21 - 8 = 13(\text{lb/100ft}^2)$$

湍流的临界速度 v_c:

$$v_c = \frac{64.57(\text{PV}) + 64.57\sqrt{(\text{PV})^2 + 9.9\rho_m D_p^2(\text{YP})}}{15.6 \times 3.64} = 194.78\text{ft/min}$$

由于 $\bar{v}_{dp} > v_c$,所以流型为湍流。

雷诺数:

$$N_R = \frac{928 \times \bar{v}D_p\gamma_m}{\text{PV}} = 70513.2$$

摩擦系数:

$$f = \frac{0.0791}{\sqrt[4]{N_R}} = 0.004854$$

压力损失梯度:

$$\Delta p_{fdp} = \frac{f\gamma_m v_{dp}}{93000D_p} = 0.09228\text{psi/ft}$$

在新的深度处,全摩阻损失:

$$p_f = (\Delta p_{dp} + \Delta p_{adp})L_{dp} + (\Delta p_{dc} + \Delta p_{adc})L_{dc} = 3028\text{psi}$$

钻头处压降:

$$p_b = \frac{(8.311 \times 10^{-5})\gamma Q^2}{C_d^2 A_t^2} = 2234\text{psi}$$

全泵压力:

$$p_p = p_f + p_b = 5262\text{psi}$$

需要的水力功率(HHP):

$$HHP = \frac{Qp_p}{1714} = 1333\text{hp}$$

4.7 补充问题

(1)问题4.1。

参考图 4.2 解决问题,已知数据如下。

① 裸眼直径为 8⅞in(冲刷后到 9⅞in),垂深 20250ft。

② 钻杆:外径 5in,内径 3in。

③ 钻铤:外径 7½in,内径 3in,长度 800ft。

④ 钻井液:类型为宾汉流体,$\gamma_m = 13lb/gal$,凝胶强度为 $30lb/100ft^2$,$\theta_{600} = 40$,$\theta_{300} = 25$。

⑤ 最后套管垂深 13000ft。

⑥ 水力坡度 1.85。

⑦ 最大泵压 4300psi。

⑧ 最小环空返速要求 90ft/min。

计算:① 确定 13000ft 垂深处,满足最优水力功率的最优喷嘴尺寸;② 如果地层破裂压力梯度为 0.831psi/ft,当钻到 13000ft 时是否会出现地层破裂问题,当钻到 20000ft 时起下钻是否会引起地层破裂(忽略地面接触,并假设最小排量可以满足)。

(2)问题 4.2。

参考图 4.3 解决问题,已知数据如下。

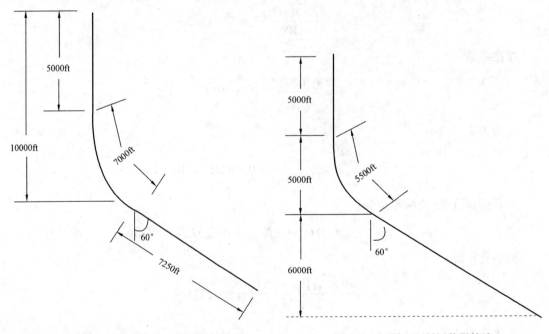

图 4.2 问题 4.1 和问题 4.11 所用井眼轨迹　　图 4.3 问题 4.2 所用井眼轨迹

① 最后一根套管斜深 10500ft。

② 套管内径 8.5in。

③ 垂深 16000ft。

④ 钻头:7⅞in 三牙轮钻头(井眼直径扩大为 8½in)。

⑤ 最大要求钻压 40000lbf。

⑥ 钻杆:外径 4½in,内径 3½in,重 27lb/ft。

⑦ 钻铤:外径 $6\frac{1}{2}$in,内径 $3\frac{1}{2}$in,重 100lb/ft。

⑧ 对井壁的摩擦系数:套管为 0.1,裸眼井壁为 0.2。

⑨ 钢铁密度 65lb/gal。

⑩ 钻井液:类型为幂律流体,$\theta_{600}=65$,$\theta_{300}=40$,凝胶强度为 15/25lb/100ft^2。

⑪ 钻 16000ft 处时的循环摩阻:

$\Delta p_{adc}=0.012$psi/ft;$\Delta p_{adc}=0.079$psi/ft;$\Delta p_{fdp}=\Delta p_{fdc}=0.065$lb/ft。

⑫ 垂深 16000ft 处起下钻时环空的激动或抽汲压力:$\Delta p_{surge}=\Delta p_{swab}=0.02$psi/ft。

⑬ 钻机地面接触:钻杆 600ft。

⑭ 最小环空返速 120ft/min。

⑮ 压差要求:0.5lb/gal。

⑯ 套管鞋垂深 10000ft。

⑰ 地层压力梯度 0.52psi/ft。

⑱ 地层破裂压力梯度 13lb/gal。

⑲ 钻井泵:双冲程;3.7gal/冲程;$p_{max}=4500$psi。

求解:

① 回答在以上条件下钻井是否会发生事故。

② 运用射流冲击力准则,根据以下条件(805gal/min,泵压 2000psi;905gal/min,泵压 2500psi)求钻斜深 10500ft 以下地层需要的最优钻头水眼直径(用 12 - 12 - 12 喷嘴)。

(3)问题 4.3。

根据以下数据进行计算。

① 钻杆:外径 $4\frac{1}{2}$in,内径 4in,重 12.75lb/ft。

② 钻铤:外径 $7\frac{1}{2}$in,内径 4in,重 107.3lb/ft,长度 1000ft。

③ 中间套管外径 $10\frac{3}{4}$in,壁厚 0.4in。

④ 目前垂深 10000ft,斜深 15000ft。

⑤ 坐封斜深 6500ft。

⑥ 钻头:$8\frac{1}{2}$ft 三牙轮钻头(9 - 9 - 9)。

⑦ 钻井液:类型为宾汉流体;密度为 10lb/gal;$\theta_{600}=95$,$\theta_{300}=50$,$\tau_g=30$lb/ft^2。

⑧ 最小环空返速 120ft/min。

⑨ 钻井泵:2000hp,泵效率 90%,$p_{max}=4800$psi。

⑩ 目前深度处泵压:$Q_1=250$gal/min,$p_p=2333$psi;$Q_2=350$gal/min,$p_p=4377$psi。

求解:① 运用最大射流冲击力和最大钻头水力功率准则,确定钻下部地层所需的最优流速和喷嘴尺寸;② 假如地层破裂压力梯度为 0.545psi/ft,判断停止循环后地层是否会破裂;③ 假设排量为 450gal/min,分别在正循环和反循环两种情况下求取井底当量循环密度。

(4)问题 4.4。

参考图 4.4 和以下数据进行相应计算。

① 最后一根套管斜深 14000ft。

② 垂深 13500ft。

③ 13500ft 深度处井眼直径 $7\frac{7}{8}$in。

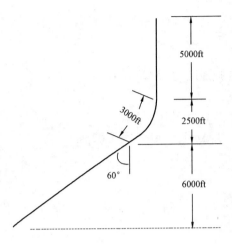

图 4.4 问题 4.4 对应井眼轨迹

④ 钻杆:外径 $4\frac{1}{4}$in,内径 $3\frac{1}{2}$in,重 26.88lb/ft。

⑤ 钻铤:外径 6in,内径 $3\frac{1}{2}$in,重 100.8lb/ft,长度 1500ft。

⑥ 钻井泵:2000hp,效率 85%, $p_{max} = 3800$psi。

⑦ 最小环空返速 120ft/min。

⑧ 对井壁的摩擦系数:套管为 0.1,裸眼井壁为 0.2。

⑨ 钻井液:类型为宾汉塑性流体;相对密度 2.0; $\theta_{600} = 55$, $\theta_{300} = 35$;10s/10min;凝胶强度 $18/30$gal/100ft^2。

⑩ 低于 14000ft 处的地层:破裂压力梯度为 18lb/gal;孔隙压力为 0.83psi/ft。

⑪ 水力摩阻:钻斜深为 14000ft 的地层时 $\Delta p_{fdp} = \Delta p_{fdc} = 0.075$psi/ft, $\Delta p_{fadp} = 0.01$psi/ft, $\Delta p_{fadc} = 0.08$psi/ft;钻至斜深 14000ft 时,起下钻过程中环空的 $\Delta p_{surge} = \Delta p_{swab} = 0.025$psi/ft。

求解:

① 当钻到斜深 14000ft 深度时起下钻是否会导致钻井事故。

② 确定钻最后套管承托环时,最大钻压可以加到多少?(钢密度 64.6lb/gal)。

③ 假设流体指数为 $m = 1.86$;排量为 564gal/min; $\Delta p_{fadp} = 0.62$psi/ft, $\Delta p_{fadp} = 0.3$psi/ft,运用射流冲击力准则,确定斜深 14000ft 处的最优钻头水力功率。

(5)问题 4.5。

根据图 4.5 和以下数据解决问题。

① 钻井液:类型为宾汉塑性流体; $\theta_{600} = 65$, $\theta_{300} = 40$;10s/10min,凝胶强度为 $15/25$lb/100ft^2; $\gamma = 10.2$lb/gal。

② 钻头为三牙轮喷射钻头。

③ 钻杆:外径 $4\frac{1}{2}$in,内径 4in,重 14lb/ft。

④ 钻铤:外径 $7\frac{1}{2}$in,内径 4in,重 110lb/ft,长度 1000ft。

⑤ 钻井泵:双冲程,2000hp;效率 90%; $p_{max} = 4800$psi;最小泵排量 200gal/min。

⑥ 环空最小返速要求 70ft/min。

⑦ 井眼:最后中间套管内径为 $8\frac{1}{2}$in,下入到斜深 16000ft 处。

求解:① 假设流动系数 $m = 1.8$,运

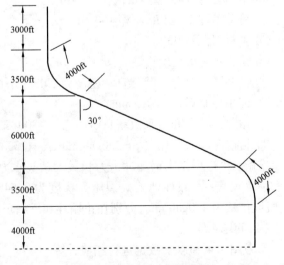

图 4.5 问题 4.5 井眼轨迹

用钻头水力功率准则,确定斜深 16000ft 和 20000ft 处的最佳钻头水力功率;② 假设 $\Delta p_{\text{fadp}} = 0.0158\text{psi/ft}$,$\Delta p_{\text{fadc}} = 0.0491\text{psi/ft}$,$\Delta p_{\text{fadp}} = 0.073\text{psi/ft}$,确定钻斜深 18200ft 处时的压差。

（6）问题 4.6。

根据以下数据解决问题。

① 钻井液:类型为塑性流体;塑性黏度为 30mPa · s;屈服值为 8lb/100ft²;凝胶强度为 15lb/100ft²;密度 12lb/gal。

② 井深 10000ft。

③ 钻头水眼尺寸 13 - 13 - 13。

④ 钻井泵:功率 1800hp;效率 80%;$p_{\max} = 4500\text{psi}$;最小泵排量 350gal/min。

当循环钻井液排量为 500gal/min 和 390gal/min 时,泵压分别为 4000psi 和 2500psi。

求解:

① 运用最大水力功率准则,确定下部钻井所用的最优喷嘴直径。

② 当排量达到 500gal/min 时,泵功率的无用损耗为多少?

③ 在①情况下泵的效率为多少?

（7）问题 4.7。

根据以下数据解决问题。

① 最后套管深度为 5000ft。

② 斜深 5000 ~ 10000ft 井段的井眼尺寸为 8¾in。

③ 钻杆:外径 5in,内径 4in,重 25.6lb/ft。

④ 钻铤:外径 7in,内径 4in,重 84lb/ft。

⑤ 对井壁的摩擦系数:套管 0.1;裸眼井壁为 0.2。

⑥ 钻井液:类型为宾汉塑性流体;用于 5000 ~ 10000ft;剪切速率为 340s⁻¹ 时范式黏度计读数为 45,剪切速率为 510s⁻¹ 时范式黏度计读数为 65;凝胶强度 18/30gal/100ft²;$\gamma = 17N\text{s}^{-1}$,$N$ 为范氏旋转黏度计转速,$\mu_p = 300\theta_N/N - 300\ \tau_y/N$。

⑦ 地层:破裂压力梯度 18.2lb/gal,孔隙压力梯度 0.78psi/ft。

⑧ 钻井泵:三冲程;$L_s = 12\text{in}$;$D_L = 6\frac{1}{2}\text{in}$;最大冲程 120,最小冲程 25;泵效率 85%;体积效率 (100 - 0.15 × 冲程/min)%。

⑨ 最大泵功率 1300hp。

⑩ 最大地面泵压 3500psi。

⑪ 最小环空返速 120ft/min。

⑫ 最大预计钻压 60000lbf。

⑬ 保证钻井安全的压差 0.1lb/gal。

⑭ 在 5000ft 深度处有卡钻:$p_{\text{sidp}} = 400\text{psi}$,$p_{\text{sic}} = 800\text{psi}$。

⑮ 钻头流量系数:0.95。

⑯ 钻屑密度 20.8lb/gal。

⑰ 钢铁密度 65lb/gal。

⑱ 表面接触钻杆 800ft。

⑲ 提升系统高度 12 根钻杆长,效率 85%。

⑳ 绞车效率90%。

㉑ 柴油机效率60%。

㉒ 5000ft 以上使用 16 - 16 - 16 钻头。

㉓ 排量 250gal/min 时,泵压 708psi;500gal/min 时,泵压 2137psi。

求解:① 运用最大钻头水力功率准则,设计 5000 ~ 10000ft 的最优水力程序;② 确定从 10000ft 深度处以 3ft/s 起下钻所需的工程功率;③ 判断泵是否能满足在 9000ft 深度处恢复循环。

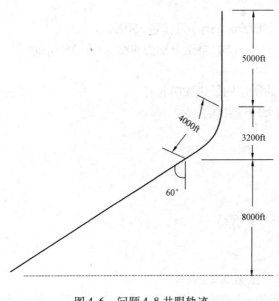

图4.6 问题4.8井眼轨迹

(8)问题4.8。

根据图 4.6 和以下数据解决问题。

① 最后套管位置:斜深 18000ft。

② 垂深 17200ft。

③ 井眼尺寸 8⅞in。

④ 钻杆:外径 4¼in,内径 3½in,重 26.88lb/ft。

⑤ 钻铤:外径 6in,内径 3½in,重 100.8lb/ft。

⑥ 钻井泵:2000hp,泵效率 90%,p_{max} = 4500psi。

⑦ 最小环空返速 120ft/min。

⑧ 对井壁的摩擦系数:套管为 0.15,裸眼井壁为 0.25。

⑨ 钻井液:类型为宾汉流体;θ_{600} = 55,θ_{300} = 35;10s/10min,凝胶强度为 15/35lbf/100ft^2。

⑩ 18000ft 以下地层破裂压力梯度 17.2lb/gal;孔隙压力梯度 0.78psi/ft。

⑪ 钻至 18000ft 时循环系统的压力变化:$\Delta p_{fdp} = \Delta p_{fdc} = 0.080$psi/ft;$\Delta p_{fadp} = 0.075$psi/ft,$p_B = 1904$psi。

⑫ 循环立管压力(泵压)3800psi。

⑬ 垂深 18000ft 处起下钻时环空的激动或抽汲压力:$\Delta p_{surge} = \Delta p_{swab} = 0.03$psi/ft。

⑭ 钢铁密度 65lb/gal。

⑮ 斜深 18000ft 以下最大钻压为 33000lb。

求解:① 在 18000ft 钻井和起下钻时,是否有出现事故的危险;② 假设流动指数 n = 1.86,环空中的摩阻为总摩阻的 25%,利用钻头水力功率准则,确定斜深 20000ft 处最优钻头水力功率。

(9)问题4.9。

利用最大射流冲击力准则,确定 8000 ~ 13000ft 最优钻头水力功率。钻井液数据见表 4.1,井斜数据如下。

① 钻井泵功率 1400hp。

② 泵效率 0.85。

③ 最大泵压 4500psi。

④ 最小环空返速 120ft/min。

⑤ 钻杆:外径 4.5in,内径 3.875in。

⑥ 钻铤:长度 600in,外径 8in,内径 3in。

⑦ 井眼直径 10.5in。

⑧ 表面设备当量 400ft 钻杆。

表 4.1 问题 4.9 的钻井液数据

深度,ft	钻井液密度,lb/gal	塑性黏度,mPa·s	屈服点,lb/100ft²
8000 ~ 11000	11	25	5.0
11000 ~ 13000	13	35	8

(10)问题 4.10。

根据图 4.7 和以下数据解决问题。

① 垂深 11500ft。

② 7⅞in 套管下深 8000ft。

③ 压差 300psi。

④ 钻杆:外径 4.5in,内径 3.5in。

⑤ 钻铤:外径 6in,内径 3.5in,长度 1000ft。

⑥ 钻头为三牙轮钻头(直径 6⅞in);8000 ~ 11500ft(假设井眼被冲刷至7⅞in)。

⑦ 钻井泵:为双冲程泵,总功率为 1200hp;效率85%;最大泵压 3600psi。

⑧ 最小环空返速 120ft/min。

⑨ 摩阻损失斜率与流速的比为 1.5。

⑩ 钻井液黏度 $\mu_p = 25$mPa·s;$\tau_y = 10$lb/100ft²。

⑪ 地层破裂压力梯度 0.75psi/ft²。

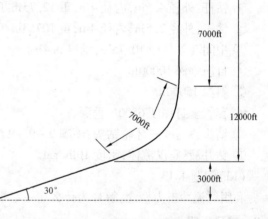

图 4.7 问题 4.10 井眼轨迹

求解:① 用最大钻头水力功率准则计算 8000 ~ 11500ft 井段的最优排量和相应的总喷嘴面积;② 11000ft 深度处最优喷嘴尺寸;③ 如果在钻 9000ft 时,环空摩阻损失 $\Delta p_{fadp} = 0.021$psi/ft,$\Delta p_{fadc} = 0.126$psi/ft,请问是否会发生事故?

(11)问题 4.11。

根据以下数据解决问题。

① 钻杆:外径4.5in,内径3.64in,重20lb/ft。

② 钻铤:外径7in,内径2in,重120.3lb/ft,长度1000ft。

③ 钻井液:类型为宾汉流体;$\theta_{600} = 29$,$\theta_{300} = 21$;密度15.5lb/gal;12000ft 垂深。

④ 钻井泵:国产双冲程,最大允许泵压 5440psi,水力功率 1600hp,效率80%。

⑤ 钻屑平均流速 40ft/min;环空上返平均最小流速 120ft/min。

⑥ 井眼轨迹见图 4.2;最后中间套管(9⅞in)位置 12000ft。

⑦ 地层孔隙压力梯度 0.8psi/ft,破裂压力梯度 0.831psi/ft,目的层深度 15000ft。

⑧ 钻头:12⅞in 三牙轮钻头 3 – 14 喷嘴(12000ft);下一级钻头用 8⅞in 三牙轮钻头(假设井眼被冲刷至 9⅞in)。

⑨ 12000ft 深度流体数据:$Q_1 = 300\text{gal/min}$;$p_{p1} = 2800\text{psi}$;$Q_2 = 400\text{gal/min}$,$p_{p2} = 4622\text{psi}$。

求解:

① 选择适当的钻井液密度钻 12000 ~ 15000ft 井段,压差保持在 200psi 以内。

② 利用最大射流冲击力准则,确定钻 12000ft 以下井段的最优水力功率。

③ 假定钻头寿命为 100h,机械钻速为 20ft/h,摩阻损失 $\Delta p_{\text{fadp}} = 0.0126$,$\Delta p_{\text{fadc}} = 0.0256$,确定最大水力功率。

④ 在给出的钻井液密度下,求施加在钻头上的最大钻压。

(12)问题 4.12。

根据以下数据解决问题。

① 钻杆:外径 4.5in,内径 4in,重 12.75lb/ft。

② 钻铤:外径 7.5in,内径 4in,重 107.3lb/ft,长度 1000ft。

③ 中间套管外径 10.75in,壁厚 0.4in。

④ 目前垂深 10000ft。

⑤ 斜深 15000ft。

⑥ 套管坐封深度 6500ft 垂深。

⑦ 钻头:8½in 三牙轮钻头,喷嘴 9 – 9 – 9 型。

⑧ 钻井液:宾汉流体,密度 10lb/gal。

(13)问题 4.13。

利用射流冲击力概念,解释为什么在一定排量下,增加喷嘴机械钻速会提高?

4.8　符号说明

A_a:环空面积;

C:常数;

C_d:换算系数;

D_{nopt}:最优喷嘴直径;

ECD:当量循环密度;

H_h:水力功率;

H_{hb}:嘴头水力功率;

H_{hf}:沿程摩损消耗功率;

H_{hs}:钻井泵功率;

p_{af}:环空沿程功率损失;

p_b:钻头压力降;

p_f:总沿程压力降;

p_{frac}:地层破裂压力;

p_h:钻井液静液柱压力；

p_{fadc}:钻铤段环空压耗；

p_{fadp}:钻杆段环空压耗；

p_{fdc}:钻铤内压耗；

p_{fdp}:钻杆内压耗；

p_{fs}:地面管汇压耗；

p_s:最大允许地面管汇压耗；

Q:排量；

Q_{opt}:最优排量；

$v_{a\ min}$:环空流速；

α:流性指数；

η_V:体积效率。

参 考 文 献

1. Smalling, D. A. , and Key, T. A. 1979. "Optimization of Jet – Bit Hydraulics Using Impace Pressure. " Paper SPE 8440, presented at the 54th Annual Fall Technology Conference, Las Vegas, Nev.

5 钻井岩屑的运输

5.1 简介

旋转钻进中的循环钻井液的主要作用之一是保持良好的井眼清洁。这包含清洁(扫除井底以及钻头牙齿处的岩屑)和有效地运输岩屑到地面,这种运输岩屑的能力通常被称为钻井液的携屑能力。

井眼清洁不足将会导致严重的钻进问题(1)钻具卡钻;(2)过早的钻头磨损;(3)钻进速度慢;(4)地层破裂;(5)扭矩和阻力大;(6)钻井液漏失。

例如,岩石碎片(岩屑)在钻头的下面,如果不马上清除,将会引起钻头额外的磨损并且阻碍钻进。环空岩屑的累积过多会增加实际的钻井液质量,进而可能会引起地层破碎和钻速降低。在起下钻过程中,BHA附近的岩屑沉积可能导致卡钻。这些问题隐藏在后续的正常钻进过程中,考虑到这些问题以及它们对总体钻井成本的影响,对钻井液的携屑能力有一个基本的认识极其重要。

5.2 影响岩屑运输的因素

环空内的岩屑流动是一个动力学过程,并且受许多力作用,比如重力、浮力、阻力、惯性力、摩擦力和微粒间的接触力。环空内微粒的运动受主控力的影响,作用于岩屑的力示意图见图5.1。

很多因素影响环空内岩屑的运输,影响环空中钻井液运输钻井岩屑能力的因素为:(1)岩屑下滑速度;(2)环空钻井液速度;(3)钻井液流体流动区域和岩屑的下滑;(4)环形速度剖面(受钻井液流变能力、环面偏心、井眼与钻具直径比例的影响);(5)岩屑母层(仅对于倾斜环空);(6)钻具转速;(7)钻速;(8)钻井液流变性能;(9)井斜。

其他与岩屑(尺寸、密度、形状、浓度、尺寸分布等)、钻井液密度、环空尺寸形状有关的因素都已经在前面提到的主要因素中考虑到,在下面的部分里,每一个因素都会给予简单的介绍。

5.2.1 岩屑下滑速度

钻井岩屑在钻井液介质中具有以一定速度下降(下滑)的趋势,这个速度被称为岩屑下滑速度,许多文献中将岩屑下滑速度与颗粒的运输建立关系,这些将在后面进行讨论。

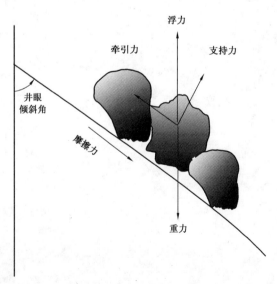

图 5.1　作用于岩屑上的力

为了使钻井液携带岩屑至地面,环空钻井液平均速度 v_a,应该大于岩屑平均下滑速度 v_s。v_a 和 v_s 的相对速度称为岩屑平均上升速度 v_t,即:

$$\bar{v}_t = \bar{v}_a - \bar{v}_s \tag{5.1}$$

$$\frac{\bar{v}_t}{\bar{v}_a} = 1 - \frac{\bar{v}_s}{\bar{v}_a} = R_t \tag{5.2}$$

在直井中,R_t 的推荐值是最小值 0.5 ~ 0.55。在竖直环形剖面里,下滑速度只有一个轴向分量。

$$\bar{v}_s = \bar{v}_{sa} \tag{5.3}$$

相反,当环形剖面与竖直方向倾斜一个角度 θ,下滑速度则有两个分量。

$$\bar{v}_{sa} = \bar{v}_s \cos\theta \tag{5.4a}$$

$$\bar{v}_{sr} = \bar{v}_s \cos\theta \tag{5.4b}$$

式中 $\bar{v}_{sa}$,$\bar{v}_{sr}$——平均下滑速度的轴向和径向分量,如图 5.2 所示。

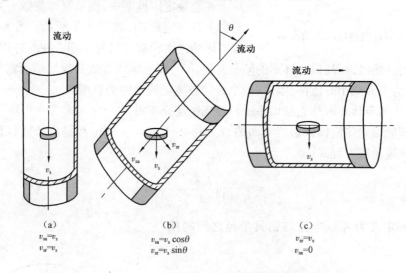

图 5.2 倾斜环空中的颗粒沉降速度

当倾斜角度增加,下滑速度的轴向分量就会减小,在水平时速度变为 0,同时,径向分量会在这时达到最大值。把这些情况都考虑进来,当倾斜角度增加时,所有通过减小粒子下滑速度来提高岩屑运输的方式都会减弱效果。

5.2.2 环空钻井液速度

直井钻进中的环空钻井液速度应当有足够的能力防止岩屑下沉,并且在合理的时间内将岩屑运输到地面。如前所述,在倾斜环空中,粒子下滑速度的轴向分量扮演一个无足轻重的角色,因此斜井中,环空钻井液速度可以比在直井环空内要小,然而这种结论是错误的。粒子下滑速度径向分量的增加使得粒子朝环形剖面的外侧运动,导致岩屑泥床的形成。因此,环空钻井液速度必须能足够大才能避免(或者至少限制)形成泥床。有关研究表明,对于限制泥床的产生,环空钻井液速度在定向井中一般应远远高于直井的。

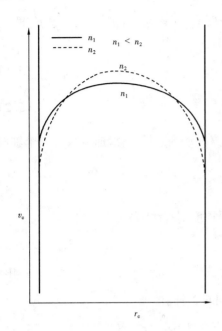

图5.3 *n* 对环空速度剖面的影响

5.2.3 流体机制和粒子下滑机制

在考虑岩屑运输时,同时还得考虑钻井液流体流动区域和竖直下滑。紊流中的流体通常会导致一种紊态的粒子下滑,与岩屑形状和尺寸无关。这样在这种情况下,决定粒子下滑速度的唯一因素就是流体的冲力,而流体的黏度影响甚微。

如果流体处于层流状态,这样就依赖于岩屑的形状和尺寸,紊流或层流下滑都应该考虑。下滑的层流经常会提供一个较小的粒子下滑速度,意味着层流通常比紊流能更好地运输岩屑。然而,回到倾斜剖面的情况下,粒子下滑速度的轴向分量的重要性减小,如此,层流状态的优势在倾斜角度增加的情况下会消失。

5.2.4 钻井液流变性能导致的层流速度分布图

在能量定律模型中,能量幂律指数 *n* 在速度分布轮廓上有一定影响,如图 5.3 所示。当 *n* 减小,钻井液流体的速度轮廓变得越平坦。在直井里,这对岩屑运输效果有利。然而,在高偏心环形的倾斜井里,*n* 的减小导致有效井眼清洁所需的水力要求增加,这是因为当 *n* 减小时流体从环空较窄处向较宽处流动时偏移增大。

5.2.5 偏心情况和钻具内外直径比导致的层流速度分布图

与非牛顿能量定律流体以迥然不同的方式吻合,Iyoho 与 Azar 都提出了倾斜环空内关于在层流中的速度轮廓方程式:

$$v_{\mathrm{a}} = \frac{n}{n+1}\left(\frac{h^{\frac{n+1}{n}}}{2} - |y|^{\frac{n+1}{n}}\right) \tag{5.5}$$

偏心比例定义为井眼半径与钻具半径之间的偏心比例:

$$E = \frac{e}{r_{\mathrm{h}} - r_{\mathrm{p}}} \tag{5.6}$$

因此

$$e = E(r_{\mathrm{h}} - r_{\mathrm{p}}) \tag{5.7}$$

钻具与井壁间的间隙可以定义为:

$$\delta = (1 - E)(r_{\mathrm{h}} - r_{\mathrm{p}}) \tag{5.8}$$

如果有工具接头,应使用接头外径(OD),而不是钻具外径。在方程(5.6)至方程(5.8)中介绍到的参数用图 5.4 描述。

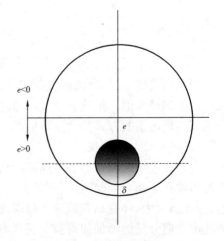

图5.4 环空偏心率

　　内部钻具的位置可能有差异,如图5.5所示。用来描述速度轮廓的方程(5.5)表明环空里内部钻具向低位井壁的移位(正偏心)减小了这个区域的钻井液速度,如图5.6和图5.7所示。因此,对于有正偏心的倾斜井眼,岩屑运输问题变得严重起来。

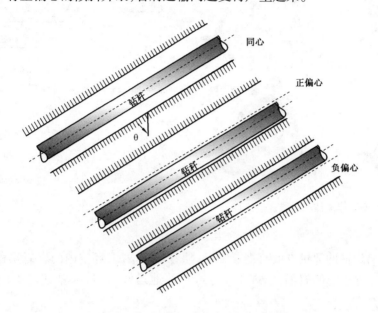

图5.5　同心环空与正偏心和负偏心环空

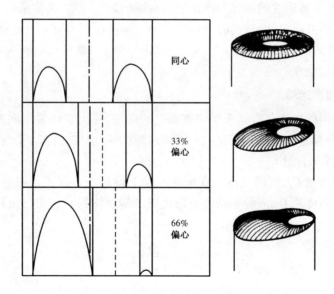

图5.6　偏心对环空速度剖面的影响

5.2.6　倾斜环空内的固体或液体流

　　在定向钻井过程中,井眼倾斜剖面内的固体或液体流可能是拟均质的、各相异性的、不连续变异或者稳基流体(图5.8)。

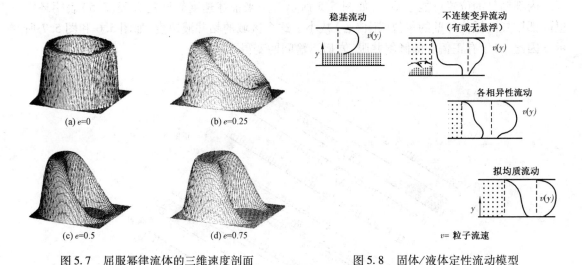

图 5.7 屈服幂律流体的三维速度剖面   图 5.8 固体/液体定性流动模型

5.2.7 钻速

钻速对岩屑运输的数量方面有重要影响,随着钻速增加,环空内的岩屑累积也会增加(详见后面的"定向钻井中的岩屑运输")。为了有效地运输岩屑,当钻速增加时,水力要求也增加。

5.2.8 转速

对于直井,钻具旋转速度的增加对维持岩屑运输的影响较小,具体依赖于井眼和钻具直径的大小。对于较大的井眼尺寸,转速的增加导致钻井液携屑能力有一个适量的增值。

5.2.9 钻井液流体的流变特性

这一部分的问题会在后续章节中讲到。

5.3 竖直井内的岩屑运输

直井环空内岩屑的运移一直是多年调查研究的课题,提出了许多不同的方法来描述环空井眼的清洁,大部分都是基于三个变量:(1)平均岩屑下滑速度 v_s;(2)平均岩屑运输速度 v_t;(3)平均环空岩屑体积含量 C_a。

对于岩屑体积含量 C_a,可以在体积守恒的基础上得到一个方程。在平衡条件下,单位时间内钻头产生的岩屑体积 Q_{cg} 应等于从环空内运出的岩屑体积 Q_{ce},由钻头产生的岩屑体积可表示如下:

$$\frac{dQ}{dt} = \left(\frac{dh}{dt}\right)A \tag{5.9a}$$

$$机械钻速\ ROP = \frac{dh}{dt} \tag{5.9b}$$

$$\int dQ = RA\int dt \tag{5.9c}$$

$$Q_{cg} = R_d\left(\frac{\pi}{4}D_b^2\right) \tag{5.9d}$$

式中 R_d——钻速；

D_b——钻头直径。

单位时间内环空内产生的岩屑体积为：

$$Q_{ce} = \bar{v}_t \overline{C}_a \frac{\pi}{4}(D_h^2 - D_{op}^2) \tag{5.10}$$

利用式(5.1),式(5.10)变成：

$$Q_{ct} = (\bar{v}_a - \bar{v}_s) \overline{C}_a \frac{\pi}{4}(D_h^2 - D_{op}^2) \tag{5.11}$$

由于 $Q_{cg} = Q_{ce}$

$$R_d \frac{\pi}{4}D_b^2 = (v_a - v_s) \frac{\pi}{4}\overline{C}_a(D_h^2 - D_{op}^2) \tag{5.12}$$

或者

$$\frac{R_d D_b^2}{(\bar{v}_a - \bar{v}_s)(D_h^2 - D_{op}^2)} = \frac{R_d D_b^2}{v_a[1 - (\bar{v}_s/\bar{v}_a)](D_h^2 - D_{op}^2)} \tag{5.13}$$

然而

$$R_t = 1 - \frac{\bar{v}_s}{v_a} \tag{5.14}$$

并且

$$\bar{v}_a = \frac{Q_m}{(\pi/4)(D_h^2 - D_{op}^2)} \tag{5.15}$$

因此,式(5.13)变成：

$$\overline{C}_a = \frac{R_d D_b^2}{1.27 R_t Q_m} \tag{5.16}$$

式中 Q_m——钻井液流速。

对于给定密度和流变系数的静态流体,岩屑下滑速度通常被认为是一个平均的常值。尽管一些经验关系可以用来预测下滑速度,但这些会给出不同的答案。尽管如此,这样的一些相互关系会在下面的章节里给出。作为一个参考,为避免钻进事故,环空岩屑体积含量的推荐值应保持在5%以下,这个值是在以往经验的统计分析基础上得到的。

$$\bar{v}_s = 0.458\beta\left[\sqrt{\left(\frac{36800d_s}{\beta_2}\right)\left(\frac{\rho_s - \rho_m}{\rho_m}\right) + 1} - 1\right] \quad (\beta < 10) \tag{5.17}$$

$$\bar{v}_s = 86.4d_s\sqrt{\left(\frac{\rho_s - \rho_m}{\rho_m}\right)} \quad (\beta < 10) \tag{5.18}$$

5.3.1   Moore 关联

通过将静态流体的方程应用于钻井液流体,Moore 提出了一个非同寻常的下滑速度,这种方法建立在运用 Dodge 和 Metzner 提出的方法对表面牛顿黏度的计算之上,该方法同样涉及引用牛顿幂律流体的环空摩擦压力损失,并运用表面黏度使之得到解决。表面黏度运用于计算粒子雷诺数的牛顿黏度场合。

$$\bar{v}_s = 9.24 \sqrt{\frac{\gamma_s - \gamma_m}{\gamma_m}} \quad (N_R > 2000) \tag{5.19}$$

$$\bar{v}_s = 4972(\gamma_s - \gamma_m)\frac{d_s^2}{\mu_a} \quad (N_R \leq 1.0) \tag{5.20}$$

$$\bar{v}_s = \frac{174 d_s (\gamma_s - \gamma_m)^{0.667}}{(\gamma_m \mu_a)} \quad (1.0 \leq N_R < 2000) \tag{5.21}$$

$$\mu_a = \frac{K}{144}\left[\frac{(D_h - D_{op})/\bar{v}_a}{60}\right]^{1-n}\left[\frac{2 + (1/n)}{0.0208}\right]^n \tag{5.22}$$

式中 K——钻井液稠度指数;

n——钻井液幂律指数;

D_h——井眼直径,in;

D_{op}——钻杆外径,in。

5.3.2 Walker 与 Mayes 关联

Walker 和 Mayes 提出了一个替代下滑速度方程,方程中,岩屑被认为是盘状并且平底下沉,这适用于高速下沉的情况。

$$v_s = 131.4 \sqrt{h_s\left(\frac{\gamma_s - \gamma_m}{\gamma_m}\right)} \quad N_R > 100 \tag{5.23}$$

$$\mu_a = 511\frac{\tau}{\gamma} \tag{5.24}$$

$$\tau = 7.9 \sqrt{h_s(\gamma_s - \gamma_m)} \tag{5.25}$$

$$v_s = 1.22\tau\sqrt{\frac{D_e\gamma}{\sqrt{\gamma_m}}} \quad (N_R < 100) \tag{5.26}$$

5.3.3 垂直井中钻井液流变性对岩屑运输的影响

基于全尺寸实验测试,得出:(1)在垂直井眼中,增加屈服值(YP)的比例到 PV 可以提升钻井液的携屑能力;(2)在环空中低中速流速时(60~90ft/min),表面黏度、YP 和初始胶化强度对钻井液的携屑能力都有影响,它们的影响在高环空流速时减弱(120ft/min 以上)。

5.4 定向井中的岩屑运输

普遍公认的是,大角度井中的岩屑运输远比在垂直井中复杂。岩屑床的存在,偏心的流动机制和变化的重力影响使得运输的物理模型异常复杂,后续章节中在实验的基础上给出大角度井中对于井底清洁的结论。

对于垂直井和近垂直井(井眼角度 θ 在 0°~10°范围内),岩屑运输问题呈现出可解决和可接受的结果。然而,当井眼偏离垂直方向(θ >10°),倾斜环空(普遍偏心)导致在垂直井中没有遇到的岩屑运输问题。例如,当井眼角度接近20°~30°范围,并且环空流速较低(小于120ft/min)时,岩屑床开始在井眼低侧形成(图5.9),这种现象在近垂直井中不会发生。

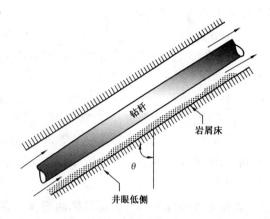

图5.9 临界流动条件

为了确定倾斜井中有效清洁井底的合适水力参数,提出临界环空运输流速的概念。它被定义为充分清洁井底的最小环空流速。对于斜度$\theta<35°$的油井,临界环空运输流速与导致不大于5%体积的环空岩屑堆积的环空流速相一致;对于斜度$\theta>40°$的油井,临界环空运输流速与不允许稳定岩屑床形成的最小环空流速相一致。

下面章节将简单描述影响定向井中岩屑运输的因素。

5.4.1 钻井液流变性能的影响

基于全尺寸实验数据,不考虑井眼倾斜角度,可以看出钻井液流变性对环空流速大于120ft/min的岩屑运输影响很小。对于大角度($\theta>40°$)的油井,清水钻井液对井底的清洁效果微佳于YP: PV 为7:7或更大的钻井液(图5.10 和图5.11)。

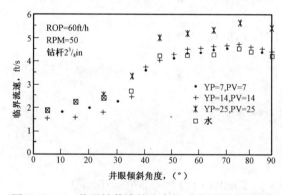

图5.10 5in井眼钻井液的流变性对临界流速的影响

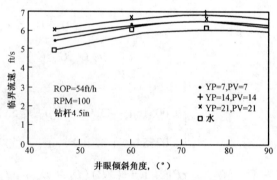

图5.11 8in井眼钻井液的流变性对临界流速的影响

5.4.2 偏心现象的影响

对于黏性钻井液,钻具在井眼中的位置对井眼清洁起着重要作用。对于高角度井,当正偏心(钻具在井壁低侧)变为负偏心时(钻具在井壁高侧),清洁井底的水力要求减小,反之在净水中也如此;对于低角度井,偏心对于井底清洁影响很小。

5.4.3 钻井液质量的影响

只要钻井液黏度没有伴随着增加,钻井液质量的增加略有利于岩屑运输,钻井液质量对于井底清洁的影响更多地体现在高角度井中。

5.4.4 钻井岩屑尺寸的影响

对于高斜度井,尺寸越小的岩屑越难以运输;而在低斜度井里,中度尺寸的岩屑比最小或最大尺寸的岩屑易于运输。

5.4.5 钻速的影响

当钻速增加,有效清洁井底所需的水力要求增加。钻速与相应的关键运输流速之间呈线性关系。

5.4.6 钻具转速的影响

在直井段,钻具转动对井底清洁的作用影响很小;对于斜井段,钻具旋转的影响显得更重要。本领域证据显示,转动钻具能显著增加高斜度井和水平井中岩屑的运输速度,增加的机理还不确定,但可能与偏心环空中流体的重新分布有关,同时,旋转的钻具对岩屑床起到机械搅动的作用。

5.5 大角度井中($\theta>50°$)岩屑运输的经验关系

很多可以用来决定大角度井中井底清洁要求的数学模型都已经公布,这些模型大多来源于流体回路实验、物理模型和领域验证的结合。

下面对于井倾斜 $\theta>50°$ 的经验方程来源于运用全尺寸实验数据(5in 井眼和 2⅜in 钻杆),但将这些经验方程用于更大的井眼计算时会有明显的错误。

$$\bar{v}_{ca} = \bar{v}_{cr} + \bar{v}_{cs} \tag{5.27}$$

式中 $\bar{v}_{cr}$——钻屑上升速度;

$\bar{v}_{cs}$——钻屑下滑速度。

$$\bar{v}_{cr} = \frac{1}{1-(D_{op}/D_h)^2[0.64+(18.16/ROP)]} \tag{5.28}$$

$$\bar{v}_{cs} = v_{cs}C_{ang}C_{size}C_{mwt} \tag{5.29}$$

式(5.29)中

$$v_{cs} = \begin{cases} 0.00516\mu_a + 3.006 & (\mu_a \leqslant 53) \\ 0.02554\mu_a + 3.280 & (\mu_a > 53) \end{cases} \tag{5.30}$$

$$\mu_a = \begin{cases} PV + 1.12(YP)(D_h - D_{op}) & (PV < 20mPa\cdot s, YP < 20lbs/100ft^2) \\ PV + 0.9(YP)(D_h - D_{op}) & (PV > 20mPa\cdot s, YP > 20lbs/100ft^2) \end{cases} \tag{5.31}$$

在式(5.29)中,C_{ang}, C_{size}, C_{mwt} 分别是井眼角度、钻屑尺寸、钻井液密度变化的校正因子。

$$C_{ang} = 0.0342\theta - 0.000233\theta^2 - 0.213 \tag{5.32}$$

$$C_{size} = -1.04D_{50} + 1.286 \tag{5.33}$$

$$C_{mwt} = 1 - 0.0333(\gamma_m - 8.7) \tag{5.34}$$

式中 θ——井眼倾斜于垂直方向的角度,(°);

γ_m——钻井液密度,lb/gal。

对于次临界流体,环空内静止岩屑的浓度利用下述公式计算。

$$C_{\text{corr}} = C_{\text{cal}} C_{\text{bed}} \tag{5.35}$$

$$C_{\text{cal}} = \left(1 - \frac{\bar{V}_{\text{opr}}}{V_{\text{crit}}}\right)(1 - \phi) \times 100 \tag{5.36}$$

$$C_{\text{cal}} = \left(1 - \frac{Q_{\text{opr}}}{Q_{\text{crit}}}\right)(1 - \phi) \times 100 \tag{5.37}$$

例 5.1:根据以下数据,计算钻屑上返速度、临界流体运移速度和钻屑密集度。

(1)钻井液 $YP = 7$,$PV = 7$,密度 8.57lb/gal。

(2)井眼倾斜角 $\theta = 65°$。

(3)钻屑平均尺寸 $D_{50} = 0.175$in。

(4)钻速 54ft/h。

(5)井眼直径 5.0in。

(6)钻杆外径 2⅜in。

(7)岩屑床孔隙度 36%。

(8)机械钻速 60ft/h。

解:

根据式(5.27)式(5.29)式(5.32)至式(5.34)以及 YP、$PV < 20$,所以:

$$\mu_a = PV + 1.12 \times YP(D_h - D_{\text{op}})$$

$$= PV + 1.12 \times 7 \times (5 - 2.375) = 27.6\text{mPa} \cdot \text{s}$$

$$v_{cs} = (0.00516 \times 27.6) + 3.006 = 3.15\text{ft/s}$$

$$v_{\text{crit}} = 1.32 + 3.57 = 4.89\text{ft/s}$$

根据式(5.36)和给定的井参数,得:

$$\bar{v}_{\text{opr}} = \frac{Q_{\text{opr}}}{A_{\text{ann}}} = 2.32\text{ft/s}$$

$$C_{\text{cal}} = \left(1 - \frac{2.32}{4.89}\right) \times (1 - 0.36) \times 100\% = 33.7\%$$

$$C_{\text{bed}} = 0.97 - 0.00231\mu_a$$

$$= 0.97 - 0.00231 \times 27.6 = 0.91$$

$$C_{\text{corr}} = C_{\text{cal}} C_{\text{bed}}$$

$$= 33\% \times 0.91 = 30.5\%$$

5.6　补充问题

(1)问题 5.1。

根据下列油井数据解决问题。

① 钻井液:$YP = 12$,$PV = 12$,密度 9lb/gal。

② 井眼:直径 9in,井斜 70°。

③ 岩屑平均尺寸 0.174in。

④ 钻具:外径 3.5in。

⑤ 岩床孔隙度 40%。

⑥ 机械钻速(ROP)60ft/h。

计算:① 确定关键流体速度;② 如果实际流体速度是关键流速的 70%,确定岩屑总量(环空体积百分比)。

(2)问题 5.2。

井眼角度为 55°和 90°,重复问题 5.1。

(3)问题 5.3。

井眼角度为 0°,重复问题 5.1。

(4)问题 5.4。

根据下列数据解决问题。

① 钻井液:$YP = 18$,$PV = 18$,密度 14lb/gal。

② 目标井眼尺寸 7⅞in。

③ 井深 4000ft。

④ 造斜率为 8°/100ft。

⑤ 最终角度:与垂直角度 $\theta = 90°$,水平进尺 = 3000ft。

⑥ 岩屑平均尺寸 0.25in。

⑦ 钻具:外径 4in。

⑧ 岩床孔隙度 45%。

⑨ 机械钻速(ROP)50ft/h。

计算:① 确定有效清洁井底的最小流速;② 确定在①得到的关键流速和此流速的 70%时环空可变部分的岩屑含量。

5.7 符号说明

C_{ang}、C_{size}、C_{mwt}:井眼角度、钻屑尺寸、钻井液相对密度的校正因子;

C_{bed}:校正因子;

D_b:钻头直径;

D_h:井眼直径,in;

D_{op}:钻杆外径,in;

d_s:钻屑等效球形直径,in;

h_s:钻屑厚度;

K:钻井液稠度指数;

n:幂律指数;

Q_m:钻井液流量;

R_d:钻速;

$\bar{v}_a$:环空流体平均流速,ft/min;

$\bar{v}_{ca}$:环空流体临界流速;

$\bar{v}_{cr}$:钻屑上升速度;

$\bar{v}_{cs}$:钻屑下滑速度;

v_{opr}、Q_{opr}:实际操作中的环空流速和流量;

v_{sa}、v_{sr}:下滑速度的轴向和径向分量;

γ:剪切速率;

γ_m:钻井液密度,lb/gal;

θ:井眼倾斜角,(°);

μ_a:钻井液表面黏度,mPa·s;

μ_p:钻井液塑性黏度,mPa·s;

ρ_m:钻井液密度,lb/gal;

ρ_s:钻屑密度,lb/gal;

τ_y:钻井液屈服值,lb/100ft^2;

ϕ:孔隙度,30%~40%。

参 考 文 献

1. Sifferenman, T. R. , G. M. Myers, E. L. Haden, and H. A. Wahl. 1974. "Drill Cutting Transport in Full – Scale Vertical Annuli. " Journal of Petroleum Technology, November, 1295 – 1303.

2. Okranji, S. S. , and J. J. Azar. 1986. "The Effect of Mud Rheology on Annular Hole Cleaning in Directional Wells. " SPE Drilling Engineering, August, 297 – 308. Iyoho, A. W. , and J. J. Azar. 1981. "An Accurate Slot – Flow Model for Non – Newtonian Fluid through Eccentric Annuli. " SPE Journal, October, 5560 – 71.

3. Okranji and Azar, SPE Drilling Engineering, August 1986, 297 – 308. Iyoho and Azar, SPE Journal, October 1981, 556 – 71. Becker, T. E. , J. J. Azar, and S. S. Okranji. 1991. "Correlations of Mud Rheological Properties with Cuttings Transport Performance in Directional Drilling. " SPE Drilling Engineering, March. Larsen, Thor F. 1990. "A Study of the Critical Fluid Velocity in Cuttings Transport for Inclined Wellbores. " Thesis, University of Tulsa.

4. Larsen, thesis.

5. Hopkin, E. A. 1967. "Factors Affecting Cuttings Removal during Rotary Drilling. " Journal of Petroleum Technology, June, 807 – 17.

6. Azouz, Idir. 1991. "Numerical Simulation of Drilling Fluids in Annuli of Arbitrary Cross – Section. " Advisory board meeting report, University of Tulsa Drilling Research Projects. November 12.

7. Ward, C. , and E. Andreassen, "Pressure – while – Drilling Data Improve Reservoir Drilling Performance. " SPE Drilling and Completion, 13(1), 19 – 24.

8. Moore, P. L. 1974. Drilling Practices Manual. Tulsa: Petroleum Publishing Company.

9. Dodge, D. W. , and A. B. Metzner. Journal 5, 189, 1959. "Turbulent Flow of Non – Newtonian Systems. " Journal of the American Institute of Chemical Engineers, 5, 189.

10. Hussaini, S. M. , and J. J. Azar. 1983. "Experimental Study of Drilled Cuttings Transport Using Common Drilling Muds. " SPE Journal, February, 11 – 20. Tomren, P. H. , A. W. Iyoha, and J. J. Azar. 1986. "An Experimental Study of Cuttings Transport Using Common Drilling Muds. " SPE Journal, February, 11 – 20. Tomren, P. H. , A. W. Iyoha, and J. J. Azar. 1986. "An Experimental Study of Cuttings Transport in Directional Wells. " SPE Drilling Engineering, February.

11. Okranji and Azar,SPE Drilling Engineering,August 1986,297 – 308. Iyoho and Azar,SPE Journal,October 1981, 556 – 71. Becker,Azar,and Okranji. SPE Drilling Engineering, March 1991. Larsen,thesis. Hussanini and Azar, SPE Journal,February 1983,11 – 20

12. Okranji and Azar,SPE Drilling Engineering,August 1986,297 – 308. Larsen,thesi. Hussaini and Azar,SPE Journal,February 1983,11 – 20.

13. Iyoho and Azar,SPE Journal,October 1981,556 – 71.

14. Luo,Y. ,P. A. Bern and B. D. Chambers. 1992. "Flow Rate Predictions for Cleaning Deviated Wells. " New Orleans:Paper SPE 23884,presented at the IADC/SPE Drilling Conference.

15. Iyoho and Azar, SPE Journal, October 1981, 556 – 71. Rasi, M. 1994. "Hole Cleaning in Large, High – Angled Wellbores. " Paper IADC/SPE 27464, presented at the IASDC/SPE Drilling Confernece. Clark, R. K. , and K. L. Bickman. 1994. "A Mechanistic Model for Cuttings Transport. " Paper SPE 28306,presented at the 69th SPE Annual Technical Conference and Exhibition,New Orleans.

16. Iyoho and Azar,SPE Journal,October 1981,556 – 71.

17. Ibid.

6 井喷的预防与控制

6.1 简介

在钻井作业中,地层流体(水、油、气或者三者的综合)侵入井眼的现象被冠以术语"井涌",而地层流体则被称为"井涌流体"。当井涌发生的时候,就有发生井喷的可能性。如果该井能够被成功地用某种阻止流体继续流入井眼的设备(封井器,简称 BOP)关住,这种情况被称为控制住的井涌;反之,一个失控的井涌将导致井喷,这将是灾难性的事件。如果在井已经关住的情况下,地层破裂而且井涌流体流入破裂的地层,这种情况导致的井喷被称为地下井喷。如果地面设备未能控制井涌流体流向地面,则被称为地上井喷。

井喷可能在钻进、下套管或者修井作业中发生。它们被视为严重的事故,因为井喷的发生危及人类生活、财政投资及自然环境。因此,井喷的预防毫无疑问是钻井行业的最重要的任务。本章将重点介绍井喷的原因,如何尽早发现溢流,井喷的控制机制及防喷器装置。

6.2 井涌的原因

总的来说,当地层流体压力大于井口压力时,井涌就有可能发生。换句话说,当压差 Δp(钻井液压力和地层流体的压力之差)呈负值时,井涌就会发生。在数学上,压差可以表示为

$$\Delta p = p_{df} - p_{ff} \tag{6.1}$$

因此,取决于 Δp 的几何值,可以得到三种情形:(1) $\Delta p > 0$,过平衡状态——无井涌;(2) $\Delta p = 0$,平衡状态——无井涌;(3) $\Delta p < 0$,欠平衡状态——井涌。

只有在第三种情况下($\Delta p < 0$),地层流体将会流入井眼。图 6.1 展示了不同的压力概念以及相对应的井涌可能性。

下面情况可以引起压差变为负值($\Delta p < 0$),因此井涌将发生。

(1)钻遇未知的高压层,其孔隙压力比在用的钻井液密度要高。

(2)井眼流体压力(后文将讨论该问题)比地层流体压力小。

地层孔隙压力可以分为正常压力、低正常压力、异常高压三种。

目前还没有准确的方法来确定地层孔隙压力,因而它们的值经常因为某些不确定的因素而不准确。大部分对地层压力的估计都是基于地震数据、钻井数据和(或)录井数据。这些丈量、解释或计算出的数据本身固有的误差不可避免,因而,这些压力的确切值不能 100% 地确定,可能导致钻井液密度的错误选择。异常高压可能是因为如下因素而出现的。

(1)快速的沉积物分解。

(2)在盐顶周围和盐床下面。

(3)底部含水层在气柱之下。

(4)生物气体的产生。

(5)因为某些操作失误或者固井效果不佳,导致气体渗透到更高层位。

(6)在该区域内的地质构造活动。

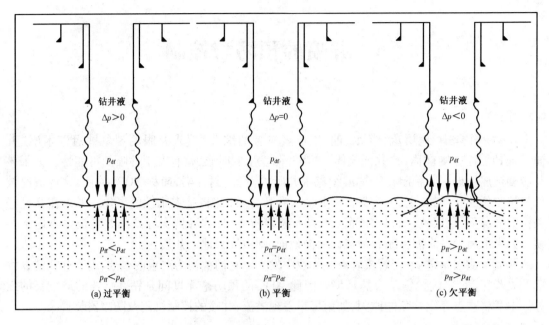

图 6.1 钻井状态

钻井液柱静液压力降低甚至低于孔隙压力的原因将会在接下来的内容里得到进一步的探讨。

6.2.1 循环漏失

循环漏失是指渗入地层的钻井液量引起了钻井液静液头的降低，如图 6.2 所示。可能循环漏失的层位一般特征为：(1)高渗透性；(2)容易井塌的层位；(3)地层本身破裂；(4)因为钻进、套管或者起下钻失误而导致的地层破裂。

前三种情形是不可避免的，而第四种情况则可以通过适当的钻井工艺加以阻止。例如，在下钻过程中，激动压力(由于摩擦阻力减少而导致的环空压力)必须保持在一定的值。同理，在钻进过程中，环空中摩擦压力减少值也应当维持在一定的范围。

如果上述情况没有得到适当的保持，地层破裂就可能发生，从而导致循环漏失。这反过来又导致了井涌的发生，如图 6.2 所示。

6.2.2 不当的起钻方式

起钻可能导致钻井液压力 p_{df} 降低，因此井涌可能会发生。这种压力的降低要么是由井眼抽吸引起的，要么是因为起钻时没有及时灌浆而引起

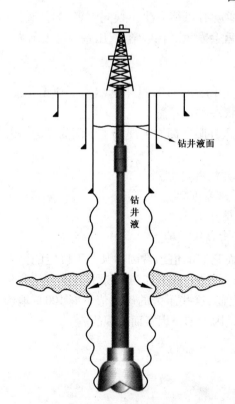

图 6.2 漏失循环层位

的(图 6.3)。适当的起钻方式应当符合公式 $p_{ff} < p_{df} - p_{swab}$,在此公式中 p_{ff} 是指地层流体压力。

6.2.3　钻井液密度不足

钻井液密度不足可能意味着钻井液压力梯度低于地层流体压力梯度。因此,井涌可能发生。同时,它也可能意味着其压力梯度大于地层破裂梯度,故而地层会被压裂,导致循环丢失,进而产生井涌。所以,在选择钻井液密度之前了解该地层孔隙和地层破裂压力是非常重要的。

6.2.4　气侵钻井液

下列情形中的任何组合都可以产生气侵钻井液。

(1)在高压含气泥岩中钻进。

(2)在起下钻或接单根过程中产生气体。

(3)钻遇在低渗透性或高压气层。

总体而言,气侵钻井液并不会导致钻井液密

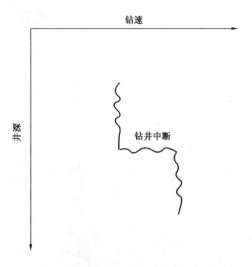

图 6.3　钻井中断

度大幅下降,因此气侵钻井液并不是最主要的问题。即使地表钻井液密度降至原始密度的一半,井底静液压力仍然较小,因为大部分的气体膨胀于地表附近。虽然如此,当高速钻至浅层气时,气体的出现会降低静液压力直至导致井涌。因为气侵钻井液而导致井底压力降低可以用公式 $\Delta p = 2.3(\gamma_{om} - \gamma_{rm})(\lg p_{omh})/\gamma_{rm}$ 表示。

6.3　井涌检测

尽早发现井涌是井控至关重要的一步。下面是井涌发生的一些常见征兆。

(1)钻井液返出量突然增加。

(2)钻速突然加快(钻进放空)。

(3)循环钻具压力突然降低。

(4)起钻过程中灌浆量比正常少。

除此以外,其他征兆还包括钻井液携带油或气返回地面,或者钻井液密度和流变性能发生一定的变化。

6.3.1　钻井液返出量突然增加

当井涌流体进入井眼,钻井液的返出量必然在短时间内大量增加。在高架槽处测量钻井液流量的钻井液流量计或者在钻井液罐上的钻井液液面测量仪都可以监察到这些变化。

6.3.2　钻速突然加快

一般把钻速突然加快称为钻进放空(图 6.4)。事实已经证明,当压差下降时,钻速将增加。因此,当钻进放空突然发生时,一个孔隙压力梯度更高的地层已经被钻穿,或者钻遇了一个更软的地层。如果已经关井,而且有关井钻具压力和套管压力的显示,则证明井涌已经发生了。否则,一个更软的地层已经被钻穿,此时无需调整钻井液即可继续钻进。

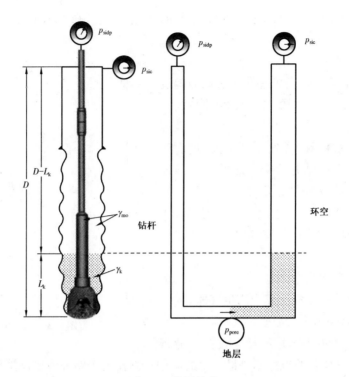

图 6.4　井涌关井

6.3.3　循环立管压力突然降低

泵压突然降低一般是因为发生了井涌或者是钻具断裂。当井涌发生时,压差促进地面钻井泵将钻井液泵入环空里,其结果是立管压力将下降。另外,如果钻具断裂,断裂处以下的循环系统,包括钻头,将不再成为钻井泵的压力供应区。这样的情况同样可以导致泵压下降。当钻进放空时,一定要首先关井,然后再判断是否发生井涌或钻具断裂。

6.3.4　起钻过程中灌浆量比正常少

在起钻过程中,灌入的钻井液量应该和起出的钻具体积大致相当。否则,地层流体正在入侵井眼。

6.4　井涌的预防

井涌的预防是极其重要的,因为它可以减少井喷这一灾难性事故发生的可能性。井涌的主要预防措施如下。

(1)了解地层孔隙压力和破裂压力梯度的准确数值。

(2)在钻进、起下钻和下套管过程中合理操作。

(3)合适的钻井液性能。

(4)井队人员技能及水平。

选择合适的钻井液和套管设计深度取决于地层孔隙压力和破裂压力梯度的数值是否准确,以及钻进的层位性能。只有获得了这些准确的地质数据及地层构造,才有可能设计出合理的钻井液参数及套管深度。

良好的起下钻(可以避免过度的激动压力和抽汲压力)及下套管(可以避免过度的环空摩擦压力损失)工艺能够把井涌的可能性降至最低。合适的钻井液密度与黏度对于预防井喷的作用也是不能忽视的。

受过良好教育和技能培训的钻井队人员是防止任何钻井事故的一个关键因素。培训过程中,必须让员工们知道钻井事故是怎么回事、如何操作,以及为什么这样。

6.5　井控基础知识

在正常情况下,井涌发生时,井都已经由井控设备所关闭了。这个问题将在后面内容里再进一步讨论。在井稳定后,关井立压 p_{sidp} 和关井套压 p_{sic} 要记录下来。为了控制井眼,必须采取如下两个基础性的步骤。

(1)把井涌出的流体循环出井眼。

(2)用重浆替换原有的低密度钻井液。

这两个步骤都必须在如下条件下进行。

(1)井涌暂时不会继续发生,地层流体没有继续流入井眼。

(2)不允许超过地层破裂压力梯度和设备的最大允许操作压力。

6.5.1　简介

控制井涌的方法有:(1)司钻法;(2)工程师法(等候并加重法);(3)并行法;(4)体积压井法;(5)动态压井法。

司钻法压井是指先用原浆循环替换出环空内的井涌流体,再用重浆替换钻具内的原浆的压井工艺。

工程师法压井是指直接用重浆(压井钻井液)循环出原浆的压井工艺。这种方法同时也把井涌出的流体循环出环空并带到地面。

在并行法中,原浆密度被逐渐增加,即:

$$\gamma_{m1} = \gamma_{m0} + \Delta\gamma \tag{6.1a}$$

$$\gamma_{m2} = \gamma_{m1} + \Delta\gamma_m \tag{6.1b}$$

$$\gamma_{mn} = \gamma_{m(n-1)} + \Delta\gamma_m \tag{6.1c}$$

对于第一次密度的增加,并行法就如同工程师法。然而从第二次增加开始,它就类似于司钻法的第二次循环。

在体积控制法中,井涌出的流体被允许通过地面上的一个节流阀持续把原浆挤到顶部。然后,顶部的气体被通过持续地泵入重浆而慢慢地替换掉。

动态压井法使用了当量循环密度(ECD)的概念。当量钻井液密度是环空摩擦压力降低的一个功能。低密度钻井液循环甚至轻水大排量循环能够引起钻井液密度的足够上升,以至于井涌可以被控制住。

所有的这些方法将会在本章中予以更详细的说明。

6.5.2　井控安全

井控作业安全一般来说有如下几点。

(1)及早发现井涌(井涌流量效应)。

(2)了解井涌流体种类(井涌—种类效应)。

(3)迅速循环出环空内的井涌流体,用重浆替换低密度钻井液(时间—推迟效应)。

(4)在井控过程中及时了解环空压力,尤其是最后那个套管鞋和靠近节流阀的地面环空压力。

6.5.3 井涌流量效应

一般来说,井涌流体相对密度比正常使用的钻井液相对密度轻。因此,井涌量越大,关井套压也就越大。尤其是如果有气体涌出,最初的气体体积越大,随着井涌流体被循环出,环空压力就越大。所以,当最初井涌量很高时,很有可能将会超过地层破裂压力梯度或者允许操作地面压力(图6.4)。

6.5.4 井涌种类效应

如果被循环出的井涌流体是液体,套管压力将基本维持不变。相反,在气体井涌中,套管压力将大大上升,并在气体柱的顶部到达地面时套压达到最大值。

6.5.5 时间推迟效应

总的来说,井涌流体越快从环空中替换出来,重浆越快替换轻浆,井控作业将会越安全。

6.5.6 环空压力模式

对环空压力的准确把握可为井控作业提供一个有力的保障。

6.5.7 井控设备

前面已经提到,在钻进、起下钻或者起下钻结束后都有可能发生井涌。如果井涌在上述情况下发生,井涌流体将通过环空或者在钻具内渗透至地面。下面简要地描述一下将会发生什么以及如何阻止井涌流体推向大气层。

在钻进过程中,井涌流体通向大气的唯一出口就是环空。因此,只需要在环空上配置一个阻止器就可以达到目的(图6.4)。

在起下钻过程中,可能存在两种情况:(1)在钻头以上的钻具内没有单流阀(内部阻止装置);(2)钻具内有单流阀。

在第一种情况下,井涌流体可以通过钻具和留在井内的钻具外环空部分流出。因此,需要一个设备来关住井眼以完全阻止井涌流体流出地面。相比而言,第二种情况类似于钻进中遇到的情况。

空井时(起钻完毕时),井涌流体可以通过套管流出。因此,也需要一个设备来完全封闭井眼。

另外,在前面已经提到过,井控的基础工作是把井涌流体循环出来而不允许任何另外液体进入井眼,保证用重浆置换掉原浆。因此,要控制好已经发生的井涌,井控设备必不可少。下面的章节将简要地介绍这种设备。

6.6 井控系统

井控系统(图6.4)是指阻止井涌变成井喷失控的设备。该系统要求允许:(1)实现地面关井;(2)从井筒里清除出井涌流体;(3)用重浆替换原浆;(4)强行起钻或强行下钻。

井控系统的基本组成部分:(1)防喷器组(图6.5),包括环形防喷器、闸板防喷器、四通、钻具内防喷器;(2)套管头;(3)节流—压井管线及连接接头;(4)液气分离器;(5)储能器;(6)分流器系统;(7)节流管汇;(8)缓冲罐;(9)除气器;(10)监控系统。

6.6.1　闸板防喷器

一般有三种闸板防喷器:(1)钻杆闸板或套管闸板;(2)全封闸板;(3)剪切闸板。

当被液压开启后,钻杆或套管闸板防喷器能够封住钻具或套管的环空区域。钻杆或套管闸板是半圆形开口的,恰好能够封住钻具或套管的外径。全封闸板是在井内没有钻具的情况下封井的。当井内有钻具时,如果启动全封闸板,是不能关住环空的。当井内有钻具时,能够把钻具剪切断的闸板被称为剪切闸板。该闸板只能在所有其他设备关井无效的情况下才能使用。

6.6.2　环形防喷器

环形防喷器(图6.6)是利用环形胶芯向井眼中心聚集、环抱钻具的一个井控设备。环形防喷器对于井口悬挂的不同尺寸、不同断面的钻具都能实现良好的密封。

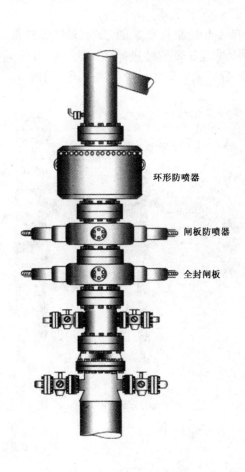

图6.5　具有环形防喷器、闸板防喷器和全封闸板的防喷器组

图6.6　具有环形防喷器、闸板防喷器、剪切闸板和四通的防喷器组

图 6.7 特制的分流器系统

6.6.3 钻井四通

钻井四通(图6.6)是一种安装在封井器上为两个连续的闸板提供一定空间的中空性装置。该装置可以在强行起下钻过程中为工具接头提供临时空间,同时方便连接压井和节流管线。

6.6.4 套管头

套管头(图6.6)是永久性井口装置的一部分。它是一种密封套管的措施。套管头同时也支撑着封井器装置。

6.6.5 分流器系统

分流器系统是用通过大口径的分流管线从钻台分流井涌流体的装置。分流器系统一般不能承受高压。旋转的分流器控制头,如图6.7所示,安装在封井器的上部。

6.6.6 节流—压井管线(防喷管线)

在井控作业中,有一点是非常重要的,那就是通过外部的某些设施循环而不是利用正常的钻进循环系统。如图6.8和图6.9所示,这些外部的循环管线是指节流—压井管线。

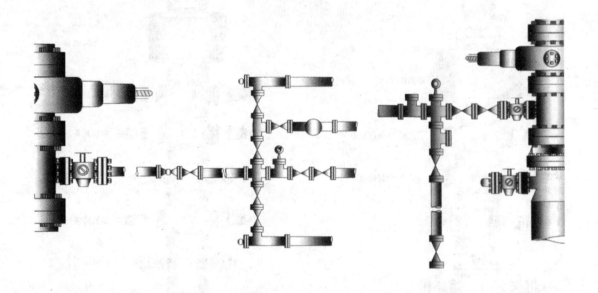

图 6.8 节流管汇   图 6.9 压井管汇

6.6.7 节流管汇

节流管汇是控制流体从井眼内释放的一系列节流阀、闸门组和管线的组合(图6.8)。这样设计的目的是井涌出的流体可以通过操作任何一个手柄来进行适当的分流。节流管汇的操作可以是手动的、自动的或者手自动一体的。

6.6.8　缓冲罐

缓冲罐一般装在节流管汇的下游,以便于允许气体膨胀。如果安装了缓冲罐,它应该这样安装:必要时,缓冲罐可以允许节流阀独立工作,但不影响流体的流动。

6.6.9　除气器

除气器通过创造一个真空环境来分离钻井液中的气体。在钻井液返回到循环罐之前,有必要把里面的气体清除出去,以便于阻止低密度的气侵钻井液被循环进钻具内。

6.6.10　钻井液罐液面系统

钻井液罐上应该有为数不少的液面探测仪来监测钻井液液面。这包括声音报警器和图表记录器,以提供永久性的钻井液液面记录。

6.6.11　高架槽检测仪

高架槽检测仪用于监测流体的流速。大部分的流速检测仪有声音报警器,一旦流量增加或减少都能报警。流量增加表示井涌发生。在钻井液液面上升至液面报警器能够报警之前,流量检测仪可能就已监测到流体流量的增加。

6.6.12　钻井液补给罐

钻井液补给罐用于测量需要的钻井液总量,目的是在起钻过程中灌浆和下钻时作为钻井液的替换量。尽管在外形上钻井液补给罐各不相同,但它们都有一个小型的连通区域,这样钻井液液面的变化就可以通过钻井液量的小变化而反映出来。1bbl 的变化应该引起钻井液液面至少 1ft 的变化。一个浮阀和标尺就能让司钻房内的操作者看到钻井液液面的变化。

6.6.13　灌浆管线

灌浆管线是指用来给井眼灌注钻井液的管线。一般安装在高架槽上的喇叭口内。

6.6.14　钻具内防喷器

内防喷器应该装在钻头以上的某个钻具内,以阻止在起下钻过程中井涌出的流体通过钻具回流。虽然如此,内防喷器仍有一定的缺点,包括以下几点。

（1）不允许电测用的电缆通过。

（2）如果堵漏剂被泵入,可能被堵住。

（3）在井涌时,会影响泵压的测量。

（4）下钻时,钻具必须从地面灌浆。

尽管如此,在海上浮动式钻井船上钻井或者钻遇油层时,专家们推荐使用井底回压阀。

6.6.15　旋塞

旋塞是指安装在方钻杆上面或者下面,以保护水龙头和鹅颈管免受高压冲击的一种装置。

6.6.16　储能器

储能器是一种高压储存容器,以为开关环形防喷器和闸板防喷器提供液压支持。其主要组成部分是油箱、高压液压泵、储能器瓶、液压管线、闸门组及其管汇,以及压力调节器。

6.6.17　气体探测仪

气体探测仪用来监测返回至地面的钻井液中气体的含量。当监测到的气体值达到某一个设定的范围时,该设备将发出警报。某些气体探测仪还可以提供永久性的图标及曲线图。

6.6.18　封井器的组合

封井器的组合方式必须满足于如下的井控作业要求。

（1）井内有无钻具都能实现关井。

（2）把井内的井涌流体循环出来,并用压井钻井液替换。

（3）如果必须剪切钻具,封井器有能力悬挂钻具。

一般的组合方式有很多种。常见的组合方式详见图6.10和图6.11。

图6.10　防喷器组合(环形　　　　图6.11　防喷器组合(环形防喷器、
　　　防喷器、双闸板和四通)　　　　　　双闸板、四通、闸板防喷器、四通)

6.6.19　井控与井喷预防:井涌控制的重要部分

尽管井涌一般不会发生在钻进过程中,但是把钻头尽可能地强行下钻至井底还是极其重要的。当钻头远离井底时,大部分企图控制井涌的行为都注定了会以失败而告终。因此,假设钻头在井底,井控必然包括如下一些行为。这些将在下一节进行数学上的探讨。

（1）记录关井立压和套压。

（2）计算地层流体压力。

（3）计算需要的压井钻井液相对密度。

（4）计算井控过程中需要的循环泵压。

（5）确定井控中诱发的井口压力曲线图,确切地说,最后一个套管鞋的压力和地面节流阀的压力。

（6）建立井喷设备的操作压力极限。

（7）确定或假设井涌的种类及组成(气体、液体或液气混合)。

（8）确定在井控作业中需要维持的井底压力。

6.7 井控的原则

6.7.1 记录关井立压 p_{sidp} 及关井套压 p_{sic}

发生井涌后,关井。如果井涌出的是气体(也就是说 $p_{sidp} < p_{sic}$),在井内钻具稳定一段时间(10~20min)后,记录 p_{sidp} 和 p_{sic} (图6.12、图6.13)。注意如果是浅层气井涌,不建议关井;相反,井内流体应该流向分流器系统,以阻止可能的地层破裂导致井下井喷。

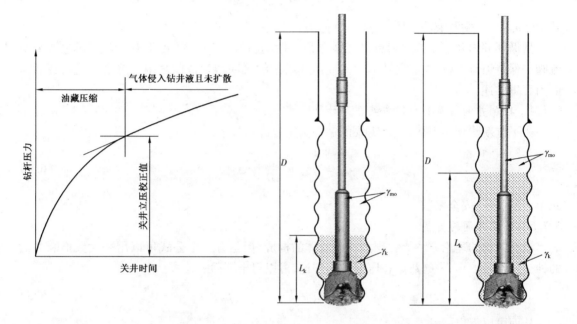

图 6.12　井关井时钻杆压力　　　　　　图 6.13　井涌流体流入环空

6.7.2 地层流体压力 p_{ff} 的计算

如图6.4所示,通过对压力均衡概念的挖掘,地层流体压力 p_{ff} 可以用下面任何一个公式计算得出:

$$p_{ff} = p_{sidp} + k\gamma_{mo}D \tag{6.2a}$$

$$p_{ff} = p_{sic} + k\gamma_{mo}(D - L_k) + k\gamma_k L_k \tag{6.2b}$$

式中　k——单位换算恒值;

　　　L_k——井涌长度;

　　　γ_k——井涌密度。

因为井涌的构成和井涌的长度是不可能准确得知的,所以公式(6.2b)不能用来计算 p_{ff}。相反,公式(6.2a)则可以,因为钻具内的钻井液密度和井涌发生的井深 D 已经得知。

如果井涌发生在起下钻或者空井时,那么精确地计算出地层孔隙压力是不可能的。理由是钻井液此时已经被井涌流体污染,而井涌流体的密度和多少都是未知的。在这种情况下,最好采用并行法来实现井控,通过逐渐增加原浆密度来实现压井。

6.7.3 确定在井控作业中需要维持恒定的井底压力 p_{bh}

如前所述,在井控中不允许环空中再流入井涌流体。通过维持井口压力稍大于孔隙压力

可以阻止井涌流体继续流入,即:

$$p_{bh} = p_{ff} + \Delta p_s \qquad (6.3a)$$

式中 Δp_s——安全压差。

利用公式(6.2a),公式(6.3a)可以改写为:

$$p_{bh} = p_{sidp} + p_{moh} + \Delta p_s \qquad (6.3b)$$

式中 p_{moh}——钻井液静液压力,$p_{moh} = k\gamma_{mo}D$。

从循环井内井涌流体并用重浆替换原浆开始,公式(6.3)的井底压力一定要通过调节节流阀来保持恒量,这样才能保持需要的立压在给出的泵冲增量范围之内。这个问题将在后面的内容里详述。

6.7.4 控制井涌所需要的钻井液密度计算

为了重新建立超平衡钻进,需要的钻井液密度计算如下:

$$\gamma_{mf} = \gamma_{mo} + \frac{p_{sidp}}{kD} + \Delta\gamma_s \qquad (6.4)$$

式中 $\Delta\gamma_s$——安全系数。

6.7.5 确定井涌的类型

没有明确的理论方法能够预测井涌流体的构成,但是有一个公式可以用来大致推断井涌的种类。参考图6.24的数据和压力均衡理论,可以得出下面的公式:

$$p_{sidp} + k\gamma_{mo}D - k\gamma_k L_k - k\gamma_{mo}(D - L_k) - p_{sic} = 0 \qquad (6.5)$$

从而可以得出:

$$\gamma_k = \gamma_{mo} - \frac{p_{sic} - p_{sidp}}{kL_k} \qquad (6.6)$$

式中 γ_k, L_k——井涌流体密度和井涌段长度;

p_{sidp}, p_{sic}——关井立压和关井套压;

D——井涌发生的井深;

γ_{mo}——原浆密度。

注意在公式(6.5)的推导过程中,有一个假设就是在环空里没有井涌流体和钻井液的混合体。

如果已经得知 L_k,那么井涌流体密度 γ_k 可以计算出来。为了确定 L_k,需要考虑图6.13中的井的参数。

(1) C_{adp} 称为钻杆后的环空体积(单位:bbl/ft)。

(2) C_{adc} 称为钻铤后的环空体积(单位:bbl/ft)。

(3) L_{dc} 称为钻铤长度(单位:ft)。

(4) V_{adp} 称为钻杆后的环空容积(单位:bbl)。

(5) V_{adc} 称为钻铤后的环空容积(单位:bbl)。

(6) V_k 称为井涌量。

两种情况需要考虑进去。

(1)情况一：

$$L_k = \frac{V_k}{C_{adc}} \qquad (V_k < V_{adc}) \qquad\qquad (6.7)$$

(2)情况二：

$$L_k = L_{dc} + \frac{V_k - V_{adc}}{C_{adp}} \qquad (V_k > V_{adc}) \qquad\qquad (6.8)$$

把公式(6.7)和公式(6.8)相对应地替换进公式(6.5)，就得到：

当($V_k < V_{adc}$)时

$$\gamma_k = \gamma_{mo} - \frac{p_{sic} - p_{sidp}}{kV_k/C_{adc}} \qquad\qquad (6.9)$$

当($V_k > V_{adc}$)时

$$\gamma_k = \gamma_{mo} - \frac{p_{sic} - p_{sidp}}{k\{L_{dc} + [(V_k/V_{adc})/C_{adp}]\}} \qquad\qquad (6.10)$$

注意该井涌量是由地面上的钻井液池液面检测器或别的监测工具在关井前测得的。

通过使用公式(6.9)或者公式(6.10)，如果计算得出的井涌流体密度小于4lb/gal，那么井涌的应该是气体；如果大于6lb/gal，则井涌的是液体。

重要的是，通过对比观察p_{sidp}和p_{sic}之间的区别，可以估计出井涌的主要是气体还是液体。例如，如果p_{sic}比p_{sidp}大很多，那么井涌的很可能是气体。如果p_{sidp}和p_{sic}在数值上非常接近，而且取决于在用的钻井液密度，那么井涌的很可能是液体。比方说，如果在用钻井液是海水，而且关井后p_{sidp}和p_{sic}数值几乎相等，那么井涌的是地层水。

6.7.6　确定井控中的泵压

井控作业中，为了阻止地层流体进一步侵入井眼，井底压力必须保持在某一恒定值。公式如下：

$$p_{bh} = p_{ff} + \text{safety} = k\gamma_{mo}D + p_{sidp} + p_s \qquad\qquad (6.11)$$

通过不断调节地面节流阀直到压井成功，井底压力p_{bh}在整个井控作业过程中保持恒定不变。假设井涌流体已经被原浆循环出环空，最初和最终的循环钻压可以通过下列公式计算出：

$$p_{cdpi} = p_{cdpf} = p_{pr} + p_{sidp} + p_s \qquad\qquad (6.12)$$

式中　p_{cdpi}，L_{cdpf}——最初循环钻压和最终循环钻压；

p_{pr}——在某个降低了的流量Q_r时的泵压。

Q_r和井控时的流量是等值的。p_{pr}是把流体以Q_r的排量循环出来所需要的泵压：

$$p_{pr} = p_{fr} + p_{br} \qquad\qquad (6.13)$$

在现场作业中，一般在起下钻之前测算出p_{pr}。否则，该泵压将由循环摩擦压力损失和井控循环系统中的动态的压力变化来决定。在海洋钻井和从底部支撑单元钻进的陆上钻井,其井控循环系统几乎一样。尽管如此,在浮动式钻井平台上,则不是一样的。这将在后面内容中详细阐述。

如果原浆密度正被压井钻井液密度替代,初始循环压力一定会降低,降低量取决于钻具内重浆的位置。当压井钻井液抵达钻头时,循环钻压的减量可以用下述公式表示:

$$\Delta p_{cdp} = k(\gamma_{mf} - \gamma_{mo})D - p_{pr}\left(\frac{\gamma_{mf} - \gamma_{mo}}{\gamma_{mo}}\right) \tag{6.14}$$

因此,当压井钻井液抵达井底时,终了循环压力为:

$$p_{cdpf} = p_{cdpi} - \Delta p_{cdp} = p_{pr} + p_{sidp} + p_s + p_{pr}\left(\frac{\gamma_{mf} - \gamma_{mo}}{\gamma_{mo}}\right) - k(\gamma_{mf} - \gamma_{mo})D \tag{6.15a}$$

或者

$$p_{cdpf} \approx p_{pr}\frac{\gamma_{mf}}{\gamma_{mo}} + p_s \tag{6.15b}$$

如果已知初始循环压力和终了循环压力,则通过这两个值之间的线性插值可以求得井控所需要的泵压曲线图。该公式可以表示为:

$$p_{cdpn} = \left(\frac{p_{cdpf} - p_{cdpi}}{\overline{TNPS}}\right)\overline{NPS} + p_{cdpi} \tag{6.16}$$

在公式(6.16)中,$\overline{TNPS}$是指在钻井液到达钻头之前往钻具内泵入钻井液的总冲数:

$$\overline{TNPS} = \frac{L_{dp}C_{dp} + L_{dc}C_{dc}}{F_p} \tag{6.17}$$

式中 $\overline{TNPS}$——泵冲冲程数;
F_p——泵参数,bbl/冲程;
L_{dp},L_{dc}——钻杆和钻铤的长度,ft;
C_{dp},C_{dc}——钻杆和钻铤的容积,bbl/ft。

重要的一点是,无论是陆上钻井还是海洋钻井,其井控原理都是一样的。但是由于其设备存在差异,海洋钻井井控的具体实施方案可能有所不同。例如,对浮动式钻井船而言,钻进时的钻井液循环系统和井控时的不一样。节流管线和节流管汇中的摩擦压力损失,在陆上钻井中常忽略不计,但在海上钻井中绝不能忽略。

6.7.7 井控作业中环空压力的计算

如前所述,超过裸眼地层破裂压力梯度和/或井控设备的工作压力会导致严重的后果。因此,在井控作业中知道环空压力是非常关键的。尤其是套管鞋处 D_{cs} 和地面节流深度 D_{sc} 的压力必须求知。当气侵抵达到相关深度时,该压力值达到最大。两种情况应该被考虑进去:(1)用原浆循环出井涌流体(司钻法);(2)用重浆循环出井涌流体(工程师法)。

这两种情况都建立在下述假设之下:(1)井涌主要是气体;(2)井涌流体里没有混着钻井液;(3)适用理想气体定律;(4)环空横切面是一个常量;(5)气体密度被忽视;(6)井底压力

p_{bh}被保持恒定;(7)环空摩擦压力损失被忽视。

6.7.7.1　司钻法

假设气柱的顶部已经达到一定的深度 D_i。从井口往下丈量,如图 6.14 所示。一个压力平衡产生如下公式:$p_i + k\gamma_k L_{ki} + k\gamma_{mo}(D - D_i - L_k) = p_{ff}$。此中的 p_{ff} 是指地层流体压力。因为相对于 γ_{mo},γ_k 很小,因此 $k\gamma_h L_{ki}$ 可以忽略不计。故此深度的压力:

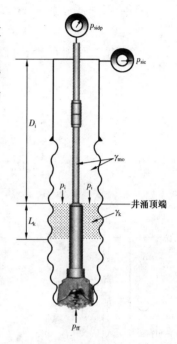

图 6.14　井涌示意图(司钻法)

$$p_i = p_{ff} - k\gamma_{mo}(D - D_i - L_{ki}) \qquad (6.18)$$

式中　p_i——中值压力;

L_{ki}——气泡到达 D_i 时的井涌深度,$L_{ki} = V_{ke}/C_a$;

V_{ke}——气体到达期望点时井涌气体体积;

C_a——平均环空容积。

通过理想气体定律 $PV/(ZT) =$ 常数,可以得到 V_{ke},即:已知某一参考点的压力 p_{bh},温度 T_{bh} 和气体压缩因于 Z_{bh},已知另一点的深度 D_i 处的 p_i、T_i 和 Z_i,可以通过下式:

$$\frac{p_{bh}V_{ko}}{Z_{bh}T_{bh}} = \frac{p_i V_{ke}}{Z_i T_i} \qquad (6.19)$$

计算 V_{ke} 值:

$$V_{ke} = \eta\frac{p_{bh}}{p_i}V_{ko} = \frac{\eta(p_{ff} + p_{safety})}{p_i}V_{ko} \qquad (6.20)$$

式中　$\eta = Z_i T_i/(Z_{bh}T_{bh})$。

井控过程中的安全压力相比于地层流体压力很小,可以忽略。因此气泡上升时的井喷长度 L_k:

$$L_k = \frac{\eta p_{ff}V_{ko}}{p_i C_a} \qquad (6.21)$$

将式(6.21)代入式(6.18)得:

$$p_i p_{ff} - k\gamma_{mo}\left(D - D_i - \frac{\eta p_{ff}V_{ko}}{p_i C_a}\right) \qquad (6.22)$$

式(6.22)可以表示成二次型:

$$p_i^2 - [p_{ff} - k\gamma_{mo}(D - D_i)]p_i - \frac{k\gamma_{mo}\eta p_{ff}v_{ko}}{C_a} = 0 \qquad (6.23)$$

求解式(6.23)中的 p_i 得:

$$p_i = \frac{1}{2}[p_{ff} - k\gamma_{mo}(D - D_i)] + \frac{1}{2}\sqrt{[p_{ff} - k\gamma_{mo}(D - D_i)]^2 + \frac{4\eta k\gamma_{mo}p_{ff}V_{ko}}{C_a}} \qquad (6.24)$$

因此,在任意深度 D_i 处压力 p_i 都可以计算得到。在套管鞋处,压力计算时可以假定温度和气体偏差因子是常数,式(6.24)中 $\eta = 1$。

6.7.7.2 工程师法(等候并加重法)

参考司钻法和图6.15,可以得到下面公式:

$$p_i = \frac{1}{2}\left[p_{ff} - k(D - D_i - L_{ok})\gamma_{mf} - k\gamma_{mo}L_{ok}\right]$$

$$+ \frac{1}{2}\sqrt{\left[p_{ff} - k(D - D_i - L_{ok})\gamma_{mf} - k\gamma_{mo}L_{ok}\right]^2 + \frac{4\eta k p_{ff} V_{ko}\gamma_{mf}}{C_a}} \quad (6.25)$$

式中 L_{ok}——在气柱底部和最终钻井液顶部之间的原浆长度。

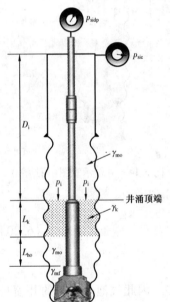

图 6.15 井涌示意图
(等候并加重法)

6.7.8 井控程序:钻头在井底的井控

当井涌发生时,井涌流体必须循环出井眼,原浆必须完全被有静液压力梯度的重浆所替代。该液压压力梯度稍高于钻遇的地层压力梯度。

不考虑控制井涌的方法,井控原则基本上是一致的。这组成了如下一系列程序。

(1)记录关井立压和关井套压。

(2)计算出地层流体压力值。

(3)计算出压井所需的钻井液密度。

(4)计算出井底压力,并在井控过程中保持恒定。

(5)计算出初始循环压力及压井钻井液到达井底时的终了循环压力。

(6)求得重浆泵入井眼替换原浆的泵压曲线图。

(7)求得在循环气侵出井眼,尤其是气侵到达最后一个套管鞋及地面节流阀时的压力曲线图。

6.8 常用的井控方法

尽管把井涌流体循环出井眼有多种方法,但是最常用的是司钻法和工程师法(等候并加重法)。在整个井控作业中,这两种方法都采取保持井底压力恒定的思路。除此以外,环空摩擦压力损失被认为是可以忽略的。虽然如此,在海洋浮动式钻井船上作业时,节流管线的摩擦压力损失具有重要的意义,绝不能忽略。

6.8.1 司钻法

司钻法包括两次不同的循环。在第一次循环中,用原浆把井涌流体循环出井眼。在第二次循环中,在井眼中已经没有井涌流体后,再用压井重浆替换轻浆。第一次循环中的泵压(初始循环压力)保持不变,相当于 $p_{cdpi} = p_{pr} + p_{sidp}$。但是,在第二次循环中,泵压开始为 p_{cdpi},然后逐渐降低为终了循环压力 p_{cdpf},如图6.16和图6.17所示。

假设是气侵,在第一次循环中,井涌流体被原始的低密度钻井液循环出环空,并没有发生进一步的气侵现象。这是通过保持循环钻杆压力在 $p_{cdpi} = p_r + p_{sidp}$ 的结果。节流阀关了后,

p_{sidp}和p_{sic}就可以读出。它们的数值应该是相等的。如果不相等,则需要继续循环直至气体完全被循环出井眼。

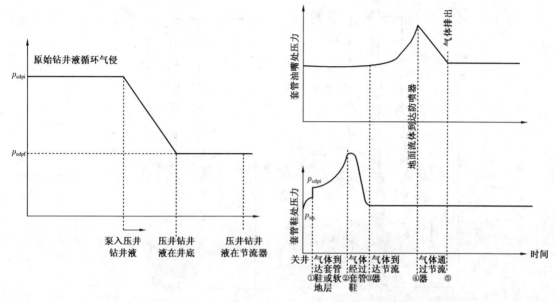

图 6.16　司钻法　　　　　　图 6.17　套管鞋和油嘴处的压力

在第二次循环过程中,在保持节流压力在p_{sidp}的同时,用和总钻具容积相当的压井重浆进行循环。循环泵压应当从循环开始时候的p_{cdpi}下降到新浆到达钻头时的p_{cpdf}。直到环空里所有的原浆都被替换掉,才停止用重浆循环。节流阀关了后,p_{sidp}和p_{sic}就可以读出。它们的数值应该都是0。如果这样,则开井回复钻进。如果不是这样,继续进行井控作业。

例 6.1:钻至垂深10000ft,钻井液密度为10lb/gal,发生气侵(图6.18)。钻井液池增量为10bbl。关井立压和关井套压分别为500psi 和590psi。安全系数为0.3lb/gal。另外还有如下数据:(1)C_{adp} = 0.049bbl/ft;(2)C_{adc} = 0.0292bbl/ft;(3)C_{dp} = 0.0178bbl/ft;(4)C_{dc} = 0.0061bbl/ft;(5)泵参数F_{p} = 2.6gal/冲程;(6)泵上水效率95%;(7)低泵冲泵压(p_{pr})1500psi,泵冲为60 冲/min;(8)套管鞋深度6000ft;(9)钻铤长度(L_{dc})1000ft;(10)$k=1$。

求:(1)求得在第一次用原浆循环时的套管鞋压力和地面节流压力;(2)求得在第二次循环时用压井钻井液替换原浆的泵压曲线图。

解:

地层流体压力是这样决定的:

$$p_{\text{ff}} = k\gamma_{\text{mo}}D + p_{\text{sidp}}$$
$$= 0.052 \times 10 \times 1000 + 500$$
$$= 5700\text{psi}$$

需要的压井液密度为:

$$\gamma_{\text{mo}} + \frac{p_{\text{sidp}}}{kD} + 安全余量$$

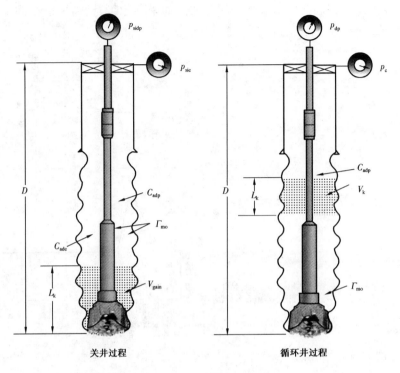

关井过程   循环井过程

图 6.18   例 6.1 中的气侵

$$= 10 + \frac{400}{0.052 \times 10000} + 安全余量$$

$$= 10.96 + 0.3 = 11.3\text{lb/gal}$$

环空中任意深度 D_i 处的压力 p_i 为:

$$p_i = \frac{b + \sqrt{b^2 + 4c}}{2}$$

其中,$b = p_{ff} - 0.052\gamma_{mo}(D - D_i)$;$c = 0.052\gamma_{mo}kp_{ff}(V_k/C_{adp})$;$D_i = D_{cs} = 6000 \to p_{cs}$(套管鞋);$D_i = 0 \to p_{sc}$(地面管汇)

套管鞋处:

$$b = 5700 - 0.052 \times 10 \times (10000 - 6000) = 3620$$

$$c = 0.052 \times 10 \times 1 \times 5600 \times \frac{10}{0.046} = 644348$$

地面管汇处:

$$b = \frac{5700 - 0.052 \times 10 \times 10000}{500}$$

$$c = 644348$$

因此推出：

$$p_{cs} = \frac{3620 + \sqrt{3620^2 + (4 \times 644348)}}{2}$$

$$= 3790\text{psi}$$

$$= 2000 - (0.0923 \times \overline{NPS})$$

式中，$\overline{NPS} = 0.2710$，如图 6.19 所示，司钻压井法和等候并加重法一样，也适应于图 6.20 和图 6.21。

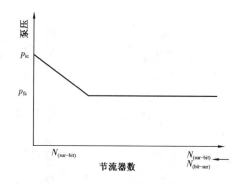

图 6.19　泵压与油嘴数关系曲线

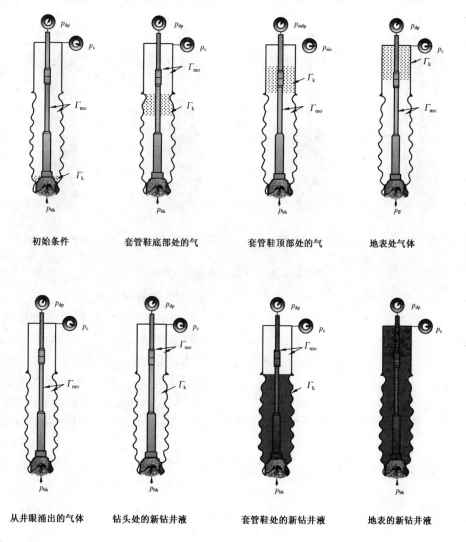

初始条件　　　套管鞋底部处的气　　　套管鞋顶部处的气　　　地表处气体

从井眼涌出的气体　　　钻头处的新钻井液　　　套管鞋处的新钻井液　　　地表的新钻井液

图 6.20　司钻法顺序

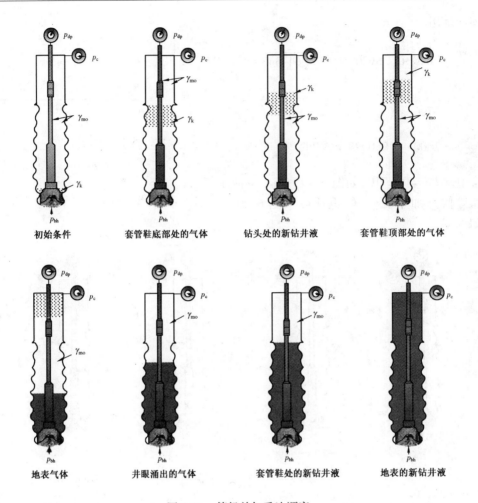

初始条件　　　　　套管鞋底部处的气体　　　　钻头处的新钻井液　　　　套管鞋顶部处的气体

地表气体　　　　　井眼涌出的气体　　　　套管鞋处的新钻井液　　　　地表的新钻井液

图 6.21　等候并加重法顺序

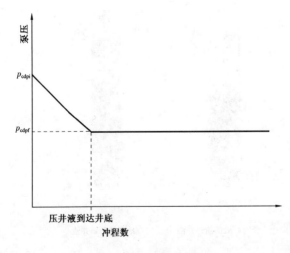

图 6.22　等候并加重法

6.8.2　等候并加重法

等候并加重法,如同前面提到的一次循环压井法一样,气侵流体被循环出来,原浆由压井液同步替换出来。当压井液由地面泵入到钻头过程中,循环立压由钻具内钻井液相对密度平均值决定。井底压力保持不变,而压井液从地面到钻头时,立管压力 p_{cdp} 由初始循环压力 $p_{cdpi} = p_{pr} + p_{sidp}$ 下降到终了循环压力。当压井液由钻头到达地面,所有重浆流出环空时,立压保持终了循环压力不变(图 6.22 和图 6.23)。

6.8.3　体积压井法

体积压井法适用于循环不能建立(钻

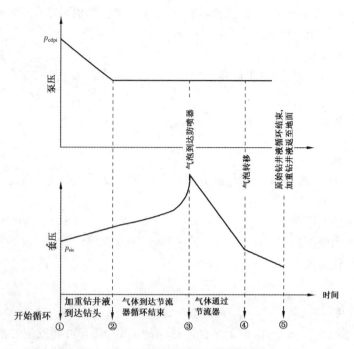

图 6.23 一次循环压井法的井控程序

头水眼堵塞、井内无钻具、循环设备出问题等的情况。这一方法包括两步：第一步，气体允许上移至井口，保持井底压力不变；第二步，也称作上部压井法，气体不断被注入的重浆替出，环空体积的不断变化和地面体积测量的误差是这一压井方法的限制。

第一步包括四小步：(1)允许套管压力升至100psi(安全值)，以便于气侵运移；(2)允许套管压力有一个增量 Δp(正常值为50psi 或 100psi)；(3)持续打压，保持节流阀压力不变，钻井液体积 V_m，压力附加值与第二步附加增量 Δp 相当；(4)重复(2)和(3)，直至气体运移至地面。

第二步包括三小步：(1)计算压井钻井液的密度，泵入压井钻井液体积增量(套管压力升至100psi)，测量出这一体积量；(2)通过使用公式 $\Delta p = 0.052\Delta V_m/(C\gamma_{mf})$，转换这一体积单位；(3)允许有一段时间保证压井液泵入，运移气侵液至节流阀直至套管压力下降 $100 + \Delta p$。

6.8.4 并行法

并行法，也称多次循环法，包括把钻井液密度从初始值增加至终了值，直至压井成功。此过程用公式表示为：

$$\gamma_{mi} = \gamma_{m(i-1)} + \Delta\gamma \qquad i = 1, n \tag{6.26a}$$

也就是说：

$$\gamma_{mi} = \gamma_{m0} + \Delta\gamma$$

$$\gamma_{m2} = \gamma_{m1} + \Delta\gamma + \gamma_{m0} + 2\Delta\gamma$$

$$\gamma_{mn} = \gamma_{m(i-1)} + \Delta\gamma = \gamma_{m0} + i\Delta\gamma \tag{6.26b}$$

第一次循环和等候加重法相似,期待着首次钻井液密度增值最小化,能够满足压井成功。从此步起,方法与司钻压井法第二步循环法一样。

6.8.5 其他井控方法

以下压井方法将在后面内容里被介绍。

(1)动态压井法。

(2)低压节流法。

(3)分割法。

(4)公牛头压井法。

井控需要多方面考虑,确定出最好的方法比较困难。以下几点是要首先考虑的。

(1)是否有足够的时间。

(2)地面管汇压力限制。

(3)裸眼段坡角限制。

(4)程序完整化考虑。

(5)人员。

6.9 非常规压井法

无论是直井、定向井、水平井、海上平台还是陆地钻井,都有可能发生井涌。井涌发生时,无论钻头的位置是否在井底,无论井内是否有钻具,如前面所讨论的一样,基本的井控技术和设备大致一样。然而,还是有一些细节,比如说如何处理井涌,使井下更为安全等存在着差异,因为井涌位置可能不同,发生的状态也不同。

常见的井涌由以下条件来界定:钻头在井底或钻头能否强行起下钻至井底。钻井实际情况海上和陆地也有所不同。非常规情况包括海上漂移装置中的溢流处理、水平井、浅层气、危险气体、钻头在井底、钻头不在井内、溢流量过大、狗腿段(有可能发生地下井喷)、不可控制的上部井涌。特别是高压井、欠平衡钻井、小井眼钻井。这一部分将着重全面地讲述这些特殊情况下的井控管理。读者将被是否出现最先进的一些技术设备而吸引。

6.9.1 水平井发生井涌

6.9.1.1 井涌量

储层段内打水平井的原因之一就是要提高产量,但是,如果发生了井涌,其影响也是成倍于直井。如果巨大的释放能量循环至垂直井段,套管鞋处激增的压力以及地面设备能允许的压力很容易被突破(地层破裂压力以及防喷器工作压力)。

6.9.1.2 井涌的显示时间

不像直井那样敏感,水平井井涌的发现及显示要比实际情况糟糕。显示不是很及时,特殊的井段及井身结构允许气侵体积量在地下某一部分储存并不断积累。如图6.24所示,因此,突然的钻井液量增加并不是环空内气体侵入后井涌的真实显示。

6.9.1.3 关井压力

如果井涌发生在直井段,套管关井压力会明显大于钻具内关井压力。因为环空内有一部分钻井液被气侵了。但是,如果水平段发生气侵就不同,关井套压与关井立压将保持一致。因为这一水平段气体将会保存而不会上移,水平段不发生体积膨胀(图6.25)。

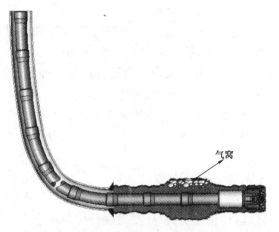

图 6.24　水平井段的顶端气体积聚

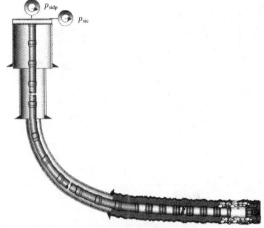

图 6.25　水平段的轻微井喷

6.9.1.4　钻至垂直破裂带

水平段钻进的一个应用就是与储层内许多自然的断裂区域交叉。尽管在这些自然形成的断裂区域压力大小可能并无差异,但是在水平段一旦井涌发生在一些低压断裂区域,则极易发生二次井涌(图 6.26)。

6.9.1.5　井底钻具组合

水平井的井底钻具组合(BHA)非常不同于直井。从外径方面来考虑,钻头以上那部分的组合可以说是最轻巧和最细的一部分。向上是加重钻杆,再上部是钻铤。钻铤是最重和直径最大的部分。

当井控作业时,井涌流体(假定为气侵)到达加重钻杆和钻铤时,气泡会明显膨胀,运移加快。这一过程会导致井眼内液柱闯入井眼环空,而且气体膨胀运移加快,引起节流阀压力升高,套压升高,所以节流阀的操作要机敏,避免套压过高,保持井底压力平衡(图 6.27)。

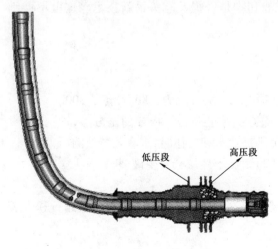

图 6.26　天然裂缝油藏

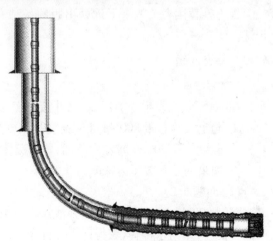

图 6.27　环空狭窄段的气泡延伸

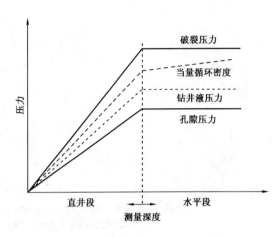

图 6.28 直井段和水平段的当量循环密度

6.9.1.6 循环相对密度值

水平井段钻井液相对密度的升降要通过水平井段的长度来调节。然而,相对于直井而言,井内地层破裂压力和孔隙压力都不变,这可能导致以下情况发生。钻进时环空阻力丧失,起下钻引起的激动压力等引起地层破裂,起下钻(抽汲压力)可能导致井涌(图6.28)。

6.9.1.7 井控操作

绝大多数井控方法适用于斜井和水平井,同样适用于循环(用重浆替代出环空内污染的轻浆)的压井方法。所有这些操作都遵循以下原则:不能引起进一步的二次井涌,不能使套压超过套管鞋处地层破裂压力和地面设备的工作压力。但是水平井与垂直井存在一些基本的差异,还是会导致计算上的一些误差。当钻具远离井底或者不能在井底建立循环时,井控方案要受到一些限制。

6.9.2 海上机动钻井平台

海上机动钻井平台井控中最关键的问题在于海洋钻井深水中有巨大的压力流失,尤其是在压井与节流管汇处。陆上钻井节流管汇与压井管汇都是装置在 BOP 组合周围,其管汇内阻力压力流失可以不计,而深水中,节流与压井管汇有数千英尺长。要克服水深压力,故而在一定水深处,一定的管壁内径、钻井液黏度、流速等因素的共同作用下,阻力压力流失将是一个巨大的数字。而在节流防喷处的压力流失尤其显著,非常有可能超出裸眼段潜在的破裂压力值。

海洋钻井中另外一些重要的问题是:(1)地层中低压破裂梯度;(2)地层中氢氧化物对节流管汇的影响;(3)流体中的气体;(4)气体运移至节流阀处压力的急剧变化。

极力推荐读者关注一下近期出版的各种石油刊物是否提及有关最新技术。这里不详细记述。

6.10 补充问题

(1)问题 6.1。

在 10000ft 处发生井喷溢流,钻井液密度为 14lb/gal。关井压力 600psi,套压 800psi。

① 测定大约总量 800bbl 原浆需要加入多少重晶石才能获得 300psi 的压力。

② 假设井深 3000ft 时发生井涌,井涌流体分别是盐水和气体时,求套管鞋处的压力。

③ 如果地层破裂压力梯度为 0.86psi/ft,在(2)情况下地层会发生破裂吗?

(2)问题 6.2。

配制 800bbl 11.5lb/gal 的钻井液需要多少磅重晶石和多少磅膨润土? 4 袋重晶石和 1 袋膨润土混合,用清水稀释,获得以下三种密度。

① $\gamma_w = 8.33 lb/gal$(水)。

② $\gamma_B = 36 lb/gal$(重晶石)。

③ $\gamma_c = 20.8\text{lb/gal}$(黏土)。

（3）问题6.3。

根据下列参数和图6.29解决问题。

① $TD = 10000\text{ft}$ 垂深。

② 上一级套管：垂深5000ft，外径$9\frac{7}{8}$in，壁厚0.3125in。

③ 下一级井眼尺寸：$8\frac{1}{2}$in，三牙轮钻头（井眼冲刷至$9\frac{1}{4}$in）。

④ 环空冲刷速率最小值：120ft/min。

⑤ 钻杆：外径$4\frac{1}{2}$in，内径$3\frac{3}{4}$in，空气中质量18.10lb/in。

⑥ 钻井液：宾汉塑性流体，$\theta_{600}=37$，$\theta_{300}=35$，$\tau_y=13\text{lb/100ft}^2$，10s/10min，凝胶强度 $7/16\text{lb/100ft}^2$。

⑦ 钢重：66.3lb。

⑧ 地层与管壁间摩擦系数0.2。

⑨ 套管鞋处地层破裂压力梯度17lb/gal。

计算：

① 钻井液密度12lb/gal，井眼发生在9500ft处。套管压力被记录。加入1bbl原浆预计得到500psi的额外压力，需要多少氧化铁（相对密度5.3）？

② 使用工程师法压井和司钻法压井，求各自的泵压。

（4）问题6.4。

根据图6.30和下列数据解决问题。

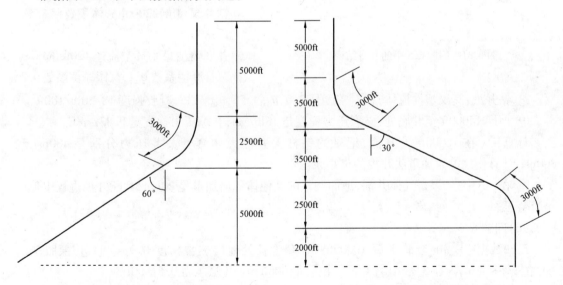

图6.29　问题6.3中的钻井计划　　　图6.30　问题6.4中的井身结构

① 套管下深1000ft、8000ft、18000ft和20000ft。

② 上一层井眼$7\frac{7}{8}$in，深18000ft。

③ 钻杆：外径$4\frac{1}{2}$in，内径$3\frac{1}{2}$in，空气中质量26.88lb/in。

④ 钻铤：外径$6\frac{1}{2}$in，内径$3\frac{1}{2}$in，空气中质量100.8lb/in，长度1500ft。

⑤ 钻井液:宾汉塑性流体,8000~18000ft 相对密度 1.5,18000ft 至井底相对密度是 2.0, $\theta_{600}=55,\theta_{300}=35$,凝胶强度 18/30lb/100ft^2。

⑥ 地层 18000ft 至井底处,破裂压力梯度是 17.2lb/gal,孔隙压力梯度是 0.83psi/ft。

⑦ 地面压力极限 4000psi。

井深 2000ft 时发生井涌,初始井涌流体量 32bbl,立压与套压分别是 600psi 和 800psi。

计算:

① 提高液柱压力 200psi 需要多少重晶石?

② 判断井涌类型。

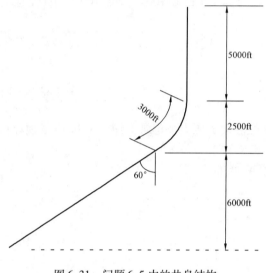

图 6.31 问题 6.5 中的井身结构

③ 计算司钻压井法的泵压。

④ 使用司钻法或工程师法压井可能会出现哪些问题(泵流量减少为 100gal/min)?

(5)问题 6.5。

根据图 6.31 和下列数据解决问题。

① 套管下深 14000ft。

② 实际井深 13500ft。

③ 钻杆:外径 4½in,内径 3½in,空气中质量 26.88lb/ft。

④ 钻铤:外径 6in,内径 3½in,空气中质量 100.8lb/ft,长度 1500ft。

⑤ 钻井泵:功率 2000hp,体积效率 85%,最大泵压 3800psi。

⑥ 井底清洁最小环空流速 120ft/min。

⑦ 套管摩擦系数 0.1,裸眼摩擦系数 0.2。

⑧ 钻井液:宾汉塑性流体,相对密度是 2.0,$\theta_{600}=55,\theta_{300}=35$,凝胶强度 18/30lb/100ft^2。

⑨ 地层 14000ft 至井底处,破裂压力梯度是 18lb/gal,孔隙压力梯度是 0.83psi/ft。

计算:① 在 16000ft 处井涌,记录的钻杆关井压力和套管关井压力分别是 400psi 和 800psi,计算使用等候加重法井控的最小泵压;

② 在(1)中,如果是气体井涌,地面测量的其他体积增加量是 20bbl,判断井控过程中地层是否会压裂。

(6)问题 6.6。

已知数据:① 8in 套管下深 10000ft;② 套管鞋处地层破裂梯度 0.9psi/ft;③ 裸眼 7in;④ 钻杆外径 4in,内径 3½in;⑤ 井涌处位置 11000ft;⑥ 孔隙压力 0.8psi/ft。

计算:① 套管压力增至 8000psi 的情况下求最大井涌量;② 井涌流体共 4200gal 时,求钻井液相对密度。

6.11 符号说明

C_{adp}:钻杆体积,bbl/ft;

C_{adc}:钻铤体积,bbl/ft;

D:井涌深度；

F_p:泵参数,bbl/冲程；

k:单位储集系数；

L_{dc}:钻铤长度,ft；

L_{dp}:钻杆长度,ft；

L_k:井涌长度；

$\overline{TNPS}$:泵冲程数；

Δp:压差；

p_{df}:井眼流体压力；

p_{ff}:地层流体压力；

p_{moh}:钻井液静水压力；

Δp_s:安全压差；

p_{sic}:套管关井压力；

p_{sidp}:钻杆关井压力；

V_{adc}:钻铤环空体积,bbl；

V_{adp}:钻杆环空体积,bbl；

V_k:井涌体积；

γ_{df}:钻井液压力梯度；

γ_{frac}:地层破裂压力梯度；

γ_k:井涌密度；

γ_{mo}:原始钻井液密度；

γ_{surge}:激动压力梯度。

参 考 文 献

1. Blowout Prevention and Well Technique. Tr. By Paul W. Ellis. 1981. Editions Technip,27 Rue Ginoux 75737, Paris Cedex 15.

2. Goins, W. C. , Riley Sheffielf,Blowout Prevention,2nd ed. , Gulf Publishing Co. ,Book Division. Houston, London, Paris.

3. IADC Drilling Manual, International Association of Drilling Contractors. Houston.

4. Mitchell,Bill,Oil Well Drilling Engineering, 8th ed. 1974:Golden, CO.

7 定向井与水平井钻井

7.1 定向井钻井

伴随着钻井技术的不断进步与更新,石油工作主要考虑的是花尽可能小的成本钻一口尽可能高产量的井,并且能够按预定的轨迹到达几千英尺以下的地层。起初钻井行业主要关注的是垂直井的钻探,然而近年来,能实现地面下几千米外的水平位移钻井已成为一项新技术。这就是一般所说的定向井,包括钻直井段,然后再钻一定深度开始定向直达预定油层(图7.1)。

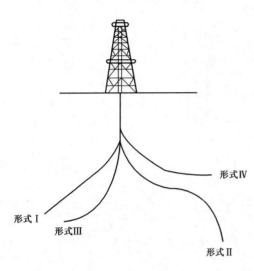

图7.1 井眼形式

7.1.1 定向井应用

定向井有很多应用,一般有如下几种:(1)从单一平台打复式井;(2)到达预定层位;(3)钻井时考虑井控;(4)侧钻;(5)侧面潜在问题钻井;(6)钻最小成本井;(7)水平钻井至储层。

钻复式井是海上最主要最经济的钻井方式。从一个井址出发钻复式井既是最一般也是最经济的定向井的应用。近年来,钻水平井已经取得了显著的成效。陆地与海洋钻井都期盼水平井与复式井在技术上有一定的突破,使这一趋势在技术上达到实现。

定向井的另一个应用是接近到一些难以到达的地层,比如说城市下面或山脉、大陆架下面的油藏,以达到提高产量的目的。

当井喷失控时,传统的井控方法不能扑灭井口的大火,最后就一着就是打救援井,使水平定向井来与事故井建立平衡联系。

钻井问题(如未能成功打捞落鱼)可以遇到指令让井底注塞或者使用定向技术来侧钻以到达预定储层。但是需要强调的是,侧钻不要重新回到老眼中去。

打捷径井开挖潜力是定向井的一个重要应用。常出现问题的地层有盐丘和断层。

因为水平控制一口井的走向,可以在钻遇低走向的层位时不断纠斜,以防止该井报废。这是节约成本的最佳举措,也是当今水平井与复式井成为主导潮流的一个主要原因。

7.1.2 定向钻井的要求

钻直井所满足的设备与技术条件在钻水平井和定向井时同样使用。特殊的一些需求如下。

(1)需要井下罗盘与随钻测斜工具。

(2)使用橡胶保护来防止钻具或套管磨损。

(3)使用特殊药品添加至钻井液中来减小扭矩或摩阻。

(4)使用高质量的钻井液以保证环空清洁。

（5）使用有短节的钻杆以小半径范围内钻进。

（6）定向中大量的运算以确定井眼轨迹。

（7）特殊的井底钻具组合以保证井眼轨迹，有效传递重力直至钻头。

（8）特殊罗盘以监测井眼轨迹。

（9）反应装置。

（10）重要扶正工具。

7.1.3　定向井简述

设计定向井方案的一个重要因素就是减少与控制成本。如图 7.1 所示，方案要从最典型的井眼轨迹开始：（1）增斜与稳斜；（2）增斜、稳斜与降斜；（3）不断增斜。

一旦方案获得通过，就要进行细化来确定井眼轨迹。除大量计算以外，还需要以下信息。

（1）垂直井深与水平距离。

（2）造斜点。

（3）转折点（拐点）。

（4）增斜角（BRA）。

（5）降斜角（DRA）。

（6）起始拐角（LA）。

7.1.3.1　目标层位

因为目标层位不同而导致所确定垂直井深不同。如图 7.2 所示，不同水平轨迹有不同的半径轨迹。

7.1.3.2　造斜点

造斜点（KOD）是井眼下开始造斜的起点，单位通常是（°）/100ft。（图 7.3）。

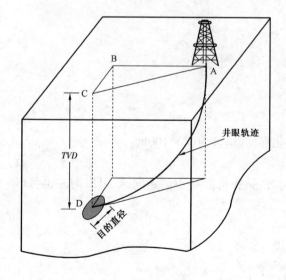

图 7.2　目的层位

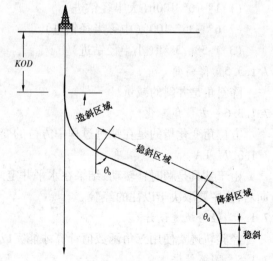

图 7.3　造斜、稳斜和降斜示意图

7.1.3.3　拐点

拐点（TOD）是井下方向的拐点。举例说明：目标层位于北偏东 20°，北偏西 20°，南偏西

20°,南偏东20°。这四个点分别表示井眼方向在四个不同象限都是偏角20°(图7.4)。同时也可以用方位角来表达。方位角以顺时针由北来测定。这里的北并不是真正的北。在水平井里所提到的方位通常纠正为正北。正北与指南针所指的北有所不同,之间的差异称为磁偏角。地点一旦确定,磁偏角也往往确定。如果井斜方向是东,那么磁偏角要加入到方位。如果朝西,则要从方位中减掉磁偏角。

7.1.3.4 增斜角

增斜角表示井斜的增量,从直井处开始量,单位是(°)/100ft。如图7.5中,轨迹中角度的增加实现了,增斜角有以下三种。

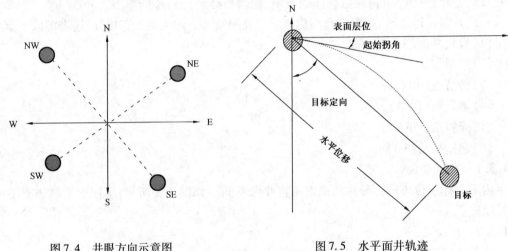

图7.4 井眼方向示意图　　　　图7.5 水平面井轨迹

(1)1°~6°/100ft(大半径钻进)。

(2)6°~35°/100ft(中等半径钻进)。

(3)1.5°~3°/ft(小半径钻进)。

7.1.3.5 降斜角

降斜角是井斜的减量。

7.1.3.6 方位角变化

方位角变化指的是在钻进过程中方位的变化程度,单位为(°)/100ft。

7.1.3.7 LA

由于钻具是顺时针转动,结果在水平井定向时,钻头可能有不同走向,既可以向左也可以向右,这主要取决于以往的经验。

7.1.4 经验轨迹设计

经验轨迹要使用三角函数值计算才能完成设计。

7.1.5 圆弧轨迹

$$弧长:L_c = \frac{\theta_j - \theta_i}{BRA} \tag{7.1}$$

$$垂直距离:V = R_b(\sin\theta_j - \sin\theta_i) \tag{7.2}$$

$$水平距离: H = R_b(\cos\theta_i - \cos\theta_j) \tag{7.3}$$

$$R_b = 180/(\pi\, BRA)$$

7.1.6 切线部分

竖直距离:

$$V = L_t\cos\theta \tag{7.4}$$

水平距离:

$$H = L_t\sin\theta \tag{7.5}$$

式中 L_t——切线长度。

7.1.6.1 增斜和稳斜

图 7.6 中定义的数据 KOD、y 轴的目标 HD、目的层深、每 100ft 的偏斜度是增斜和稳斜需要的。

$$TVD = KOD + R_b\sin\theta_b + L_t\cos\theta_b \tag{7.6}$$

$$HD = R_b(1 - \cos\theta_b) + L_t\sin\theta_b \tag{7.7}$$

$$TMD = KOD + \frac{\theta_b}{BRA} + L_t \tag{7.8}$$

式(7.6)和式(7.7)分别代表 TVD 和 HD 的地质层位,如果 BRA、L_t、KOD 和 θ_b 四个已知其中两个就可以计算出另外两个。

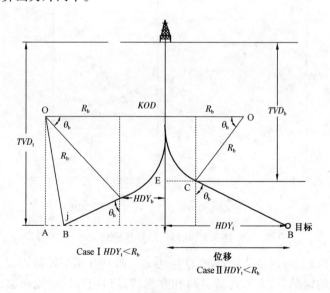

图 7.6 增斜和稳斜设计

7.1.6.2 连续造斜

所需数据与增斜和稳斜设计相似,根据图 7.7,HD 和 TVD 的计算公式如下:

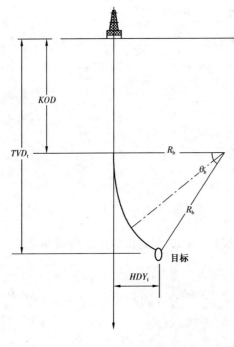

图 7.7 连续造斜

$$TVD = R_b\sin\theta_b + KOD \qquad (7.9)$$

$$HD = R_b(1 - \cos\theta_b) \qquad (7.10)$$

$$TMD = KOD + \frac{\theta_b}{BRA} \qquad (7.11)$$

7.1.6.3 造斜、稳斜和降斜

所需数据与前述井网相似(图 7.8)。

$$TVD = KOD + R_b\sin\theta_b + L_t\cos\theta_b + R_d(\sin\theta_d - \sin\theta_b) \qquad (7.12)$$

$$HD = R_b(1 - \cos\theta_b) + L_t\sin\theta_b + R_d(\cos\theta_b - \cos\theta_d) \qquad (7.13)$$

$$TMD = KOD + \frac{\theta_b}{BRA} + L_t + \frac{(\theta_d - \theta_b)}{BRA} \qquad (7.14)$$

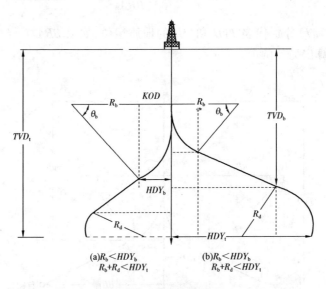

图 7.8 造斜、稳斜和降斜

在增斜和稳斜模式中,到地质靶标的 TVD(垂深)和 HD(水平位移)总是已知的。因此,在假定其他因素已知的情况下,方程式(7.12)和方程(7.13)可以同时用来解决两个未知数。

确定水平面井径的计算结果可以通过使用下面的公式演算来获得:

$$(NS)_i = \Delta d\left\{\left[\frac{\sin(\theta_i + \theta_{i-1})}{2}\right]\left[\frac{\cos(\alpha_i + \alpha_{i-1})}{2}\right]\right\} \qquad (7.15)$$

$$(EW)_i = \Delta d \left\{ \left[\frac{\sin(\theta_i + \theta_{i-1})}{2} \right] \left[\frac{\sin(\alpha_i + \alpha_{i-1})}{2} \right] \right\} \tag{7.16}$$

而且增加的真正垂深可以由下面的公式获得:

$$(TVD)_i = \Delta d \left\{ \left[\frac{\cos(\theta_i + \theta_{i-1})}{2} \right] \right\} \tag{7.17}$$

式中 $(NS)_i$——沿南北方向增加的测距;

$(EW)_i$——沿东西方向增加的测距;

Δd——100ft 井段的假定增加距离;

$\theta_{i-1}, \alpha_{i-1}$——在 $i-1$ 点上的井斜角和方位角;

θ_i, α_i——在 i 点上的井斜角和方位角。

如果增加量为 n,即下列公式中的 n,那么可以通过计算总共的数量获得增加的总距离。

$$(TNS) = \sum_{i=1}^{n} (NS)_i \tag{7.18}$$

$$(TEW) = \sum_{i=1}^{n} (EW)_i \tag{7.19}$$

$$(TVD) = KOD + \sum_{i=1}^{n} (TVD)_i \tag{7.20}$$

7.1.7 定向钻井的造斜工具

造斜工具是用来使钻头产生偏离并沿井的预选轨迹钻进的仪器。当前可用并已经投入使用的工具主要包括:(1)定向楔;(2)带导向喷嘴的喷射钻头;(3)井下可控系统(包括螺杆钻具、弯接头、旋转控制系统等);(4)常规钻具组合装置。

7.1.7.1 定向楔

图 7.9 提供了定向楔技术作业简图,该技术可以有目的地产生预期井壁偏离。定向楔通过剪切销与 BHA 进行刚性连接。然后下放组合至井底并按合适方向进行导向,施加恰当质量置入楔子并剪断剪切销,钻出 10～15ft 长的小于钻头尺寸的井眼,然后起下钻更换带有全尺寸扩眼器的工具。继而,对井眼进行测斜以保证方向合理,而且该过程需持续进行直至造斜井段结束。此方法耗时,因而使用较少。

使用喷射钻头(图 7.10)以达到使预期井眼偏离的技术在软地层是可行的。下放钻头至井底,按期望方向对喷嘴进行导向,用钻井液流冲蚀导向钻孔大约几英尺;然后使用常规旋转钻法扩眼,并重复这一过程。在钻过增斜井段 10～15ft 后进行测斜。与楔入法相比,此法的优势在于无需起下钻扩井眼(扩至全尺寸)。

7.1.7.2 井下可控系统

井下可控系统可以是井下动力钻具或是旋转可控系统。

像正常钻井法一样,井下动力钻具通过循环钻井液进行液压驱动。有两种类型:(1)螺杆动力钻具;(2)涡轮动力钻具。

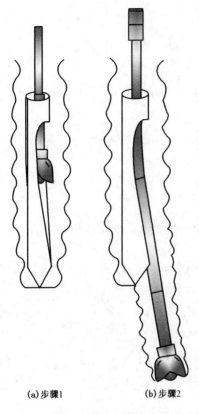

(a)步骤1　　　　　(b)步骤2

图7.9　定向楔技术

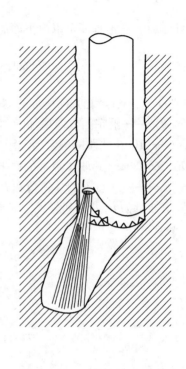

图7.10　喷射钻头技术

相对于涡轮动力钻具,螺杆动力钻具的主要优势是拥有弯外壳(定向钻井用)支座,可以使马达在导向模式中用做变斜工具,在旋转模式中用做稳斜工具。两种动力钻具的BHA组合形式类似,均由全尺寸钻头、弯接头、无磁钻铤及扶正器组成(图7.11)。

旋转可控系统代表了定向钻井(包括水平钻井)的近期发展。该系统设计有可以从地面启动的钢质翼肋,产生反作用于井壁的变斜力推动钻头沿预选井径前进。相对于井底动力钻具,该系统主要优势在于:无论是增斜角度还是稳斜角度,钻进始终以旋转模式进行;与此相对比,如使用井底动力钻具,在增斜时必须使用滑动模式,而在稳斜时必须使用旋转模式。钻柱旋转的优势在于定向钻井中对于清洁井壁所具有的非凡作用。

7.1.7.3　BHA组合装置

在钻井发展中,在地层的地质条件、磁倾及强度非常熟悉的地方,合理的BHA设计可以使定向井从地表到目的层的钻进不使用机械或液压技术。典型的BHA由钻铤、全尺寸钻头、扩眼器及扶正器组成(图7.12)。有几种基于最终数据分析结果的商业软件程序可以应用于BHA设计。

7.1.8　定向钻井中的测斜工具

为保证钻出正确的井眼轨迹,必须进行定向测斜并且计算出测斜结果。井眼位置的永久记录对于未来的钻进和完井作业影响巨大。关于井径的精确了解对于要做出的很多与技术和地质相关的决定亦十分重要。用于决定井径(井斜和方位)的测量可分为两类:(1)磁测斜仪;(2)陀螺测斜仪。

这两类测斜仪都具有单点和多点测斜能力。它们可以在测井电缆上下放入井或者用做随钻测量仪器的一个部分。两种系统的基本组成成分包括计时仪和罗盘或者电传感器。单点测斜仪在测量过程中只能记录既定井深的一个点,而多点测斜仪则可以随井深增加记录多个点。

7.1.8.1　磁测斜

磁测斜仪,无论是电子式还是机械式,都是利用磁场来确定井径。地球磁场可由下列成分进行解述,这些成分随地理位置的变化而相应地变化。

(1)磁北。

(2)当地磁场的垂直和水平组分。

(3)当地磁场的整个磁场力。

(4)磁北与真正北方之间的变量。

(5)与测出的水平场有关的当地磁场磁倾角。

机械式磁测斜仪是建立于罗盘法则基础之上的,因而只能使用地球水平向磁组分来指代磁北。机械式磁测斜仪无法与随钻测量工具连通使用。

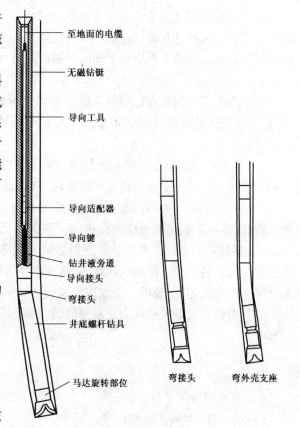

图 7.11　动力组合

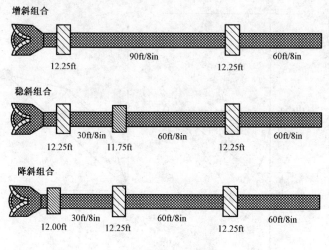

图 7.12　典型 BHA 组合

电子式磁测斜仪利用磁力仪来测量地球磁场,利用测振仪测量地球重力场。这些电子测斜工具可以用来测量井斜、方位及工具面,并且在随钻测量工具模块中得到使用。输出数据通过钻井液脉冲遥测技术系统传至地面后被解码成真正的数据。

7.1.8.2 陀螺测斜

陀螺测斜工具通常在磁测斜系统的准确性可能受到磁性物体(如套管)存在的影响时使用,是由于无法把测斜仪放在 BHA 组合中的合适位置或因为地理位置的原因。陀螺系统有如下三个基本类型。

(1)自由陀螺。自由陀螺系统是第一种投入使用的测斜仪器,可追溯至 20 世纪 20 年代末期。该系统包括一个由马达驱动的旋转块(指转子,安装于一组万向架上)。

(2)速率陀螺。速率陀螺系统也称作惯性分级陀螺,有非常精确的每小时 0.01°漂移速率。因此,能够用来侦测地球的旋转,因而能够计算地球的旋转轴,即地理真北。

(3)惯性导航系统。惯性导航测斜系统不同于其他传统测斜仪器之处在于:它通过三维立体坐标测量井斜和方位的运动轨迹,从而产生井径轨迹的交会点。这套系统使用一组陀螺来导向系统向北运行,使用一组加速计来侦测 x、y、z 平面上的运动。

尽管惯性导航系统被认为是最精确的,然而所有陀螺测斜系统的精确性都受到下列因素的影响。

(1)计算方法。

(2)井深。

(3)工具轴线不重合度。

(4)磁干涉(在使用磁测斜仪时)。

7.1.9 井眼轨迹的计算源于测斜数据

在定向钻井钻进期间,需要采集各个阶段 i 的测斜数据(井斜 θ_1,方位 α_1),Δd_1 为测量已钻距离的沿井壁的增量(图 7.13)。为导向实际轨迹,三维坐标需要在每个阶段 i 进行计算。

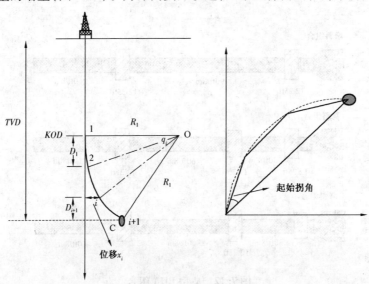

图 7.13 井眼轨迹计算略图

有五个可以用来完成上述计算任务的方法：(1)最小曲率法；(2)曲率半径法；(3)角平均法；(4)切向法；(5)平衡正切法。

这些方法中最不精确的是切向法，而最为精确的则是曲率半径法和最小曲率法。这些方法中前三种的公式总结将在下面的章节中给出。

7.1.9.1　最小曲率法

最小曲率法使用在两个相邻阶段($i-1$ 和 i)来描述一个表示井径的平滑圆曲线。这种方法使用狗腿度严重程度比因素 R_{e_i} 来研究每个部分相应的曲线。

坐标 x_i，y_i 和 z_i 分别指自西向东、从南到北和垂深(向下)，通过下述公式确定：

$$x_i = \frac{\Delta d_i}{2}(\sin\theta_{i-1}\sin\alpha_{i-1} + \sin\theta_i\sin\alpha_i)R_{e_i} \tag{7.21}$$

$$y_i = \frac{\Delta d_i}{2}(\cos\theta_{i-1}\sin\alpha_{i-1}\sin\theta_i + \cos\alpha_i)R_{e_i} \tag{7.22}$$

$$z_i = \frac{\Delta d_i}{2}(\cos\theta_{i-1} + \cos\theta_i)R_{e_i} \tag{7.23}$$

在公式(7.21)至公式(7.23)中，$R_{e_i} = (2/e_i)\tan(e_i/2)$，其中，$e_i$ 是钻柱在 $i-1$ 和 i 阶段之间的角度变化：$e_i = \arccos(\sin\theta_i\sin\theta_{i-1}\cos(\alpha_i - \alpha_{i-1}) + \cos\theta_i\cos\theta_{i-1})R_{e_i}$。

沿井径第 n 个点的三维坐标 x、y 和 z 可由对测斜点总数的代数运算来确定。

$$x_n = \sum_{i=1}^{n} x_i \tag{7.24}$$

$$y_n = \sum_{i=1}^{n} y_i \tag{7.25}$$

$$z_n = KOD + \sum_{i=1}^{n} z_i \tag{7.26}$$

7.1.9.2　曲率半径法

正如最小曲率法，它是假设该井有一个平滑的曲线形状(由圆形或球形部分代表)。在相邻两段(一个是 i，一个是 $i-1$)测斜数据的基础上，坐标 x_i，y_i 和 z_i 点可以由下面的公式确定。

$$x_i = \frac{180\Delta d_i}{\pi(\theta_i - \theta_{i-1})(\alpha_i - \alpha_{i-1})}(\cos\theta_{i-1} - \cos\theta_i)(\cos\alpha_{i-1} - \cos\alpha_i) \tag{7.27}$$

$$y_i = \frac{180\Delta d_i}{\pi(\theta_i - \theta_{i-1})(\alpha_i - \alpha_{i-1})}(\cos\theta_{i-1} - \cos\theta_i)(\sin\alpha_i - \sin\alpha_{i-1}) \tag{7.28}$$

$$z_i = \frac{180\Delta d_i}{\pi(\theta_i - \theta_{i-1})}(\sin\theta_i - \sin\theta_{i-1}) \tag{7.29}$$

请注意：$\theta_i = \theta_{i-1}$ 和 $\alpha_i = \alpha_{i-1}$。公式(7.24)至公式(7.26)可以用来计算最终的坐标。

7.1.9.3　角平均法

该方法取两组井斜方位 θ_i，α_i 及 θ_{i-1}，α_{i-1} 的中间值。假定井眼遵循正切路径，那么在某

段 i 的坐标可由下列公式给出。

$$x_i = \Delta d_i \sin \frac{\theta_i + \theta_{i-1}}{2} \cos \frac{\alpha_i + \alpha_{i-1}}{2} \tag{7.30}$$

$$y_i = \Delta d_i \sin \frac{\theta_i + \theta_{i-1}}{2} \sin \frac{\alpha_i + \alpha_{i-1}}{2} \tag{7.31}$$

$$z_i = \Delta d_i \cos \frac{\theta_i + \theta_{i-1}}{2} \tag{7.32}$$

公式(7.24)至公式(7.26)可用来计算最终的坐标。

例 7.1:假定给出一增斜稳斜型井的数据。

造斜深度(KOD) = 2500ft,垂深(TVD) = 12500ft,水平位移至靶心($THDY$) = 9200ft,造斜速率角(BRA) = 3°/100ft,最大井斜角 = 45°。确定总测深。

解:根据公式(7.6)

$$R_b = \frac{1}{BRA}\left(\frac{180}{\pi}\right) = \frac{100}{3} \times \left(\frac{180}{\pi}\right) = 1910\text{ft}$$

由公式(7.8)可以得出总测深(TMD)为:

$$TMD = KOD + \frac{\theta_b}{BRA} + \frac{TVD_1 - KOD - R_b \sin\theta_b}{\cos\theta_b}$$

$$= 2500 + \frac{45}{3/100} + \frac{12500 - 2500 - 1910\sin45°}{\cos45°}$$

$$= 2500 + 1500 + 12233 = 16233\text{ft}$$

7.2 水平井钻井

7.2.1 简介

水平钻井是一个控制钻头沿垂直方向约90°的水平路径钻穿储油岩的过程。对水平井钻井的兴趣源于以下几个主要的原因。

(1)提高一次采油量。

(2)提高二次采油量。

(3)提高储层油气的极限采收率。

(4)开发整个区域的井数量显著减少。

(5)产量显著增加。

水平井钻井加上多分支钻井及延伸钻井,为油气产业展现了众多机会以发现油田中的油气储藏,而这些储藏在以前是很难发现的。除了经济效益外,钻井步骤的简化对环境也产生了非常显著的积极影响。水平井的钻进及完钻的成功归因于重大的技术突破、颇有成效的策划、设计方法的创新、卓有成效的团队工作、有效的策划、实施适当的方案及实时监测的钻进数据和方案设计更新。

无论是直井还是定向井(包括水平井)开发地下油气,成功而且经济地钻井所需的元素是相同的。唯一不同的是它们的要求不同。这些元素(在第 1 章已经讨论过)包括:(1)作用于钻头的下向力;(2)钻头旋转;(3)钻井液循环。

7.2.1.1 钻压

在直井钻进中,钻压(力)由位于钻头上方的钻铤提供,几乎没有由于滑动摩擦而产生质量的损失。然而,在定向井钻进中,钻柱和井壁间存在着密切的关系。因此,钻进中可遇到相当大的摩擦力(阻力),降低了本需传至钻头的质量。这就意味着置于钻头上方的管柱应有质量变化,从而使作用于井壁的摩擦力最小化,同时使施加的钻压最大化。

这将在第 9 章中进行更为详细的讨论。

7.2.1.2 旋转

钻头旋转,可以通过传统的转盘或顶驱从地面启动,也可以通过井底动力钻具在井底启动。在直井的钻进中,扭矩主要来源于钻头,而来自与钻柱的摩擦力可以忽略不计。然而,在定向井钻进中,旋转在地表启动,与井壁接触的钻柱部分会产生摩擦扭矩。除了钻头扭矩之外,这种扭矩可能是直井钻进中所遇到的摩擦扭矩的 5 ~ 10 倍。

随着井斜角从直井段到水平段的增加,由于摩擦力而产生的阻力和扭矩同样会增加。在井的水平段,部分钻柱的质量会导致摩擦扭矩和阻力,这是令人不快的情况。相反地,有额外阻力时,钻头的进步程度就会成为达到期望目标的限制性因素。

7.2.1.3 循环

定向(包括水平井)钻进中泵的排量要求比在直井钻进中的要求高 2 ~ 4 倍。这是更高的环空流速的需要,以便把钻屑从环空携至地面。导致高摩擦压力损失的泵排量越高,对钻机水力马力的要求也就越高。

7.2.2 水平钻井的应用

可能使用水平钻井技术的储层为:(1)可能有潜在水气锥进问题的储层;(2)致密储层(渗透率≤1mD);(3)天然垂直裂缝性储层;(4)经济上难以开发的储层;(5)稠油储层;(6)河床砂及礁砂储层;(7)煤层气储层;(8)薄储层;(9)高倾角层状储层;(10)部分枯竭型储层。

尽管几种储层类型均可以应用水平钻井技术,然而最终的决定因素是经济性,即获得最好的投资回报。钻直井与水平井之间全面钻井成本的比较应该建立在每桶原油的潜在价格上,而非建立于每英尺进尺花费多少美元。

7.2.3 水平井钻井方法

水平井钻井始于地表垂直段后某个预选的造斜深度的变斜段,始于 0° 的垂直段,结束于约 90° 的进入储层的进入点。用来钻变斜增斜井段到达储层进入点的方法有:(1)长半径(LR)法;(2)中等半径(MR)法;(3)短半径(SR)法;(4)超短半径(USR)法。

表 7.1 和表 7.2 比较了前 3 种方法的基本特点。在随后的几节中,将对其中每一种方法进行简要介绍。

表 7.1   水平井钻井方法的比较——钻井过程

方法	长半径法	中等半径法	短半径法
增斜速度	1°~6°/100ft	6°~35°/100ft	1.5°~3°/ft
增斜半径	1000~3000ft	955~286ft	20~40ft
井眼尺寸	不限	4¾in,6⅛in,8½in,9⅞in	4¾in 6½in
钻进方法	曲线段及水平段采用旋转或可控系统	增斜段采用专门设计的螺杆钻具;水平段采用旋转或可控系统	增斜段采用专门设计的造斜工具或串接式螺杆钻具;水平段采用旋转工具及特殊钻杆
管柱类型	常规	最大达到 15°/100ft 的加重钻杆,超过 15°/100ft 的耐压抗硫钻杆	特殊串接管柱及带有短串接螺杆钻具的特殊钻杆
钻头	无限制	无限制	可无限旋转螺杆钻具为金刚石或人造金刚石制
钻井液	无限制	无限制	无限制
测斜类型	无限制	随钻测量仪器限于小于 6⅛in 的井眼	特别
取心	常规无限	常规无限	3ft 取心筒,1in 岩心

表 7.2   水平井钻井方法的比较——完井(世界石油大会)

方法	泄油孔段的选择性完井	多个油层	机械采油	修井
短半径	否	是	直井段采用抽油泵	是
中等半径	是	是	所有类型	是
长半径	是	否	所有类型	是

7.2.3.1   长半径法

长半径法是使井筒至少有一个层段以 1°~6°/100ft 的增斜速率进行造斜的一种钻井方法。长半径钻井法在近海井场,人员设备难以进入的井场,以及需要地理隔离的储层等有广泛的应用。

该方法利用了水平井钻井过程中两种系统中的任一系统,即常规旋转 BHA 钻具系统和可控系统(图 7.14)。常规旋转组合长半径井是相当普遍的。钻具组合软件是可用的,可以使 BHA 操作参数最优化及具有可预测性。假如有地层异常的准确信息,该软件的使用可以是相当成功的。否则,重复更正所需的井眼轨迹会导致钻井成本高。因此,带有随钻测量工具的可控系统(井下动力或旋转系统)可能会比常规 BHA 系统有更高的成本效率。决定使用常规系统还是可控系统取决于经济性。

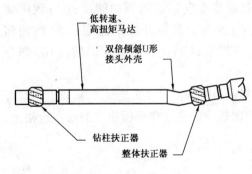

低转速、高扭矩马达
双倍倾斜U形接头外壳
钻柱扶正器
整体扶正器

图 7.14   长半径可控系统

7.2.3.2   中等半径法

中等半径法是使井筒至少有一个层段以 6°~35°/100ft 的增斜速率进行造斜的一种钻井

方法。该法应用于在河床砂或礁砂油藏,裂缝性油藏以及潜在的天然气或水漏油藏。该法主要利用可控系统。图7.15显示了一个典型的增斜组合,能够使曲率连续平滑,达到使井斜增至预期的角度。稳斜组合可以是常规旋转类型,也可以包括一个井底动力钻具(图7.15)。

7.2.3.3　短半径法和超短半径法

这两种方法使用独特的工具。短半径法使用专用的"波形"钻铤及钻杆(人们所熟知的串接钻杆和/或者万向接头),而超短半径法则使用独有的液压喷射技术(图7.16和图7.17)。这两个方法的使用非常有限。

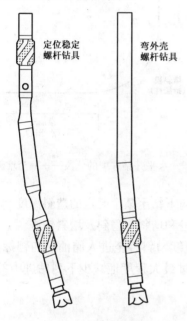

图7.15　中等半径增斜组合

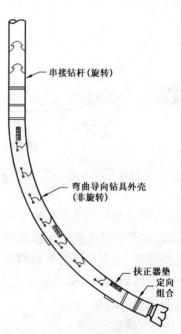

图7.16　长半径钻进带弯曲导向钻具的增斜组合)

7.2.4　考虑钻井方法的选择

考虑在水平井钻进中使用方法的过程:(1)成本;(2)井场布置或合同限制;(3)修井的条件;(4)储油层岩性特征;(5)生产方法;(6)公司目标;(7)预定层上方可能导致问题出现的岩性;(8)达到的总量;(9)完成方法;(10)测斜、取心及其他井下工具的可用性;(11)造斜井深的限制;(12)井深的限制。

7.2.5　设计水平井钻井作业

设计水平钻井通常由两部分组成:一是具体进入油层的深度;二是具体到达油层内部的最低水平长度(MHL)。

因此钻井设计的目标是双重的,即:(1)经济地到达靶区;(2)经济地钻到水平段。

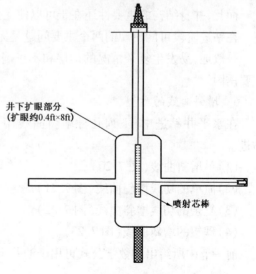

图7.17　超短半径法组合(USR)

要达到这个目标,钻井设计要包括以下三部分:(1)垂直段;(2)定向段;(3)水平段。图 7.18 和图 7.19 展示了水平钻井的这些分段。

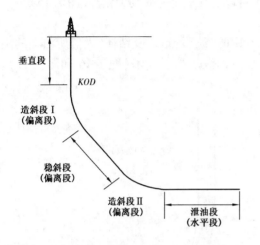 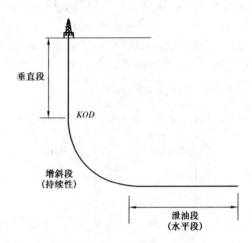

图 7.18　水平井钻井中的分段——两个增斜段　　　图 7.19　水平井钻井中的分段——一个增斜段

垂直段:所有水平钻井都是始于钻出一个垂直段后向下钻至某个既定的造斜深度。

定向段:水平井钻进的定向段包括一个持续增斜钻进和增斜—稳斜及增斜钻进。

在造斜深度,已有设计对下列两者方式进行选择:持续增斜直至进入储油层的靶标点,或者增斜—稳斜然后增斜到储油层的进入点。一般地,通过最大程度地减少下列钻进中的问题来确定井身轨迹的选择。

(1)环空井眼的清洁。

(2)阻力和扭矩。

(3)井壁失稳。

而且,井身结构的重要性还在于可以使完井作业轻而易举。

在钻进阶段可能出现的两个主要问题是无法增斜和无法调正方位。

一般地,易发生复杂情况的地层和不正确的井底钻具组合(BHA)设计是导致这些问题的主要诱因。

7.2.6　增斜曲线的类型

在水平井钻进中,下列几种增斜曲线用于从垂直段约 90°的角度到达油层入口点的钻进。

(1)单增斜曲线(图 7.20)。

(2)简单的切线增斜曲线(图 7.21)。

(3)复杂的切线增斜曲线(图 7.22)。

(4)理想的增斜曲线(图 7.23)。

前一节中所给出的数学公式可用于油井定向计划的设计。

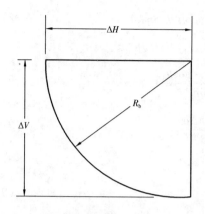

图 7.20   单增斜曲线

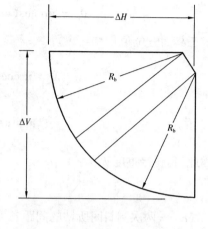

图 7.21   简单的切线增斜曲线

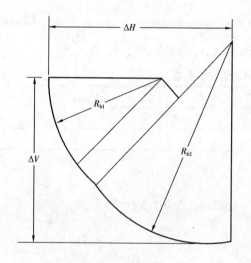

图 7.22   复杂的切线增斜曲线

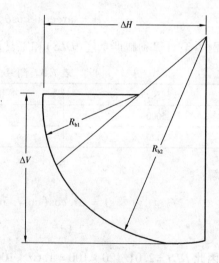

图 7.23   理想的增斜曲线

7.2.7   井身轨迹变化的设计

在定向井的钻进过程中,一次测斜后,轨迹的改变都是必要的——要么为了修正,要么出于别的原因来改变钻井的过程。Millheim 等推导出公式计算在哪儿恰当定位钻进工具(工具面方位角)以获得不同的走向(井眼轴线)。其推导过程在此不再赘述。

Millheim 等导出的公式决定了以下这些参数之间的关系:(1)初始井斜度(θ_o);(2)新井斜度(θ_n);(3)初始方位(α_o);(4)新方位(α_n);(5)总角度变化(β);(6)初始路径方向上必需的工具面旋转角度(λ)。这些参数由公式(7.33)至公式(7.35)确定求出。

求定向改变:

$$\Delta\alpha = \alpha_n - \alpha_o = \arctan\left(\frac{\tan\beta\sin\lambda}{\sin\theta_o + \tan\beta\cos\theta_n\cos\lambda}\right) \tag{7.33}$$

求新井斜度：

$$\theta_n = \arccos(\cos\beta\cos\theta_o - \sin\beta\sin\theta_o\cos\lambda) \tag{7.34}$$

求工具面方位角：

$$\lambda = \arccos\left(\frac{\cos\beta\cos\theta_o - \cos\theta_n}{\sin\theta_n\sin\beta}\right) \tag{7.35a}$$

或者，

$$\lambda = \arcsin\left(\frac{\sin\theta_n\sin\Delta\alpha}{\sin\beta}\right) \tag{7.35b}$$

因此,狗腿严重度 ψ 为：

$$\psi = \beta L/\Delta d \tag{7.36}$$

式中　Δd——两次测斜间所钻的间距长度。

如果狗腿严重度以(°)/100ft 表示,则 $L = 100$ft。

总角度变化数为：

$$\beta = \arccos(\cos\theta_o\cos\theta_n + \sin\theta_o\sin\theta_n\cos\Delta\alpha) \tag{7.37}$$

例 7.3:计算狗腿严重度(DLS)和工具面旋转的角度,已知量见表 7.3。

表 7.3　测深、角度与方向之间的关系

测深,ft	角度,(°)	方向,(°)
5000	5.5	150
5120	7.5	148

解：

$$\beta = \arccos(\cos7.5\cos5.5 + \cos2\sin7.5\sin5.5)$$

$$= 2.01°$$

因此 $DLS = 2.01/120 \times 100 = 1.67°/100$ft

现在,β,θ,θ_n 已知,工具面旋转的方位角是：

$$\lambda = \arccos\left(\frac{\cos\beta\cos\theta_o - \cos\theta_n}{\sin\theta_n\sin\beta}\right)$$

$$= \arccos\left(\frac{\cos2.01\cos5.5 - \cos7.5}{\sin7.5\sin2.01}\right)$$

$$= 43.27°$$

7.3　弯曲度

7.3.1　简介

考虑复杂定向井的轨迹、复杂的增斜速率、薄储层中的精确控制和大位移井,弯曲度是一个关键因素。在设计钻井时,井径模拟实验通常产生一个平滑的曲线。然而,事实上,钻井通常会包括严重狗腿和不规则。决定弯曲度因素以应用于井径中,一直是设计阶段中的挑战。

目前没有量化方法可用。而且,现场实验表明,目前的计算极大地低估了大斜度深井的钻柱扭矩和阻力值。问题主要出现在钻柱位于弯度大的井径时。在涵盖了大部分的现场技术应用的长过渡段,用于扭矩和阻力计算的传统公式往往会导致预测错误。因为弯曲度对井的影响,对于大位移井和定向控制井而言,扭矩和阻力的计算务必要精确。

7.3.2　井眼螺旋和井身振动

在钻井业中,螺旋井眼和井身震动的出现多年来已为人们所知。随着井眼成像技术和测井工具的改进,其特性和影响得到更多的讨论和分析。越来越多关于螺旋井眼的证据得以报道。井眼螺旋,或是井眼螺纹,对于井身结构和完井都有很深的影响。

在设计阶段,把预期弯曲度因素应用到井身可以有效地描述井眼螺旋或者井身的震动。基于规划中的井径模拟试验计划的光滑井壁与实际钻成的具有狗腿和不规则井之间存在着差异。该差异区对扭矩和阻力消除产生很大的影响。模型把不同的波形或糙性技术应用于设计的井径中,模拟实际井身测斜中发现的变化。这一选择以更现实的方式描绘了设计(平滑的)井身结构。值得一提的是仅当测斜呈现不切实际的光滑井径时才会应用弯曲度。目前,钻井业内主要应用各种旋转可控系统和可调井底工具来减少井眼的弯曲度。

钻井业中至今还没有量化弯曲度的标准。弯曲通常以(°)/100ft来表达,类似于狗腿严重度的表达法。连续的弯曲度的计算结果是测斜点间正常总曲线到标准井径长度的点间距离之和。一般地,弯曲度应解释为所有到站点的测站长度的曲率总和的比率,其中包括增斜和稳斜。通过不同的方法可用波状来修正测点的斜度和方位角。进一步讲,由螺旋井眼造成的小的弯曲也会导致井眼中心线呈螺旋状而非一条直线。该因素能够在设计阶段加以考虑,常常通过应用弯曲度于井壁(已经按照预期量度与幅度扭曲)或是通过重叠一个有预期螺距和量度的螺旋线两种方式实现。

7.3.3　弯曲度的研究方法

人们用不同的方法把粗糙度应用于井道设计,以此来模仿在实际的井道测斜中发现的各种变量。这些选择以一个设计好的(光滑的)井身结构给分析提供一个较为现实的预测形式。这可以表述为实际曲率和设计曲率的差异,而该差异由测斜点间各自的距离所决定。公式为:

$$T = \frac{\sum_{j=1}^{n} DL_a - \sum_{i=1}^{m} DL_p}{MD_j - MD_i} \tag{7.38}$$

式中　T——弯曲度,(°)/100ft。

波痕或是波纹通过以下方法来应用:(1)正弦波方法;(2)螺旋(线)方法;(3)随机倾斜和方位角法;(4)随机倾斜依赖方位角法。

7.3.3.1　正弦波法

基于波痕沿井壁延伸并利用符合技术要求的振幅(量度)和周期(波长),正弦波方法限定了测斜点的井斜和方位。通过下面的关系式,角度的改变得以限定:

$$\Delta\alpha = M\sin\left(\frac{MD}{P} \times 2\pi\right) \tag{7.39}$$

式中　MD——测深,ft;

　　　P——周期;

　　　M——幅度。

　　幅度是角度的最大变量,该角度将应用于天然井(未扭曲)的井斜和方位。对幅度的决定,应建立在对邻井或相似井的历史数据进行评估的基础上。幅度值的变化依赖许多因素,包括井型(下套管井或者是裸眼井)、井眼尺寸、钻进作业、井眼曲率以及其他的参数。而且,井斜角被加以限定以使其不能小于0°,因为反向倾斜角度是不允许的。新井斜和方位角如下:

$$\alpha_n = \alpha + \Delta\alpha \qquad (7.40a)$$

$$\varepsilon_n = \varepsilon + \Delta\alpha + \psi_{xyc} \qquad (7.40b)$$

式中　α_n——新的井斜角;

　　　ε_n——新的方位角;

　　　ψ_{xyc}——交互垂直修正值。

　　而且,当应用弯曲度时,要保证测斜点的测深不是周期内的一个精确的整数倍数。

$$\Delta\alpha = \sin\left(\frac{\Delta MD}{P} \times 2\pi\right) = 0 \qquad (7.41)$$

在这种情况下,弯曲度不能应用于低频振动的数据集,必须警惕避免这种情况。

例7.4:已知信息如下。

MD(测深) = 3725ft,井斜角 = 3.25°,方位角是165°。

利用正弦波方法来找出角度的改变、新的角度和方位角,以及交互垂直修正值。

解:

$$\Delta\alpha = \sin\left(2\pi\frac{3725}{1000}\right) \times 1 = -0.99°$$

$$\alpha_n = 3.25° - 0.99° = 2.26°$$

$$\varepsilon_n = 165° - 0.99° + 0 = 164.01°$$

如果 $\alpha_n < 0$,那么 $\psi_{xyc} = 180°$(即 $\alpha_n = |\alpha_n|$);如果 $\alpha_n \geqslant 0$,那么 $\psi_{xyc} = 0°$。

注意:如果测斜点的深度是周期内的一个精确的整数倍数,那么式(7.39)的答案为0。

7.3.3.2　螺旋线法

　　螺旋线法主要通过井壁上螺旋线的重复和利用振幅(方程式中井筒的半径)和周期(螺距)来限定测斜点的井斜和方位。这个方法所用的圆柱螺旋线为:

$$f(\alpha) = \alpha\cos\alpha + \alpha\sin\alpha + b\alpha \qquad (7.42)$$

用来求解重叠井径的螺旋线的公式参数如下:

$$x(\alpha) = M\cos\alpha \qquad (7.43a)$$

$$y(\alpha) = M\sin\alpha \qquad (7.43b)$$

$$Z(\alpha) = \frac{P}{2\pi}\alpha \tag{7.43c}$$

7.3.3.3 随机井斜和方位角法

除方位变量不依赖于井斜外,随机井斜和方位角法类似于下面将要讲到的随机井斜依赖方位角法。新的角度和方位角如下所示:

$$\alpha_n = \alpha + \Delta\alpha \tag{7.44a}$$

此处

$$\Delta\alpha = \frac{\Delta MD \times M}{P}$$

$$\varepsilon_n = \varepsilon + \Delta\alpha + \psi_{xyc} \tag{7.44b}$$

式中 ψ_{xyc}——交互垂直修正值。

例 7.5: 已知信息如下。

(1)测深 $MD_1 = 3725\mathrm{ft}$,井斜角 $= 3.25°$,方位角 $= 165°$;

(2)测深 $MD_2 = 3900\mathrm{ft}$,井斜角 $= 5.15°$,方位角 $= 166°$;

(3)随机数 $\zeta = 0.375$。

用随机井斜和方位角法找出角度变化并求出新的角度、方位角和交互垂直修正值。

解:

$$\Delta\alpha = \frac{0.375 \times (3900 - 3725)}{100} \times 1 = 0.66°$$

$$\varepsilon_n = 5.15° + 0.66° = 5.81°$$

由于 $\alpha_n > 0$,$\psi_{xyc} = 0°$,因此 $\varepsilon_n = 166° + 0.66° + 0° = 166.66°$

7.3.3.4 随机井斜依赖方位角变量法

该方法将随机变量应用于一特定幅度内的井斜和方位角。随机数可能在 -1.0 和 $+1.0$ 之间。在这一方法中方位角变量和井成反比例,结果是井斜高则方位角变量低,井斜低则方位角变量高。公式(7.45)至公式(7.47)给出了角度的变化、新的角度和新方位角。

$$\Delta\alpha = \zeta \times \delta \tag{7.45}$$

此处 $\delta = (\Delta MD)/P$,ζ 指随机数,那么

$$\alpha_n = \alpha + \Delta\alpha \tag{7.46}$$

$$\varepsilon_n = \varepsilon + \frac{\Delta\alpha}{2\sin\alpha_n}\psi_{xyc} \tag{7.47}$$

式中 ψ_{xyc}——交互垂直修正值。

例 7.6: 已知信息如下。

(1)$MD_1 = 3725\mathrm{ft}$,井斜角 $= 3.25°$,方位角 $= 165°$;

(2)$MD_2 = 3900\mathrm{ft}$,井斜角 $= 5.15°$,方位角 $= 166°$;

(3)随机数 $\zeta = 0.375$。

用此方法找出角度变化并求出新的角度、方位角。

解:

$$\Delta\alpha = \frac{0.375 \times (3900 - 3725)}{100} \times 1 = 0.66°$$

$$\alpha_n = 5.15° + 0.66° = 5.81°$$

$$\varepsilon_n = 166° + \frac{0.66}{2\sin5.81} + 0° = 169.26°$$

7.3.4 弯曲度因素的校准

对扭矩和阻力的定性评价和定量描述对于建井的许多阶段至关重要。它们不仅允许对井的规划做出后续调整,而且能够成功完成大位移井和复杂井。逐渐地,更难的井得以钻进。因而,也要求精确估计扭矩和阻力计算。超越安全限值的操作可能导致复杂化,代价昂贵。

校准方法利用实际测斜数据和已知的不同操作条件下的地表大钩载荷,比如下钻、起钻,以及井底旋转等得到恰当的摩擦系数值。而该摩擦系数值就能用于扭矩和阻力的计算。一旦下套管井和裸井的摩擦系数值得以确定,那么对于设计的测斜的灵敏度分析就能得以进行。通过对比预测数据和现场司钻所得数据,就能得到精确的弯曲度值。下面部分描述了计算弯曲度系数(更好展现实际井眼曲度)的步骤。

7.3.5 方法

以下是估计一特定井眼尺寸的弯度系数做出的简单步骤。

第一步:收集相关的钻井数据。这包括计划数据(套管程序、定向计划、钻具组合设计等)和实际钻井数据(井身结构、井段的钻具组合、最后的测斜数据、钻井液测井数据、井下扭矩、钻压测量等)。

第二步:对于每一个井段,通过套管校准摩擦系数,这要基于钻穿浮鞋所得的实际钻井数据和未经校正弯曲度的最终测斜数据。

第三步:在裸眼井的每一井段重复第二步。注意通过管套的摩擦系数应与第二步所得一致。

第四步:套管或裸井的摩擦系数一经建立,就能与原始设计井身结构共同使用。通过把预测扭矩及阻力和实际钻井数据进行匹配,以确定整口井最合适的弯度系数。注意,所得弯度系数将适用于井段钻具组合。

7.4 附加问题

(1)问题7.1。

一口井靶心的地理垂深和水平位移分别为10000ft和2500ft,造斜深度2000ft,求增斜—稳斜井在造斜速率分别为1°/100ft、3°/100ft、5°/100ft时的最大井斜角,亦求出每种情况下的总测深。

(2)问题7.2。

在问题7.1中,如果持续增斜至靶心的最大角分别为60°、70°和80°,那么造斜速率(BRA)、相应所需造斜深度及总测深分别是多少?

(3)问题7.3。

在造斜速率分别为1°/100ft、15°/100ft、2°/ft、9°/ft时,确定在垂深7000ft时的造斜深度(KOD)、总水平位移(THDY)以及总测深(TMD)。

（4）问题 7.4。

已知：水平位移 2000ft；垂深 12000ft；造斜速率 = 2°/100ft；最大井斜角（θ_{max}）= 60°。确定相应的造斜深度。

（5）问题 7.5。

在问题 7.4 中，求出期间最大钩载以及钻进期间的最大扭矩。假设平均摩擦系数为 0.25，而钻柱平均质量为 15lb/ft。

（6）问题 7.6。

已知：造斜速率 = 3°/100ft，造斜深度 = 2000ft，目标垂深 = 9000ft，目标坐标 5500ftN35°E。设计 - 增斜 - 稳斜型井计划。

（7）问题 7.7。

一口井欲钻至距钻机 7000ft 远、垂深为 15000ft 的靶心。如果使用 2°/100ft 的造斜速率，那么在造斜深度值分别为 1500ft、2000ft、2500ft 时，获得的最大角度分别是多少？

（8）问题 7.8。

已知：井场坐标 2000ft N800W，靶心坐标 4500ft N500E，目标垂深 12000ft。构建一增斜—稳斜型井计划。假定井斜最大角介于 40°～45°，最大造斜速率为 3.5°/100ft，造斜深度介于 1500～2500ft。

（9）问题 7.9。

给出增斜—稳斜型井的下列数据，确定所需造斜深度：目标垂深 9600ft，总位移 2000ft，造斜速率 2°/100ft，完钻深度时的最大角度为 40°。

（10）问题 7.10。

给出持续增斜型井的下列数据，确定所需造斜深度：目标垂深 15000ft，总位移 4000ft，造斜速率 = 3°/100ft，至靶心的最大角度为 20°。

（11）问题 7.11。

推导公式（7.30）至公式（7.32）。

（12）问题 7.12。

用一个介于 0°～360°的方位角 α 来表述靶标的方向。从 α 的角度来表达象限角 β。

（13）问题 7.13。

设计一水平井的垂直轨迹，假定分别使用中等半径钻井法和长半径钻井法钻进。对于每一部分，考虑下面曲线设计方法：单一造斜曲线；理想造斜曲线；简单正切曲线；复杂正切曲线。给出下列数据：至储层进入点的总垂深 10000ft，储层零倾斜，预期水平位移入储层 2000ft，储层平均厚度 100ft。

地表面积从租借线从西向与南向分别向东与北延伸 20mile 和 12mile。

（14）问题 7.14。

一钻机位于南 $y$ft，西 $x$ft。假定目标位于井场 Lft SθE。根据钻机判定靶心的直角坐标。

（15）问题 7.15。

给定一个东向或西向倾斜角 η，给定一个方位角 α，根据 α 和东西倾斜角 η，判定修正后的方位角 α_n。

（16）问题 7.16。

列举:① 定向钻井的应用;② 水平钻井的储层选择;③ 定向钻井中的井身结构。

(17)问题7.17。

对于一增斜—稳斜井轨迹,写出至靶心的 *TTVD*、*THD* 及 *TMD* 的表达意义。假定:kick-off-depth = *KOD*(造斜井深);build rate angle BR(造斜速率角度);maximum inclination angle(最大井斜角)= θ_{max},length of slant section(倾斜段长度)= L_s。

(18)问题7.18。

测斜显示井斜10°且方向偏离原定轨迹。下入狗腿度为2.4°的造斜组合并进行导向以获得最大回转角度。判定获得最大回转角度、井眼方向变化($\Delta\varepsilon$)及新井斜(θ_n)所需的工具旋转的量度(γ)。

(19)问题7.19。

测斜显示井斜为21.3°,方位为N40E。希望向左转向5°并增斜。如果使用狗腿度为2.5°的造斜工具,判定新井斜角、工具旋转度及工具方位。

(20)问题7.20。

定向测斜显示初始井眼方位及井斜分别为S10W和5°。为获得S20E的新井眼方位,将使用造斜角度为3°的造斜工具。如果预期右向偏离15°,确定所需造斜工具的方位。

(21)问题7.21。

初始井眼方位和井斜分别为N20E和10°。现欲偏离井眼以使新的井斜和方位分别为13°和N30E。要达到这种转向并增斜,需要什么工具导向及工具偏转角(狗腿度)?

7.5 符号说明

BRA:造斜速率角;

Δd:假定某井段的增加距离,通常为100ft;

DRA:降斜速率角;

e_i:位于测斜点 i 和 $i-1$ 间钻柱的角度变化;

$(EW)_i$:沿东西方向测量所得的距离增加量;

H:水平距离;

HD:水平位移;

KOD:造斜深度;

L_t:切线长度;

LA:起始拐角;

LR:长半径;

M:量度、量值、数值;

MD:测深,ft;

MR:中等半径;

n:增量、增值;

$(NS)_i$:沿南北向的距离增加量;

P:周期;

R_b:曲率半径;

R_{e_i}:狗腿严重度比值；

SR:短半径；

TOD:油管外径；

TVD:到靶心的真正垂深；

USR:超短半径；

V:垂直距离；

x_i,y_i,z_i:坐标分别表示从西向东、由南至北和垂深；

α_i:在 i 点时的方位角；

α_{i-1}:在 $i-1$ 点时的方位角；

α_n:新井眼方位；

α_o:原井眼方位；

β:全井眼角度变化量；

ζ:随机数；

θ_i:在 i 点时的井斜角；

θ_{i-1}:在 $i-1$ 点时的井斜角；

θ_n:新井斜；

θ_o:原井斜；

λ:原井方位工具面旋转量；

ψ_{xyc}:交互垂直修正值。

参 考 文 献

1. Millheim, K. K. , F. H. Eubler, and H. B. Zaremba. 1979. "Evaluation and Planning Directional Wells Utilizing Post Analysis Techniques and 3 – dimensional Bottomhole Assembly Program." Paper SPE 8339, presented at SPE AT-CE, Las Vegas. Bourgoyne, A. T. , M. E. Chenevert, K. K. Millheim, and F. S. Young. 1991. Applied Drilling Engineering. SPE Textbook Series, Vol. 2.

2. Strud, D. , S. Peach, and I. Johnson. 2004. "Optimization of Rotary Steerable System Bottomhole Assemblies Minimizes Wellbore Tortuosity and Increases Directional Drilling Efficiency." Paper SPE 90396, presented at the SPE Annual Technical Conference, Houston. Gaynor, T. , D. Hamer, D. Chen, and D. Stuart, 2002. "Quantifying Tortuosities by Frictioin Factors in Torque and Drag Model." Paper SPE 77617, presented at the SPE Annual Technical Conference, San Antonio, Tex. Pastusek, P. , and V. Brackin. 2003. "A Model for Borehole Oscillations." Paper SPE 77617, presented at the SPE Annual Technical Conference, Denver. Luo, Y. , K. Bharucha, G. R. Samuel, and F. Bajwa. 2003. "Simple Practical Approach Provides a Technique for Calibrating Tortuosity Factors." Oil and Gas Journal, 15. Samuel, G. R. , K. Bharucha, and Y. Luo. "Tortuosity Factors for Highly Tortuous Wells: A Practical Approach." Paper SPE 92565, presented at the SPE/IADC Drilling Conference, Amsterdam, 2005.

3. Gaynor, T. , D. Hamer, D. Chen, D. Stuart, and B. Comeaux. 2001. "Tortuosity versus Micro – Tortuosity – Why Little Things Mean a Lot" Paper SPE 67818, presented at the SPE/IADC Drilling Conference, Amsterdam.

4. Mitchell, Bill. Oil Well Drilling Engineering, 8[th]ed. Golden, Colo. , 1992.

5. Schuh, Frank. Class notes.

8 钻 头

8.1 简介

钻头选择、试验和评价是钻井工程师的主要任务之一。钻井用的钻头有很多种类。其不同之处小到细微的制造细节,大到完全不同的破岩工艺。本章的主要目的在于介绍影响钻头选择、作业及使用效能的因素。钻井工程师的主要职责包括以下几项。

(1)收集所有相关的钻头数据以及其他影响钻头选择和效能的数据。

(2)为每个井段鉴定两个最好的钻头(最低钻井成本)。

(3)评价钻头磨损及原因以改善下个钻头的作业。

(4)调查所有影响钻头使用效果的可控变量。

(5)确定最好的操作系数(钻压、转速以及液压因素),以保证最佳钻井结果。

(6)进行事后分析,比较实际效果和预期效果,并给出建议。

(7)熟悉选择钻头的设计、应用和钻井技术。

8.2 钻头的选择

尽管没有确切的科学方法合理选择钻头,但下列方法或许可为既定的待钻地层段选择最佳钻头提供较为贴切的评估。

(1)全面评估和比较邻井的记录。

(2)钻头使用成本公式。

(3)试钻求取最优钻压。

(4)专有能量等式。

在这些方法中,最佳方法是基于经验以及对该地区钻头记录的比较。钻头使用成本公式通常为钻井工程师提供快速估计钻头使用成本和比较钻头的能力。

8.2.1 钻头使用成本公式

钻井成本 C_d 或钻井支出,需要在单个钻头使用效果基础上进行综合计算。钻头使用成本可用下面公式表达:

$$C_{di} = \frac{C_{bi} + C_r(T_{dr} + T_{ti} + T_{ci})}{\Delta D_i} \tag{8.1}$$

式中　C_{di}——i 个钻头的钻井成本,美元/ft;

　　　C_{bi}——i 个钻头行程的成本,美元;

　　　C_r——钻机成本,美元/h;

　　　T_{di}——i 个钻头的钻井时间,h;

　　　T_{ti}——i 个钻头的起钻时间,h;

　　　T_{ci}——i 个钻头的连接时间,h;

ΔD_i——i 个钻头钻进的地层段,ft。

对于一口特定井而言,钻头成本和租用成本是已知的,而起钻时间可以比较准确地估算出来。这就意味着,对特殊选择和操作的成本预算,是由选择者的知识、平均机械钻速和钻头使用寿命所决定的。钻头寿命和机械转速是由司钻控制的多方面因素(如作业条件),以及司钻无法控制的因素(如地层特性)综合决定的。尽管理论上可能使钻井这项作业达到最优化,但大部分情况是,作业过程中所用参数的不精确性导致了总精度不足。因此,通常情况下,钻头的选择和使用是建立在邻井资料基础上的。然而,对基本的钻井过程的理解有助于工程师在选择钻头时做出更好的选择。

8.2.2 专用能量等式

专用能量等式是指移除一定量的岩石所需的能量。因此,评价钻头使用效果,所需能量越少,钻头的使用效果就越好。专用能量等式如下:

$$专用能量 = \frac{4 \times WOB}{\pi D_b^2} + \frac{480NT}{ROP \times D_b^2} \tag{8.2}$$

式中　WOB——钻压,lb;

D_b——钻头直径,in;

N——转速,r/min;

ROP——机械钻速,ft/h;

T——扭矩,lb·ft。

8.2.3 试钻求取最佳钻压法

在钻井领域,决定最佳钻压和转速的方法就是试钻求压法。这种方法常常在新的钻头行程开始前使用,或钻遇新的地层,或在当前操作条件和钻井液密度下,注意到机械钻速下降。该法假定钻柱是线性弹力杆,其长度随外施张力变化而变化。在保持压力和转速不变的情况下,进行试钻的基本程序如下。

(1)使用最大允许钻压。

(2)锁住牙轮刹车。

(3)保持持续的排量和转速。

(4)开始钻进。

(5)记录钻压增量(通常是 2000~5000lb)所需的时间。

(6)记录逐次增量间的进尺。

(7)为确保岩石没太大变化而进行额外检测。

(8)绘制机械钻速和钻压的直角坐标图。

(9)选择可带来最高机械钻速的钻压,变换机械钻速重复试验。

(10)绘制钻速和转速的直角坐标图,选择能产生最高机械钻速的转速。

(11)使用选择的钻压和转速。

这些数据用于决定钻速公式里的钻压和转速的指数,这将在后面进行讨论。

8.3 钻头种类

钻头主要可以分为两大类:牙轮钻头和刮刀钻头。

8.3.1 牙轮钻头

牙轮钻头分为铣齿钻头和硬合金钻头(图8.1)。其设计特征包括:(1)常规喷嘴和加长喷嘴钻头;(2)滚珠轴承、密封轴承和滑动轴承;(3)软、硬地层皆可使用;(4)保径;(5)直径由小到大。

图8.1 牙轮铣齿钻头和镶齿钻头

8.3.1.1 铣齿钻头

铣齿钻头有三个系列可用,视地层硬度进行选择。

(1)IADC 系列 1:应用于软地层至中等地层。

(2)IADC 系列 2:应用于中等地层至硬地层。

(3)IADC 系列 3:应用于硬地层至极硬地层。

铣齿钻头的碎岩机理是通过测量(系列1)、刮削(系列2)、破碎(系列3)进行的。铣齿钻头的失效机理是牙齿磨损、轴承损坏,或者两者兼备。

8.3.1.2 镶齿钻头

牙轮镶齿钻头有五个系列可用,编号4~8。这些钻头的设计是为钻进非常坚硬的地层。其碎岩机理是通过切削/破碎实现。唯一的失效机理是轴承损坏。

8.3.2 刮刀钻头

硬合金钻头可分为:(1)聚晶金刚石复合片(PDC)钻头;(2)热稳定聚晶金刚石(TSP)钻头;(3)金刚石胎体钻头。

其设计特点包括:(1)钻头坯体和形状的设计;(2)PDC 和 TSP 钻头设计坯块的大小和形状,金刚石胎体钻头设计金刚石克拉的大小;(3)水槽设计;(4)坯体的侧翼及后倾角设计。

对于 PDC 和 TSP 钻头而言,失效原因在于刮刀破碎和磨损,而金刚石胎体钻头的失效则是金刚石胎体的磨损。

8.4　牙轮钻头的分类

国际钻井承包商协会(IADC)形成了一套标准以区分牙轮钻头。根据岩石的硬度、机械特性和制造商,IADC 标准把牙轮钻头分成铣齿和镶齿钻头。

序列数字表明了用来钻进具有描述特点的地层的某类钻头。数字 1~3 指铣齿钻头,数字 4~8 指镶齿钻头。

"类型"这一栏表示的是地层硬度。第一类钻头用于最柔软的岩石,第四类钻头用于最坚硬的岩石。

现代铣齿和镶齿钻头的特征多达九个,列举在标有"特征"这一栏里:(1)标准滚珠轴承;(2)滚珠轴承——空气冷却;(3)滚珠轴承——保径;(4)密封滚珠轴承;(5)密封滚珠轴承——保径;(6)密封摩擦轴承;(7)密封摩擦轴承——保径;(8)留作备用。

最终的三分数字体系区分了钻头序列、种类和特征。1987 年 IADC 通过增加第四种特征修改了分类体系,以描述额外的设计特征。IADC 对第四类特征的解释如下。

A:空气的运用(气冲喷嘴式滑动轴承钻头)。

C:中心喷射式。

D:离心控制。

E:加长式喷嘴[外展式喷嘴钻头(焊接喷嘴管)]。

G:额外径保护。

J:喷射造斜。

M:金属面封闭。

R:强化(地热、动力和冲击的应用)。

S:标准模型(无额外特征的标准钢齿钻头)。

X:楔形齿。

Y:锥形齿。

Z:其他形状齿。

IADC 制定的第四种特征是针对特殊类型钻头的一种特别或额外的特征。例如,如果 114S(标准模型)增加一个加长喷嘴就是 114E;517X(楔形齿)和 517Y(锥形齿)是根据第四种特征区别的,表明齿形的差异。离心控制钻头是根据第四特征"D"区别的,比如 517D。

如果必要,两个或更多的字母组合能用来表明具体的特征。例如,517EY 指的是有加长式喷嘴的钻头。钻铤的主要特征总是首先被指明的。

8.5　钻头操作参数

影响钻头最优化效果的重要参数是钻压、钻头转速和液压力。为使岩石破碎(之后会进一步讨论),钻头使用的力必须大于岩石本身的强度。大部分岩石会在外力的作用下爆破。一般认为,只要钻头水压稳定,钻压和转速的增加会增加机械钻速。然而实际上,如果水压不是足够大的话,机械钻速的降低可以导致转速和钻压的增加。此外,太高的钻压和转速也会缩短钻头的寿命,增加进尺成本。广泛的理论工作和实地试验有助于确定在合适的水压下最佳的钻压和转速组合,从而能保证最低钻井成本。现已证明,一般情况下,适度的钻压和转速对于非磨蚀性地层的快速钻进最为有益,而钻压越大、转速越低对于坚硬地层的低速钻进最为有利。

8.6　钝钻头的分级

钝钻头的等级和评价在整个钻进过程中极其重要。分级重要之处在于方便记录任何异常磨损,并对下一次的钻头设计采取恰当的预防措施。

对钝钻头分级的关键原因在于:(1)改善钻头类型的选择;(2)鉴定操作条件(钻压、转速、液体压力、稳定性和钻井液等)这些条件可以改变以达到最优化作业;(3)确定最佳成本支出,使钻头得到最大限度利用。

IADC 设计了对牙轮钻头和刮刀钻头的分级体系。IADC 的牙轮钻头分级体系如下。

(1)齿的钝度(图 8.2)。

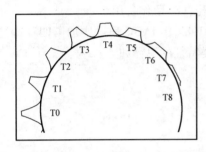

图 8.2　牙齿磨损

T1:齿高 1/8 磨损。

T2:齿高 1/4 磨损。

T7:齿高 7/8 磨损。

T8:齿高全部磨损。

(2)膨胀轴承的寿命。

B1:轴承寿命只使用 1/8。

B2:轴承寿命只使用 1/4。

B7:轴承寿命只使用 7/8。

B8:轴承寿命终了(锁住或者遗失)。

(3)保径条件。

I:钻头无磨损。

O:钻头磨损小,伴随着一定英寸长的磨损碎片。

如果镶齿根部被磨平或者低于本体平面,这通常表明扭矩超过了极限。如果镶齿缺口或沿轴向角度断裂,亦或者形状扭曲,这通常表明冲击载荷超过了极限。

8.7　刮刀钻头分类

IADC 采用的刮刀钻头分类体系(金刚石、PDC 和 TSP 等)类似于牙轮钻头分类体系。之前牙轮钻头的三个数字代码被换成了四个字母。新的区分体系描述了钻头的设计特点,而非描述钻头的应用。

第一个特征代码描述的是首要的切割类型和本体材料。

D:天然金刚石(金刚石胎体)。

M:PDC(金刚石胎体)。

S:PDC(钢体)。

T:TSP(金刚石胎体)。

O:其他。

第二个特征代码中的剖面图(编号 1~9)指的是固定切割刃钻头的交叉部分剖面。0 号用来指无法用 3×3 胎体描述的钻头剖面。第三个特征代码中的编号 1~9 是指钻头的液压设计。液压设计通过两个组成部分进行描述：钻井液导出类型和流量分配。3×3胎体指喷嘴类型，而流量分配则决定了第九液压设计的代码。

在固定切割刃钻头分类体系的第四个特征代码里，编号 1~9 及 0 指钻头的切割尺寸和填充密度。

8.7.1 定义

割刀：附于钻头表面的金刚石材料。合成金刚石或天然金刚石割刀用来钻透地层。

冠部：钻头中心。

结构：从侧面观察钻头时钻头的特殊形状。钻头的头部常作端部。钻头本体结构的基本目标是为了最大程度地让钻头稳定以获得井身轨迹的目标，比如降斜、增斜或者稳斜。本体结构包括五个基本部分：台肩、侧翼、锥顶、锥体、保径。

锥形体：钻头中心凹进去的部分称为锥体。凹陷进去的锥体使更多表面用来镶嵌金刚石割刀，同时也使钻头更有稳定性防止滑动。90°的角相对较深，150°的角相对来说比较平或者有点凹。锥形角越深就为割刀提供越多的空间，同时增加了钻屑从端顶到岩石表面的距离。

锥顶：锥顶是本体的主刃，呈环状。锥顶有两个重要方面：半径和位置。半径决定了锥顶的锋利程度，而位置决定锥顶半径上的切点到钻头中心线的距离。

侧翼：钻头外部直径起始的地方称为侧翼。有些侧翼是平的，会使保径和端顶处出现急弯。一些固定割刀钻头会采用抛物线型侧翼以保证钻头的圆滑度。

台肩：台肩提供一个从垂直的保径到侧翼的平滑过渡。台肩通常是圆形的以增加钻头本体结构的强度，从而产生更大的切割密度和更好的耐磨性。

保径：保径的基本目的就是维持井眼尺寸。为了达到最佳使用效率，每个钻头都有设计好的长度。然而，保径的长度可以根据实际操作需要而变化。例如，延伸保径长度可以增加与井壁的接触面积，更好地控制偏斜。相反地，保径长度越短对于定向钻进及缓和钻头偏心回转的影响就越有利。

本体长度：钻头的形状影响其本体长度。越长的本体长度会为割刀及喷嘴的置入和水槽的布置提供更大的表面积。而且这也会增加钻头表面的清洗。一般地，本体长度越短就越不稳定，但缩短了钻屑到达环空的距离。

本体形状：本体形状是钻头侧面看的轮廓，这是每个固定割刀钻头的重要特征之一。在钻进过程中，本体形状对于典型的割刀密度、割刀置入模式、水槽布置和钻头稳定性有直接的影响。定向特性、钻压因素和钻头的耐磨性等外在因素也与本体形状密切相关。

上部：固定割刀钻头和牙轮钻头的上部很相似。这部分包括侧翼、装卸器上的槽和连接销。对于固定割刀钻头而言，侧翼越短，钻头涡动就越少。

流体流道：为钻井液经钻头喷嘴流过钻头表面提供了固定路径。其设计是为了充分利用有用的液压能对钻头进行最佳清洗和冷却。

空隙区：固定割刀钻头的空隙区能够使钻屑和钻井液通过钻头表面和保径进入环空。

8.7.2 PDC 钻头

PDC 钻头代表了钻头的一个新的发展阶段。这种钻头通过破碎作用钻进岩石。这个概念是通用电气在 20 世纪 70 年代早期提出的，而工程设计的发展和检测是由作为美国能源部的分包商——塔尔萨大学钻井研究小组执行的。金刚石复合片为聚晶体片，厚约 1/32in，镶嵌

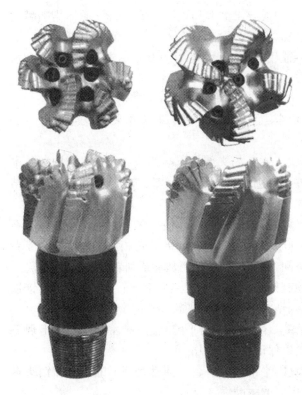

图 8.3　典型的 PDC 钻头

在已植入钻头本体预先所钻的洞内的碳化物金属块里(图 8.3)。

8.7.2.1　割刀形状和尺寸

PDC 割刀一般呈环形。不同的销售商会根据不同的用途提供不同的改进方法。在预期会产生钻头泥包的软地层,大尺寸的割刀(大于 1in)会切割较大的地层岩屑。在中软和中硬度地层中应用,割刀越小越能延长钻头的寿命。

8.7.2.2　割刀密度

由于 PDC 割刀密度比天然金刚石的大,因此在可兼容的尺寸上,PDC 割刀需求的并不是很多。低度、中度和重度为用来描述 PDC 钻头的各种密度的三个术语。对于 PDC 钻头来说,密度有影响本体形状和割刀尺寸功能的作用。

8.7.2.3　钻头本体

钻头本体影响着井眼的清洁和稳定性以及保径。较为常见的 PDC 钻头有五种本体类型。

(1)冲击型。这是长的抛物线本体,有锥体阴影,短的鼻翼位于其中,长的弯曲侧翼融合入长的台肩。冲击型本体可用于柔软均质的黏性岩层中。为达到最佳使用效果,这种本体往往需要比较高的转速。

(2)浅锥型。浅锥型钻头本体较短,锥顶宽而短,台肩无侧翼。该型本体使钻进多用性达到最大化,可应用于过渡地层、交互地层,或者软、中软及中硬地层的单一地层段。

(3)深锥型。该型本体钻头以深锥体、宽锥顶及短台肩为特征。深锥体为特殊用途设计,以加强在倾斜地层偏离控制所必需的稳定性。可用于过渡地层或交互中软地层等。

(4)长尖锥体。该型本体以中深锥体、锥顶半径较短及长直侧翼为特征。可应用于单一地层或中硬地层的交叉段。

(5)近平体。该型本体具有锥体角度小、宽锥体和几乎无侧翼及台肩的特点。用于侧钻作业。

8.7.2.4　保径

根据应用,保径由靠近钻头或金刚石边缘嵌入碳化物而成。

8.7.2.5　复合割刀

割刀以各种形状进行生产:标准的圆柱形、楔形或者抛物线形及凸面形。

8.7.2.6　割刀布局

为获得最佳清洁和冷却效果,割刀进行了特别排列。下面是一些典型的布局。

(1)叶片状。在叶片状布局中,割刀位于从冠顶至保径的一条直线上。叶片状刀片的数量将会随着模型与大小而变化。其优点包括在黏性地层中有更好的压力、良好的剪切力度以及良好的效果。

（2）棱状。这是一个混合型布局，有几个片状割刀点缀在从冠顶开始的短小布局内。棱状设计为钻头表面的清洁及钻屑的运移提供了良好的液动力。这个布局也比其他布局提供更高的切割片强度。

（3）同步。在一个同步的割刀布局中，每一个割刀槽都彼此独立。这种布局使钻屑能够流离钻头刃面。相对而言，该方法使钻头耐腐蚀，但对于黏性地层中的应用缺乏选择性。

（4）后倾角。每一个 PDC 割刀都被固定在钻头上，以便割刀向后倾斜达到最佳角度。后倾角有利于减少冲击力对割刀的影响，并且增加耐腐蚀性。

（5）侧倾角。当棱状布局与同步布局同时使用时，PDC 割刀也向侧向倾斜。当侧倾时，割刀以机械型诱导钻屑外移的方式被植入钻头。在预料有泥包倾向的中软和中等地层时，侧倾角设计是最为必要的。

8.7.3　刮刀钻头磨损模式

无论是人造的还是天然的，全部的金刚石材料最终都会磨损。磨损量与割刀所受摩擦热量直接相关。随地层硬度的增加，摩擦热及金刚石磨损也会随之提高。对各种金刚石材料如何以及在何处会出现磨损的理解，使工程师能够预料及判定在具体使用时选择何种切割刃。刮刀钻头固定割刀的磨损不同于牙轮钻头的牙齿，在合适的环境中，它们能使用更长的时间。下列 PDC 割刀的磨损方式是由高温所致的。

（1）热不稳定。碳化物基层出现方格状裂纹是热不稳定性的一种表现。

（2）散裂。散裂由高温和（或）割刀冲击力所致，使整个金刚石底层的最厚处部分地从基片上脱离下来。通过可视的粗糙面的出现即可断定，通常情况下这种粗糙面沿着金刚石基片的上部出现。

（3）剥离。超高温会导致整个金刚石底层与割刀分离开来。最糟糕的情况是大面积地剥离，整个金刚石底层与底基分离开来。这个状况凭视觉就可以辨别出来。

（4）磨钝割刀。尽管有很高的耐磨蚀性，然而 PDC 割刀最终仍将会磨蚀殆尽。单个晶体或小群晶体将会磨蚀完。这种现象有时也称为微削蚀作用。强冲击力也有可能会折断 PDC 割刀。

8.7.4　TSP 钻头

TSP 钻头是由大量的人造金刚石晶体在高温高压下烧结在一起的人造聚晶体结构。这些钻头对热导致金刚石型晶格崩落有较强的抑制作用。

TSP 钻头的好处包括：（1）TSP 材料钻头与天然金刚石钻头一样可以钻多种地层；（2）晶体结构呈放射状和随意性，因此，在自锐作用下，当钻进时，材料的微削蚀作用则不断地使新的金刚石体出现；（3）不存在因整体断裂而出现的劈理面；（4）由于是合成材料，因此它可以被设计成大量的精确几何形状和大小；（5）在韧性较大的地层钻进中，TSP 割刀因有较厚的人造金刚石而使用寿命较长。

8.7.4.1　形状与尺寸

最常用的形状是立方体形、圆盘形及圆柱体形。TSP 材料与天然金刚石材料一样，尺寸大小由质量决定。

8.7.4.2 割刀密度

在提及 TSP 钻头时,常用中度和重度两个术语来描述割刀密度。

8.7.4.3 割刀布置

TSP 割刀通常被嵌入棱状割刀位置。棱状割刀的布置为钻头提供了均衡的清洁与冷却,从而在中度、中硬和硬地层达到最佳钻进效果。

8.7.4.4 磨损模式

因为 TSP 割刀也是聚晶体,其磨损模式也是割刀逐渐磨损(微削蚀),不断地切削产生新的金刚石。虽然 TSP 割刀在一些情况下的确会出现断裂的情况,但其高温稳定性也排除了脱层的可能。

8.7.4.5 金刚石胎体钻头

自从新一代的 PDC 和 TSP 钻头引入钻探领域后,金刚石胎体钻头已经应用几十年了。如图 8.4 所示,金刚石胎体钻头包括一个镶嵌着许多小的单个金刚石作为割刀的坚硬钢头。在非常坚硬的地层,当镶齿钻头的使用不再具有经济性时,就是应用金刚石胎体钻头的时机。下面的钻进条件可以判断应用金刚石胎体钻头取代镶齿钻头:

(1)牙轮镶齿钻头使用寿命很短;

(2)机械钻速很低(少于每小时 5ft);

(3)井眼深且井眼直径小;

(4)钻压有限;

(5)可能应用井下动力。

8.8 岩石力学

要了解钻头的使用效果,有必要了解岩石的一些情况。岩石的许多特性决定了钻头的使用效果,比如孔隙度、渗透性、基体成分、强度和可塑性。岩石的一个极其重要的特征就是其特性在很大程度上是由其所在位置的压力决定的。现场经验已经证明机械钻速(钻进速率,单位 ft/h)随着深度的增加而降低。存在于井底的压力环境必须明确,而且这些压力如何影响岩石的可钻井性也必须进行检验,从而推定整个钻井过程。下面的章节将简单介绍岩石破碎机理。

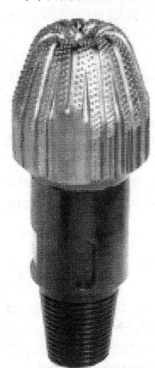

图 8.4 典型的天然金刚石
钻头(贝克·休斯)

8.8.1 岩石破碎

岩石的强度一般是在负压的条件下通过试验圆柱形岩石样本判定出来的(图 8.5)。在该负压框架下,会存在沿封闭压力方向上的轴上负压。保持封闭压力不变时,持续增加压力载荷直至岩石破碎。在这种负荷下,岩石上的压力为最大、中度和最小,分别用 σ_1、σ_2、σ_3 表示。随岩石上的负荷增加,岩石在破裂之前将变形(拉伸)。图 8.6 显示了在试验岩石受压 1 情况下所获得的三类压力曲线。曲线 1 是典型的易碎式破碎例子。这种形变几乎与所用压力成线性变化直至岩石破裂。非常典型地,在这些条件下产生的破裂是沿 30° 的倾斜单一平面。这种破裂在最小压力 σ_3 很低的情况时会出现。

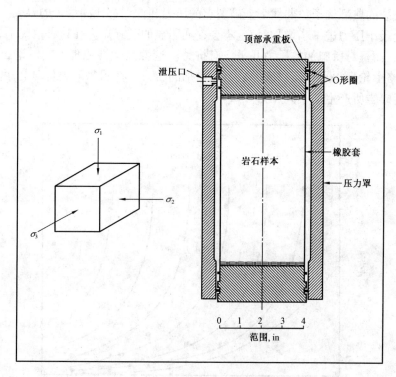

图 8.5　压力强度判定岩心试验夹持器

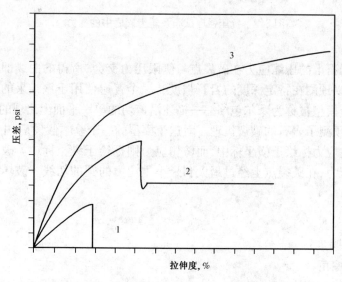

图 8.6　岩石破碎的典型压力—拉伸曲线
1—易碎性;2,3—可塑性

通过增加封闭压力,最小压力得以增加。随着最小压力的增加,在岩石处于30°角的最大压力时岩石破裂。岩石的破坏区域呈现环绕的一系列平行的破裂而非单一平面上的破裂。曲线2是这种破裂的典型例子。曲线2上破裂点的压力和伸缩都比曲线1的要大。

然而即使最小压力进一步增加时,也不会存在明显的破碎点。在这种情况下,岩石可以拉伸相当多的量,而且对所施加的压力几乎没有抗力。这就是塑性原理。在讨论压力和拉伸效果时,不能忽略由轮齿深入岩石以破碎岩石而增加的压力。在图8.7的基础上,可以推断出抗压强度和轮齿碎岩所产生的不同压力。

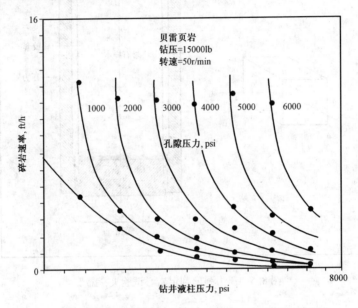

图8.7 抗压强度试验及轮齿碎岩中的压力

8.8.2 破坏包线

如果应用于岩石上的压缩应力在破裂点与侧限压力交会,所得的曲线即为破坏包线。在此信息基础上,可以预测在特定深度的岩石强度。一个普遍使用于该结果的模型是库仑—摩尔破裂模型。这个模型被称为摩尔包络——描述沿剪切的单一平面上出现的破裂。在很多情况下,该模型充分预测了岩石的破裂机理。对这个模型的一个基本假设是:中间主应力对破坏强度没有影响。主应力标绘于横坐标中,而剪切应力则标绘于纵坐标中。破坏包线被定义为由于不同的侧限压力,在破裂点上经过最大和最小主应力的圆的切线。破坏包线常可通过下面公式表述为:

$$\tau = c_0 + \sigma_{min}\tan\mu \tag{8.3}$$

式中 c_0——内聚强度;

μ——内摩擦角;

σ_{min}——最小主应力;

τ——剪切强度。

8.8.3 孔隙压力效应

岩石中的孔隙液压力对岩石的破裂强度有极其重要的影响,因为它可以支撑部分负荷,该负荷在没有孔隙压力的情况下,常由接触紧密的颗粒所支撑。这个影响常通过利用有效压力(粒间压力)原则得到解释。有效压力即为主应力减去孔隙压力。

在多孔岩石上进行的岩石力学测试可分为排水或不排水试验。排水试验通过在整个实验过程中维持孔隙液恒定压力进行。不排水实验对于不渗水的岩石来讲更具代表性,因为孔隙液被锁控在孔隙中。当多孔岩石在低于破裂点以下的层面上施压,孔隙容积会发生变化。Gertsma 用下面的公式描述这一变化:

$$\frac{\Delta V_{\mathrm{p}}}{V_{\mathrm{p}}} = \frac{1}{\phi} [C_{\mathrm{c}} - C_{\mathrm{mc}}] \Delta\sigma + \frac{1}{\phi} [C_{\mathrm{bc}} - (1 + \phi) C_{\mathrm{mc}}] \Delta p \tag{8.4}$$

式中　ϕ——孔隙度;

$\quad\quad C_{\mathrm{bc}}$——岩体体积压缩率;

$\quad\quad C_{\mathrm{mc}}$——岩体压缩性;

$\quad\quad \Delta p$——孔隙压力变化值;

$\quad\quad \Delta\sigma$——平均应力。

对于不透水岩石,在公式(8.4)里给出的孔隙容积的变化将会引起孔隙压力的变化。在已知孔隙容积时,孔隙压力大小的变化取决于孔隙液的压缩性。压缩率的数学定义结合方程(8.4)可以给出孔隙压力变化的公式如下:

$$\Delta p = \frac{(1/\phi)(C_{\mathrm{bc}} - C_{\mathrm{mc}})\Delta\sigma}{C_{\mathrm{wc}} + (1/\phi)[C_{\mathrm{bc}} - 1(1 + \phi)C_{\mathrm{mc}}]} \tag{8.5}$$

式中　C_{wc}——孔隙液压缩率。

8.8.4　井底应力评估

当钻进岩层时,井底应力发生改变,因为井内流体压力比原始作用于岩石上的上覆岩层应力小。总的来说,最小有效主应力和平均有效应力都减少了。这导致了岩石强度的变化,该变化通过钻头得到显示。为预测一特定岩层的强度,需要判定与钻头齿直接接触的地层局部应力和孔隙压力。

地表下任何深度的最大的主应力,通常被假定为上覆层的质量并大致等于 1psi/ft。0.7psi/ft 对于最小主应力来讲是合理值。在一个强冲断裂作用下的地区有高横向变形系数的地层,最小主应力值会大于 0.7psi/ft。

在孔隙压力正常的地方,常用的孔隙压力梯度为 0.465psi/ft。在极端非正常压力情况下,这个值约可达到 1psi/ft。

图 8.8 显示出在井眼周围平均有效应力的等高线,表示当井眼压力等于同地层孔隙压力时,典型可渗水砂岩深度在 10000ft。局部孔隙压力被假定等同于同地层孔隙压力来模拟一个渗水地层。恒定孔隙压力的假设是有效的,因为局部孔隙容积的任何变化都会被在互相连接的孔隙里大量的液体抵消。这种情况下,平均有效应力从 3300psi 减少(远离井壁)到 0,靠近井眼底面。改变的应力区通常被限定在小于一个井眼半径到井眼表面的距离上。图 8.9 显示了在井眼表面下的 3 个主应力 0.1in。

8.8.5　局部应力对钻孔速率的影响

一般地,对大部分实际钻井情况而言,最小主应力垂直于井底,和压差(井眼压力与局

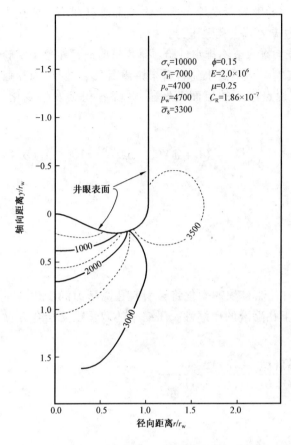

$\sigma_v=10000 \quad \phi=0.15$
$\sigma_H=7000 \quad E=2.0\times10^6$
$p_o=4700 \quad \mu=0.25$
$p_w=4700 \quad C_R=1.86\times10^{-7}$
$\bar{\sigma}_8=3300$

图8.8 渗透性砂石层中井眼周围的平均有效应力

部压力的差)相等。其他两个主应力(封闭压力)和井眼表面平行。如前所述,岩石强度很大程度上取决于最小主应力。因此,对于渗透性岩石,深度使强度增加,主要是由井壁压力和原始孔隙压力的压差造成的。

Maurer 报告了单齿冲击试验,这种试验在各种应力条件下测量井壁坍塌量。当井壁压力增加到大于孔隙压力时,坍塌量显著减少。当井壁压力与孔隙压力保持不变且平行于岩石表面的水平应力增加时,坍塌量保持不变。

牙轮钻头由多个牙轮组成,当钻头转动时牙轮有大量的齿冲击岩石。每一个轮齿形成一个小凹槽并移走岩石。要了解钻头的作业,看看当单个轮齿冲击岩石时发生了什么。单齿冲击试验和理论都表明:单齿冲击形成的坍塌量与应用力的平方成正比,而与岩石强度的平方成反比。如果齿间无干扰,而且每个齿的冲击力是独立的,那么:

$$R = \frac{N^b W^2}{S^2} \tag{8.6}$$

式中 R——机械钻速,ft/h;

N——转速,r/min;

W——钻压,10^3lb;

S——岩石的相对强度;

b——用于转速影响机械钻速的无量纲指数。

量纲分析(包括钻头的直径影响,常系数是外加的)以给出公式:

$$R = \frac{N^b W^2}{aS^2 D^3} \tag{8.7}$$

式中 D——钻头直径,in;

a——钻头恒量。

对于钻进而言,式(8.7)并非一个现实的表达方式,因为这表明随着钻压的增加,机械钻速没有上限。对机械钻速加以限制,因为同时要考虑机械设计和钻屑的运移。随着切削齿钻入岩石越深,负荷会分散到更多的切削齿上。假定由相邻切削齿支撑的质量比与钻进的深度成正比,而与切削齿长度成反比,那么机械钻速可用下面公式表示:

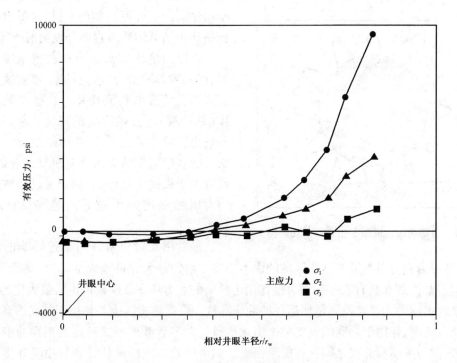

图 8.9　渗透性砂石层中跨越 10000ft 井底的主要有效应力

$$R = \frac{N^b \left[W - (cR/ND) W \right]^2}{a S^2 D^3} \qquad (8.8)$$

式中　c——恒量。

等式(8.8)可简化为：

$$R = \left(\frac{a S^2 D^3}{N^b W^2} + \frac{2c}{ND} - \frac{c^2 R}{N^2 D^2} \right)^{-1} \qquad (8.9)$$

因为 R, N 和 D 的合理值,等式的最后一项是可以忽略的,那么 R 就变成：

$$R = \frac{a S^2 D^3}{N^b W^2} + \frac{c'}{ND} \qquad (8.10)$$

式中　$c' = 2c$。

公式(8.10)中第一项描述了楔形齿每次转动所产生的凹陷容积,也为多次单齿冲击试验所证实。第二项说明随齿钻进深度的增加与岩石密切联系的齿区域面的增加,并且为切削齿碎岩提供上限。图 8.10 显示了一个钻头牙轮的简化横截面。当一个切削齿钻进岩石的深度增加时,相邻齿开始支撑应用的钻压。相邻齿或许在其他齿排上,也可能位于同一齿排上(图8.10)。公式(8.10)中所给通用模式解释了当使用恰当的钻头常数时,铣齿和镶齿钻头的钻进效果。

8.8.6　液压和钻井液对钻速的影响

在稳定状态的钻进条件下,钻屑运移的速率必须等于新碎屑形成的速率。这表明机械钻速可以通过钻屑产生或运移过程或者综合这两个过程进行控制。前面章节讨论了机械钻速完

图 8.10　与切削齿钻进深度相联系的切削齿变量

全由钻屑产生过程控制的条件;这部分讨论机械钻速由钻屑运移过程部分控制的条件。

在试图量化钻头水力对机械钻速的影响时,诸如喷射冲击力、水力功率、喷射速度和喷射雷诺数等参数得到应用。这些参数均指流体(钻井液)离开喷嘴时的特性。常假设这些参数也反映出在井底的液压能量。对于参数很可能直接支配钻头水力对机械钻速的影响,或者关于机械能是什么,以及通过机械能液压力对机械钻速的影响等问题并没有统一的结论。

最常用来量化液压对钻速影响的两个参数:喷射冲击力和每平方英寸钻头区域的水力功率。给定最大允许地表泵马力、立管压力(立压)和钻柱尺寸,那么就有唯一一组可使作用于钻头的水力功率或喷射冲击力最大化的喷嘴。

最高冲击压力代表着控制钻屑运移的液压参数。最高冲击压力与作用于井底的真实冲击力成正比。然而,作用于井底的真实冲击力无法通过大多数液压模式所用的正常冲击力公式计算出来,因为喷嘴和井底之间存在能量损失。一个经验方法用来估计各种喷嘴和排量条件下的真实冲击力。钻井液从三牙轮钻头底返出的可用面积大约为整个钻头面积的 15%。如果喷射速度与钻井液返出速度的比率为 α,那么 α 可由下面公式得出:

$$\alpha = \frac{V_j}{V_r} = \frac{0.15D^2}{d^2} \tag{8.11}$$

式中　D——钻头直径,in;
　　　d——喷嘴直径,in。

由于井底冲击力与最高冲击压力成正比,那么真实冲击力的表达为:

$$F_{jt} = f(\alpha)F_j \tag{8.12}$$

该表述用数字评价三个喷嘴数据得到下面表述:

$$F_{jt} = (1 - \alpha^{-0.122})F_j \tag{8.13}$$

式中　F_j——喷射冲击力,可根据公式(4.24)计算。

使用量纲分析来分离一组变量,该组变量包括液压参数和钻井液特性,以组合进钻进模型。把这些因素与试验数据相比较直至获得合适的模式。从而产生关于机械钻速的表述如下:

$$R = \left(\frac{aS^2D^3}{N^bW^2} + \frac{b}{ND} + \frac{cD\rho_s\mu_p}{I_t} \right)^{-1} \tag{8.14}$$

式(8.14)中钻井液仅影响对钻头和井底的清洁。这种影响似乎可以由塑性黏度和钻井液相对密度充分说明。

8.8.7　钻屑运移效率对钻速的影响

切削齿破碎新岩石的体积取决于齿的尺寸、岩石特性以及齿钻入原岩的深度。具体情况下作用于齿的力决定了齿钻进深度。钻齿会钻入岩石直至岩石的抗力等于作用于齿的力。

由于钻头由大量的相当复杂几何尺寸的牙齿组成,某一具体牙齿上的力随该齿钻入岩石深度的增加会发生变化。如果压差抑制了井底清洁,那么应用于齿上钻进岩石的力会被钻屑床的形成而改变。通过将此分成局部切口效应和整体清洁效应,对整个井眼压力效应的检测将变得更为容易。

图 8.11 显示了一个单齿钻进岩石至岩石抗力等于作用于牙齿的力。在这种情况下,假定原岩表面清洁无碎屑。当作用于岩石表面的压力低时,破碎的岩屑不会阻碍切削齿的进一步钻进。当压差(最小主应力)增加时,岩石强度增加,这可用公式(8.3)计算出来。

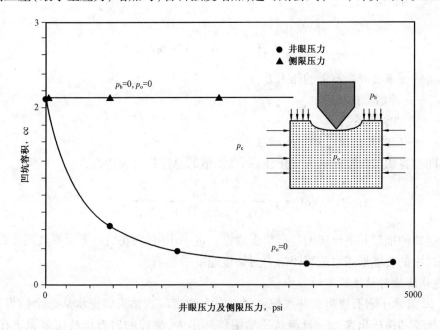

图 8.11　正常应力与正切应力对单齿凹坑容积的影响

作用于钻齿的力可以用多种方法估算。但由于问题的复杂性,力的精确计算并不可行。基于塑性理论和脆性破裂分析的方法可以采用,但这些方法无一考虑到碎屑片对齿力的影响。事实上,Maurer 把岩石的塑性破坏描述为一系列沿边缘带摩擦的脆性断裂。

纵向齿力可计算如下:

$$F_{ubr} = c_0 d \frac{4\sin\theta\cos\mu}{1 - \sin(\theta + \mu)} \tag{8.15}$$

式中　F_{ubr}——作用于齿上的力;

d——齿钻进的深度;

c_0——黏着强度;

θ——齿楔入半角;

μ——内摩擦角度。

公式(8.15)是基于众多假设之上的,假设剪切应力沿初始裂缝超越破裂强度的限度,并且一旦碎屑形成将不再产生作用于齿的力。当压差作用于碎屑时,一个额外的力会阻止齿钻进。

最终,抵制齿钻进的力可由公式(8.16)给出:

$$F_{\text{br}} = d'f\Delta p\ \frac{2\tan\mu\sin\theta}{\cos(\mu + \theta)} \tag{8.16}$$

齿的合力,包括碎屑的影响可表述成:

$$F_{\text{t}} = F_{\text{ubr}} + F_{\text{br}} \tag{8.17}$$

式中 F_{t}——齿合力。

或者

$$F_{\text{t}} = d[\,a(c_0 + \mu\Delta p_{\text{ubr}}) + bf\Delta p_{\text{br}}] \tag{8.18}$$

式中 Δp_{ubr}——未破碎岩石上的压力差;

   Δp_{br}——碎屑上的压差;

   f——滑动摩擦系数;

   a,b——齿的几何尺寸和材质函数。

由于凹槽容积与深度的平方成正比,那么凹槽的总体积可表达为:

$$\text{Vol} \approx \frac{F_{\text{t}}^2}{[\,a(c_0 + \mu\Delta p_{\text{ubr}}) + bf\Delta p_{\text{br}}]^2} \tag{8.19}$$

此表达式的推导并不严谨而且有很多假设。进一步讲,它在另一方面有其用处:表现了机械钻速模式中的功能形式以解释碎屑力对钻进速度的影响。

8.8.8 整体清洁对钻进速率的影响

图 8.12 显示了岩石碎屑在井底积聚成相当大的岩层。钻齿将把水从每个钻齿下的破碎岩石粉末压缩和挤压出来。一旦齿从凹槽中移动出去,磨碎的岩石仍被压差固定在原位置。压差大小就是压实的岩屑压缩性和渗透性及钻井液特性共同作用的结果。岩屑持续积聚直至平衡状态为止。这样,岩屑的移动速率和新碎屑形成的速率完全相等。这种在钻头跟原岩之间岩床物质的积聚就是整体清洁过程。液压的湍流能量对平衡状态下的岩床厚度影响非同一般。岩床的厚度控制着用于特定齿形成新凹槽容积的总钻压的分配。

8.8.9 效能原理:三牙轮钻头的扭矩评估

研究驱动钻头旋转扭矩的原因有:首先,可以给出所钻地层和钻头状态的信息;其次,在定向井中钻头扭矩对钻头方位扭转有极其关键的影响;最后,为达到最佳效果,钻头扭矩的预测在匹配钻头和动力钻具方面极其有用。

对于为旋转钻头所需平均扭矩的理论表达可由钻头的力平衡得出。应用于钻头的扭矩很大程度上为钻头表面滚动阻力(图 8.13)所抑制。

图 8.14 是一个经典的滚动阻力的二维转动图。当一个垂直载荷 F_{V} 经过轮中心应用时,要求一个能使齿轮匀速转动的力 F_{H},而滚动阻力是由轮的形变和(或)轮的滚动表面产生的。

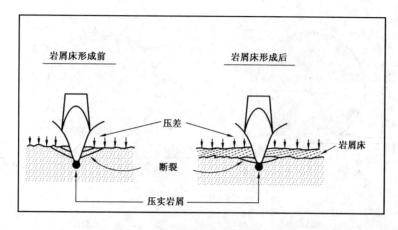

图 8.12 钻头下的岩屑积聚示意图

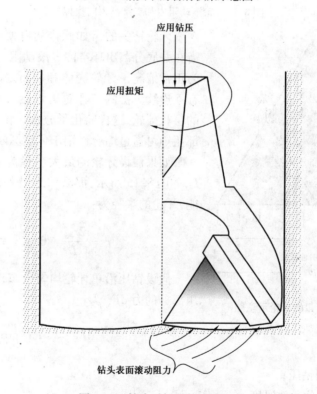

图 8.13 钻头对扭矩的滚动阻力

在图 8.13 中,接触反应 P 与轴承的表面形变有关并且最初假定为 0。这样,轮的运动就不会停止,而且 P 经过轮的中心起作用。

如图 8.13 所示,滚动割刀所需的力 F_H 与所用的垂直载荷、齿的几何尺寸以及齿的进尺深度有关。

$$F_H = F_V \left(\frac{b}{c} \right) = F_V \frac{\sqrt{2ar - a^3}}{r - a} \tag{8.20}$$

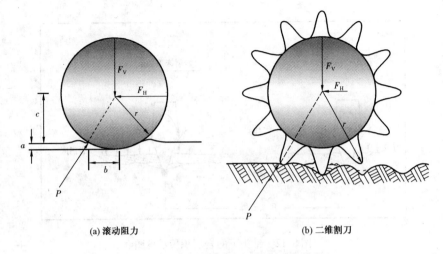

(a) 滚动阻力   (b) 二维割刀

图 8.14　轮滚动阻力和二维割刀的模拟

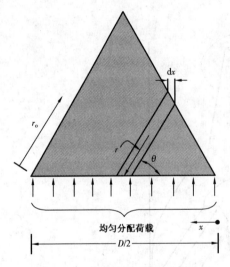

图 8.15　均匀荷载的牙轮示意图

牙轮钻头的齿如此排列以便使除最外排的每排齿在井底分离出环空区。滚动阻力出现在牙齿上,因为正常情况下牙轮壳体和岩石之间并没有接触。带有不连续齿排的三牙轮可以结合成一个带有连续齿的层状牙轮,这样简化了分析。转动钻头所需要的全部扭矩可通过综合作用于牙轮圆断面的力计算得出。

如果假设牙轮的最大半径为 $r_{\max}$,钻头的直径为 D,如图 8.15 所示,那么作为沿井眼半径距离 x 的功能,牙轮的半径为:

$$r = \frac{2r_{\max}}{D} \quad 0 \leqslant x \leqslant \frac{D}{2} \qquad (8.21)$$

假设钻压沿单牙轮均匀分布,那么作用于已用钻压部分的力 dF_V 为:

$$dF_V = \sin\theta \frac{2W}{D} dx \qquad (8.22)$$

式中　W——总应用钻压;

$\sin\theta dx$——微分元件厚度。

综合公式(8.20)和公式(8.22)可以得出要求用来转动元件的力:

$$dF_H = \sin\theta \frac{2W}{D} \left[\sqrt{\frac{2a}{r} - \left(\frac{a^2}{r}\right)} \Big/ \left(1 - \frac{a}{r}\right) \right] dx \qquad (8.23)$$

在大多数实际情况下距离 a 会比锥体半径小得多,因此等式(8.23)可简化为:

$$dF_H = \sin\theta \frac{2W}{D} \sqrt{\frac{2a}{r}} dx \qquad (8.24)$$

如图 8.14 所示,类似的单割刀轮进行了多次试验。36 齿的直径为 6in 的割刀旋转过印第安纳石灰岩,并且在不同的切割深度量得水平力 F_H 和垂直力 F_V。在做过几次移动后取得测量数据以建立均衡的表面条件。

对于纵向滚轴而言,试验数据显示,水平力与纵向力和切割深度的平方根的乘积成正比。当割刀偏离方向时,这个力的关系会被一个常数所抵消。对于直径恒定的割刀而言,水平力可表示为:

$$F_H = F_V C_1 + C_2 \sqrt{\delta} \tag{8.25}$$

公式(8.25)所表达的功能关系证实了公式(8.24)给出的真正滚动割刀的形式。由于牙轮轴移(0°~4°)而且牙轮轴并非真正意义上的几何锥体,钻齿在地层会有滑移现象。Fuji 已做过更详细的不同齿交替滑移的讨论。可以假定由于牙轮轴移和牙轮角度,钻头齿的滑移量可以合并入公式(8.25)中所用经验常数所得的扭矩关系中。为滚动牙轮锥顶所需全部扭矩为:

$$T = \sin\theta \frac{2W}{D} \int_0^{\frac{D}{2}} \left(C_1 + C_2 \sqrt{\frac{2a}{r}} \right) dx \tag{8.26}$$

对于牙轮钻头而言,每旋转一周的进尺 R/N 与切削的深度相等,与公式(8.26)的 a 在数值上也是相等的。牙轮半径 r,假设与钻头直径成比例。这些关系替代进公式(8.26),经过整理合并便得到以下关系来描述扭矩:

$$T = \left(C_3 + C_4 \sqrt{\frac{R}{ND}} \right) WD \tag{8.27}$$

8.9 刮刀钻头的性能原理

前面部分已经讨论了牙轮钻头。其破碎机理是通过齿间歇式冲击来碎岩。刮刀钻头通过割刀连续地与岩石接触,且割刀与岩石表面平行移动。这就为移动岩石提供了一个更直接的剪切动作。

图 8.16 展示了两个聚晶金刚石复合片钻头。割刀既能被安装在一个碳化物胎体上或钢体上,也能被安装在翼片上。

8.9.1 PDC 钻头设计

PDC 钻头上的割刀设计成与岩石连续接触,并期望以简单旋转且旋转高度等于钻头旋转每周进尺的方式移动。因为几何结构相对简单,很容易把单割刀钻头的效能与多割刀钻头的效能进行比较。

图 8.16 展示了一个单割刀,切割深度为 d,与切割区域 A 相对应。为保持割刀在 d 深度,需要正交力 F_N;为保持割刀向前运动,需要切削力 F_c。切削力和正交力都取决于切割面积、岩石性质、割刀导向和刃口的几何形状。一般来说,切削力是正交力的 50% 。只要切割的区域恒定,割刀的形状对力的影响不大,但切削刃的形状对切削力有很大影响。一些生产商削平金刚石的边缘来减少金刚石割刀磨损的趋势。和锋利的割刀相比,在切入同样区域时一个削平的割刀需要两倍的力。

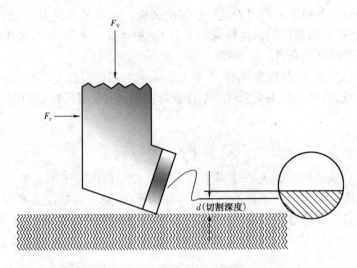

图 8.16 在岩石中作业的聚晶金刚石复合片割刀

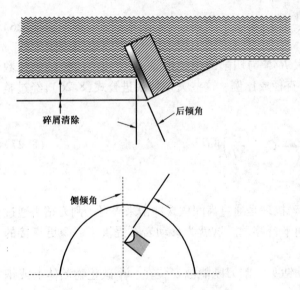

图 8.17 后倾角和侧倾角的示意图

如图 8.17 所示,PDC 割刀可以根据割刀运动方向(后倾)或侧倾斜(侧斜)来命名。通常割刀以后倾 15° ~ 30°装在钻头上,而很少以侧倾角度安装。正如 Melaugh 所揭示的,随后倾角度增加,在一定面积上的切削力增加。

PDC 钻头的设计可用两个设计图纸显示视图和侧面图。前视图展示了割刀的位置就好像一个人正在查看钻头的表面,如图 8.18 所示。侧面图展示了每个割刀穿过包括钻头轴的半平面时的位置(图 8.19)。

如图 8.20 所示,割刀一般不在水平面上切割。为推动割刀沿垂直面一定角度进入岩石所需的正交力可被分成垂直分量和径向分量。切向力是圆周分量,不会被方向改变。钻头上所有割刀的垂直分量为钻压,切向力乘割刀径向分量的倍数则是钻头扭矩。

在钻头设计过程中,割刀必须定位合理以便使割刀不会因载荷过高而破裂,并且使割刀均匀磨损和便于调整钻头。在试图获得均衡耐磨性的过程中,所用的标准范围涵盖了割刀的定位获得同等的岩石运移量,到基于在观察耐磨基础上的经验定位。

一般地,对于锋利的钻头而言,使用不同的钻头设计在获得机械钻速上没有什么不同,除非出现钻头泥包和振动的情况。这已经通过从钻头上移除割刀上得到了证明,通过观察发现当多达 75% 的割刀被移除时,效能仅发生微小的变化。这些观察结果仅适用于钻头锋利时,而不适于割刀变钝时,这将在以后加以讨论。

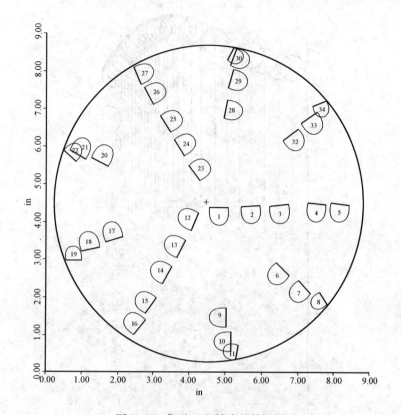

图 8.18　典型 PDC 钻头的前视图

8.9.2　钻头泥包

图 8.21 展示了 PDC 割刀在钻进页岩时的碎屑产生的阶段。当第一批碎屑形成后,作用于碎屑顶部的压力使其沿井底滑动而非被冲走。当下一批碎屑形成后,第一批碎屑黏附其上并上移至割刀面上。这一过程一直持续进行,直到碎屑堆开始不稳定并足以被冲走时为止。由于细粒岩石、低强度岩石、高井眼压力和低流体损失的水基钻井液,形成此类碎屑堆的趋势在增加。

如果使用钻头钻进页岩形成碎屑,如前所述,而且割刀周围没有足够的清洁,那么碎屑堆会在钻头周围堆积直到机械钻速严重降低。割刀周围岩石材料堆积的过程称为钻头泥包,延续至液压能被封闭在如此小的空间里,以至于达到临界速度而且泥包材料形成即被冲走。

而且,钻头泥包过程将会进行到一个平衡状态。如果钻头在相同的条件下得到清理并重新运行,它将在同一地方再次产生钻头泥包,这也是液压设计的一个功能。对于既定的钻头设计而言,形成泥包是泵排量的一个功能。

当钻进可能导致 PDC 钻头产生泥包的材料时,选择钻头必须合适以克服泥包。割刀上方有巨大间隙的钻头设计对泥包有较强的抑制作用。

8.9.3　钻头磨损

PDC 割刀上的金刚石的硬度比常规油气井钻进中钻遇的最硬岩石硬数倍。当这些钻头被开发出来,这些割刀又是在仅钻进几英尺后就磨损坏了,这似乎不太可能,因为快速磨损与割刀变得过热有关。

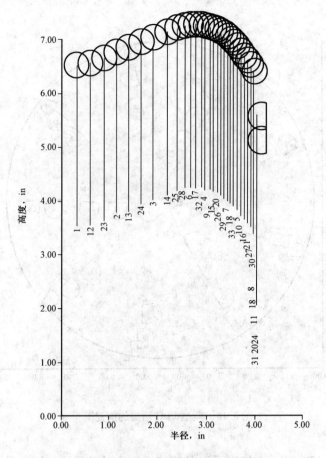

图 8.19 典型 PDC 钻头的侧面图

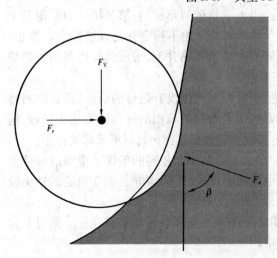

图 8.20 PDC 割刀在斜面的切削力

PDC 材料一般包括少量的在金刚石颗粒空白点之间的多种金属。由于金刚石颗粒和黏合的金属的热膨胀不同,割刀高温产生了较高应力,使单个的金刚石晶体更易于从割刀上脱离。此外,在高温的情况下,金刚石会部分地转化成石墨,特别是在氧化的环境中。

大量的工作被完成来研究 PDC 割刀的热效应,最终产生了决定割刀温度的公式:

$$T_{wc} = T_f + \frac{K_f F_N v_a f}{A_w}\left(1 + \frac{3}{4}\frac{\pi}{}fK_{hf}\sqrt{\frac{v_c}{\alpha_f L_w}}\right)^{-1}$$

(8.28)

式中 T_{wc}，T_f——磨损平面割刀及流体温度;

K_f——岩石和割刀之间的摩擦系数;

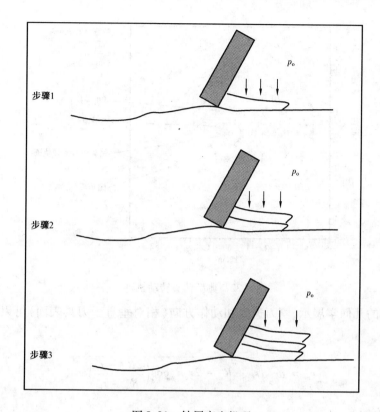

图 8.21　钻屑产生机理

v_c——切割速度；

L_w——磨损平面长度；

F_N——作用于割刀上的正向力；

f——热反应功能；

K_{hf}, α_f——岩石的热导率和扩散系数。

公式(8.28)表明磨损平面的温度是由正向力、刀具速率、磨损区域、液压参数和刀具外部环境共同作用的。这意味着割刀的温度随转速增加、钻头保径附近的割刀温度升高、割刀越锋利而增加。磨钝的 PDC 钻头起出时常可以看见金刚石底层厚度碳合金出现热断裂，这表明割刀的确变得很热。

热加速磨损只是 PDC 割刀磨损的重要过程之一。当 PDC 割刀负载压缩的金刚石时极其坚固，但如果金刚石负载处于拉伸状态，割刀会在很低的负载时出现掉块和破碎现象。如果 PDC 钻头沿其中心线转动，那么割刀将负载压缩的金刚石。割刀经常出现掉块和破碎现象，似乎以其他方式负载。

割刀断裂的问题从 PDC 钻头的原型制造开始就是难题，而且常通过强化割刀、黏合和过程强化以说明。

钻头转动指钻头的旋转，用来解释割刀如何侧移和后移引起人们常见的 PDC 钻头的损坏。如果钻头在略大于保径尺寸的井眼中转动，而且钻头保径处有摩擦，它将会趋向于逆时针地在洞中转动。当这种情况发生时，割刀会沿图 8.22 所示路线移动。

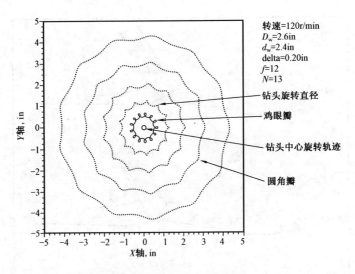

图 8.22　典型钻头转动轨迹

用图 8.22 的几何学展示,割刀速度和动作方向(相对垂直于刀具表面)可以得出,割刀的速度:

$$v_c = \omega \sqrt{r_c^2 + R_w^2 - 2r_c R_w \cos\left(\frac{2R_w - r_c}{R_w - r_c}\right)\omega t} \qquad (8.29)$$

割刀移动方向:

$$\zeta = \arctan \frac{R_w \sin\left[(2R_w - r_c)/(R_w - r_c)\right]\omega t}{r_c + R_w \cos\left[(2R_w - r_c)/(R_w - r_c)\right]\omega t} \qquad (8.30)$$

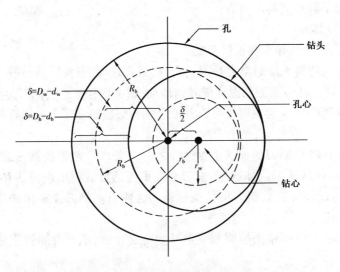

图 8.23　一般钻头转动几何图形

8.9.4　磨损对钻头使用效能的影响

当 PDC 钻头割刀出现磨损平面时,机械钻速下降。机械钻速下降是切削边缘和几何形状及所钻岩石的函数。磨损对于弱岩石的影响远比强岩石影响少得多。

在前面章节,已经表明如果割刀锋利,那么机械钻速不依赖于割刀的数量。这并不适合割刀出现磨损平面的情况。当割刀从钝钻头移除时,机械钻速增加。岩层越硬,钻速增加就越大。

磨损速度取决于切削齿负载,钝钻头的机械钻速取决于割刀的数量。二者的综合使 PDC 钻头的全面效能与锋利割刀数据显示的相比更依赖于割刀的数量。对于轻便钻头而言,剪切负载可能很高,因而磨损速度将更快。然而,由于轻便钻头割刀较少,机械钻速所受影响程度不如钝钻头深。对于重钻头而言,磨损速度可能不是很快,但其机械钻速受特定磨损度的影响更多。

特别尺寸的磨损平面的影响也取决于切割刃的几何尺寸。金刚石底层远比硬质合金底层有更高的耐磨性。因此,硬质合金磨损更快,留下了凸出于硬质合金的金刚石翼缘(图 8.24)。当金刚石翼缘存在时,磨损钻头的机械钻速将远高于同样大无翼缘的磨损平面钻头的机械钻速。

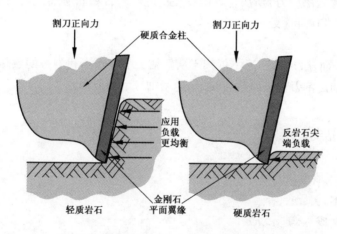

图 8.24　硬质和软质岩石中磨损平面翼缘图

一般地,有翼缘的割刀切削能力取决于正钻进的岩石以及钻头钻进时是否振动。在软岩层,给定切割负载,割刀会进入一个相对切割深度(图 8.24 左侧)。这使金刚石处于压实状态。如果同样的负载钻遇硬质岩层,钻进深度会大大降低而且只有翼缘负载(图 8.24 右侧)。这将产生很高的剪切应力,而且可能出现弯曲力矩,使金刚石处于拉伸状态的翼缘弯曲,从而导致金刚石掉块。

钻头涡动对金刚石翼缘的维护也是有害的。如果割刀侧移或后移,很容易使负压金刚石处于拉伸状态。这常使金刚石从割刀表面成碎片落下。对于大多数钻头设计而言,维持硬质岩层中的翼缘的能力太低,结果是翼缘的出现被用来描述软岩层磨损模式,而无翼缘出现则是硬岩层磨损模式的特点。

减少钻头涡动的一个方法是设计一个一侧无割刀区的钻头,如图 8.25 所示。这将使钻头沿低摩擦面滑动,从而为割刀提供更为均衡的负载。即使在硬岩层中,PDC 割刀的刃口可以

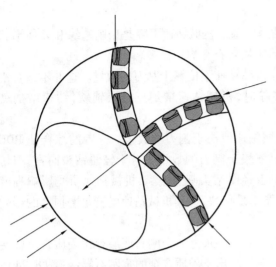

图 8.25　低摩擦保径钻头略图

维持,并获得更好的全面的钻头使用效果。

8.10　补充问题

(1)问题8.1。

利用给出的钻头模型[公式(8.9)],用图评价下列每种参数对钻头使用效能的影响:① 钻压;② 转速;③ 钻头直径;④ 钻头类型;⑤ 齿磨损。

(2)问题8.2。

利用所给钻头模型[公式(8.14)],用图评价钻头水力功率对钻头使用效能的影响。

(3)问题8.3。

当多孔性岩石在破裂点以下加压时,孔隙容积和孔隙压力都会改变。岩石的强度和可塑性,以及给定钻头的机械钻速很大程度上由垂直应力(上覆岩层应力)所决定。解释在渗透性岩石和非渗透性岩石中,当深度增加时的变化以及机械钻速有何意义。

(4)问题8.4。

对于 PDC 钻头而言,机械钻速不依赖于从新钻头中移除锋利割刀的数量;相反地,对于钝钻头而言,当越多的钝割刀被去除后,机械钻速增加。解释原因。

8.11　符号说明

a,b,c:无量纲钻头常数;

c_0:黏着强度;

C_{bc}:岩体体积压缩率;

C_{bi}:钻头 i 成本,美元;

C_{di}:钻头 i 钻井成本,美元/h;

C_r:钻机成本,美元/h;

C_{mc}:岩体压缩性;

d:喷嘴直径,in;齿钻进的深度,in;

D:钻头直径,in;

ΔD_i:钻头 i 钻进的地层段,ft;

f:滑动摩擦系数;

F:热反应功能;

F_N:作用于割刀上的正向力;

F_{ubr}:作用于齿上的力;

K_f:岩石和割刀之间的摩擦系数;

L_w:磨损平面长度;

N:转速,r/min;

Δp:孔隙压力变化值;

Δp_{br}:碎屑上的压差;

Δp_{ubr}:未破碎岩石上的压力差;

R:机械钻速,ft/h;

S:相对岩石强度;

SE:特殊能量,lb/in^3;

T:扭矩,lbf·ft;

T_{ci}:i 个钻头的连接时间,h;

T_{di}:i 个钻头的钻井时间,h;

T_{ti}:i 个钻头的起钻时间,h;

T_{wc},T_f:分别为磨损平面割刀及流体温度;

v_c:切割速度;

W:钻压,10^3lb;

θ:齿楔入半角;

μ:内摩擦角度;

σ_3:最小主应力;

τ:剪切强度;

ϕ:孔隙度。

参 考 文 献

1. Peng, Y. H. 1972. "Experimental Study of Temperature and train Rate Effects on Deformation Behavior of Rocks Subjected to Triaxial Compression." Ph. D. dissertation, University of Texas.

2. Obert, L. , and W. Duvall. 1967. Rock Mechanics and the Design of Structures in Rock. New York: John Wiley & Son.

3. Geertsma, J. 1958. "The Effect of Fluid Pressure Decline on Volumetric Changes in Porous Rocks. " Journal of Petroleum Technology, March, 210, 331 – 39.

4. Warren, T. M. , and M. B. Smith. 1985. "Bottomhole Stress Factors Affecting Drilling Rate at Depth. " Journal of Petroleum Technology, August, 1523 – 33.

5. Ibid.

6. Maurer, W. C. 1965. "Bit Tooth Penetration under Simulated Borehole Conditions" Journal of Petroleum Technology, December, 1433 – 42.

7. Warren, T. M. 1977. "Penetration Rate of Performance of Roller Cone Bits. " SPE Drilling Engineering, March, 9 – 18.

8. Maurer, Journal of Petroleum Technology, December, 1433 – 42.

9. Cheatham, J. B. ,Jr. 1958. "An analytical Study of Rock Penetration by a Single Bit Tooth. " Paper presented at the 8th Annual Drilling and Blasting Symposium, University of Minnesota, Minneapolis.

10. Sikarskie, D. L. , and B. Paul. 1965. "Preliminary Theory of Static Penetration by a Rigid Wedge into a Brittle Material. " Transactions of the Society of Mining Engineers, December, 372 – 83

11. Maurer, W. C. 1965. "Shear Failure of Rock under Compression. " SPE Journal, June, 167 – 76.

12. Waren, SPE Drilling Engineering, March, 9 – 18.

13. Ibid.

14. Higdon, A., and W. B. Stiles. 1962. Engineering Mechanic, vol. 1, Statics. Englewood Cliffs, N. J. : Prentice Hall.

15. Sikarskie and Paul, Transactions of the Society of Mining Engineers, December, 372 – 83.

16. Warren, SPE Drilling Engineering, March, 9 – 18.

17. Peterson, C. R. 1970. "Roller Cutter Forces." SPE Journal, March, 57 – 65.

18. Ibid.

19. Fuji, K. 1967. "A Study of Rotary Drilling by Means of Measuring the Torque on Cone Bits" 7th World Petroleum Congress Proceedings, 3, 137 – 47.

20. Peterson, SPE 2393.

21. Sinor, L. A., and T. M. Waren. 1989. "Drag Bit Wear Model." SPE Drilling Engineering, June, 128 – 36.

22. Warren, T. M., and W. K. Armagost. 1988. "Laboratory Drilling Performance of PDC Bits. " SPE Drilling Engineering, June, 125 – 35.

23. Melaugh, John, "Experimental Study of PDC Cutters," unpublished, University of Tulsa Drilling Research Projects, 1976 – 1978.

9 钻柱设计

9.1 定义与组成

大体来说,钻柱由两部分组成:(1)标准钻杆和加重钻杆(HWDP);(2)井底部钻具组合(BHA)。

BHA 由钻铤、扶正器和钻头组成。对于定向钻井来说,BHA 还包括可控井下动力钻具或旋转可控工具,以操纵钻头沿着预定井径钻进。在许多钻井作业过程中,BHA 还包括随钻测量工具、扩眼器、转换接头和震击器。在直井钻进过程中,钻铤提供总钻压(WOB),因此比标准钻杆或加重钻杆更重;而在高偏斜井段,钻铤则提供相当于加重钻杆的附加质量。

钻柱在传统的旋转钻井作业中的主要作用:(1)将旋转动力由地表传至钻头;(2)将钻井液疏松至井底;(3)为有效的钻井活动制造钻压;(4)控制裸眼井钻井方向。

9.1.1 钻杆

钻杆是钻柱的主要组成部分(图9.1)。钻杆由钢制造而成,两头一般由对接焊工具焊接。接头为连接每一个钻杆长度提供了途径。为了强化钻杆两端,钻杆两端都进行了加厚。

图9.1 标准钻杆(右)和加重钻杆(左)

出于设计上的考虑,钻杆可根据以下 4 个特点进行分类。

(1)外径(OD):$2\frac{3}{8}$in,$2\frac{7}{8}$in,$3\frac{1}{2}$in,4in,$4\frac{1}{2}$in,5in,$5\frac{1}{2}$in,$5\frac{7}{8}$in 和 $6\frac{5}{8}$in。

(2)公称单位质量(例如,19.5lb/ft)。

(3)钢级:E,X,G,S,Z 和 V(其中最常用的是 X、G 和 S 型号,其屈服强度分别可达 $95 \times 10^3 lb/in^2$、$105 \times 10^3 lb/in^2$ 以及 $135 \times 10^3 lb/in^2$)。

(4)种类：Ⅰ(新型,优质钻柱;大于等于80%的壁厚),Ⅱ(大于等于70%的壁厚)以及Ⅲ(小于70%的壁厚)。

表9.1显示的是经过尺寸和钢级挑选的钻杆性能,例如5in、19.5lb/ft G 级的钻杆最少拥有39166lbf·ft 的扭转强度以及可产生378605lb 的抗屈服强度。这些数值应该比钻柱在钻进过程中作用于其上的载荷还大。工具接头由合金钢制成,公扣护丝和母扣护丝较长(每英寸4~5个螺纹)。一般地,接头设计的强度比钻杆的强度低,以便出现断裂现象时,发生在接头位置而不是在钻杆本体上。

表9.1　钻杆性能(API‑RP‑7G)

外径 in	工程质量/螺纹线程 lb/ft	扭曲应力(基于均匀磨损),lb·ft				张应力(基于最小屈服强度的均匀磨损载荷),lb			
		E	X	G	S	E	X	G	S
3½	9.50	9612	12176	13457	17302	132793	168204	18910	239027
	13.30	12365	15663	17312	22258	183398	232304	256757	330116
	15.50	13828	17515	19359	24890	215967	273558	302354	388741
4	11.85	13281	16823	18594	23907	158132	200301	221385	284638
	14.00	15738	19935	22034	28329	194363	246193	272108	349852
	15.70	17315	21932	24241	31166	219738	278335	307633	395528
4½	13.75	17715	22439	24801	31887	185389	234827	259545	333701
	16.60	20908	26483	29271	37637	225771	285977	316080	406388
	20.00	24747	31346	34645	44544	279502	354035	391302	503103
	22.82	27161	34404	38026	48890	317497	402163	444496	571495
5	16.25	23974	30368	33564	43154	225316	285400	315442	405568
	19.50	27976	35436	39166	50356	270432	342548	378605	486778
	25.60	34947	44267	48926	62905	358731	454392	502223	645715

加重钻杆(图9.1)比标准钻杆要重,接头更长且有加厚。加厚部分被设计得更长目的是增加钻杆的强度以便更好地承受作用于钻柱的载荷。将加重钻杆置于标准钻杆和钻铤之间可以降低弯曲强度率,这样可增加钻柱抗疲劳寿命。加重钻杆一般尺寸为3½in,4in,4½in,5in,5½in,6⅝in。内径和质量则根据制造商不同而异,因为 API 并未制定加重钻杆的统一标准。

9.1.2　钻铤

在绝大多数情况下,钻铤提供了钻压的主要部分。它们有各种各样的尺寸和形状。传统钻铤是圆形的,当然,方形和螺旋形钻铤也在使用。外侧断面有方形连接部分的钻铤用来增加BHA 的强度。当钻进有压差卡钻问题的区域时,则首推使用螺旋钻铤。钻铤表面外部的螺旋槽降低了井壁和钻铤间的接触面积,而这反过来则减少了黏附力。来自制造商的非 API 标准钻铤的相应数据可供查阅。常规钻铤的外径统一,然而,有卡瓦和吊卡凹座的钻铤也常应用。钻铤柱由单个钻头通过旋转台肩连接而成(单根钻铤通常约30ft 长),如图9.2所示。上扣必须使用合适的上扣扭矩以便在井下条件下不会脱开。API‑RP‑7G 提供不同尺寸钻铤的推荐上扣扭矩(钻柱设计及操作部分的推荐标准)。

图 9.2 钻铤

9.1.3 钻铤长度

在钻柱中,为了提供期望的钻压,对钻铤长度要求的计算非常重要。满足钻头荷载要求的钻铤长度由下面公式给出:

$$L_{dc} = \frac{\text{WOB} \times \text{DF}}{\omega_{dc} \times \text{BF} \times \cos\theta}$$ (9.1)

式中 WOB——钻压,lbf;

DF——设计系数;

ω_{dc}——钻杆浮重,lb/ft;

BF——浮力要素;

θ——倾斜角,(°)。

注:由于钻铤超高扭矩和可能带来的阻力,钻铤不放在高度倾斜的井眼段。

9.2 设计标准

一个钻柱的设计必须与为整个钻井作业服务的标准相一致:(1)静荷载,例如张力、扭曲度和压力载荷;(2)扭矩和阻力;(3)弯曲度;(4)疲劳度。

9.2.1 静载荷

作用于钻柱上的静载荷为拉伸应力、压缩应力、扭曲应力、坍塌应力或者是崩裂应力。静载荷随着钻柱的位置变化以及不同的钻进作业而改变。在钻进作业中,需要考虑7种载荷情况:(1)转动井眼模式;(2)侧钻模式;(3)起下钻进入井眼;(4)起下钻出井眼;(5)旋转离井底;(6)划眼进井眼;(7)倒划眼出井眼。

例如,当起下钻出井眼时,拉伸载荷和钻柱顶部的过载拉力应该用于设计载荷。根据API – RP – 7G,钻杆顶部可受拉伸的能力应该比整个钻杆质量加上至少100000lb超载提升力。如果使用5in19.5lb/ft 的 G 级钻杆(最小拉伸屈服强度为378605lbf),那么整个钻杆的质量不应该超过 378605lb – 100000lb = 278605lb。如果总质量高于278605lb,那么应该使用一个更高级别或是一个更大尺寸的钻杆。

在起下钻出井眼时,API 规范也提供了可供选择的标准。API 规定钻柱可以在钻头受

50000lbf 拉伸力下进行模拟,以模拟激活震击器所需荷载并允许在地表加 50000lbf 限度而非 100000lbf 的过载拉力。然而,在这种情况下,需要用计算机程序计算最大拉力载荷。

事实上,在设计钻柱时,使用计算机程序比如扭矩－阻力模型是不可避免的。它并不实用,也几乎不可能在不使用先进的计算机分析的情况下完成各种井场和负载情况的静载荷计算。尤其是设计的(最大)载荷通常是各种静载荷的和时(如轴向荷载与偏差荷载、轴向压力荷载等)。用来计算钻柱扭矩和阻力的扭矩阻力程序将在本章的下一部分讨论。

9.2.2 钻杆的长度要求

作为钻柱的一部分,在特定的一组钻井条件下,允许的钻杆最大长度可以使用如下关系式进行计算:

$$L_{dp1} = \frac{0.9T_t - \text{MOP}}{\omega_{dp} \times \text{BF}} - \frac{\omega_{dc}L_{dc}}{\omega_{dp}} \tag{9.2}$$

式中　T_t——制造商给出的理论拉伸载荷;

　　　ω_{dp}——钻杆的单位质量,lb/ft;

　　　MOP——外加的超载提升,lbf;

　　　BF——浮力系数;

　　　ω_{dc}——钻铤的单位质量,lb/ft;

　　　L_{dc}——钻铤的长度,ft。

9.2.3 超载提升限度

超载提升限度(MOP)被定义为用来释放被卡的钻杆的额外准许张力。它有别于最大准许张力和计算出的大钩负荷:

$$\text{MOP} = T_a - T_h \tag{9.3}$$

式中　T_a——允许的轴向拉力,lbf;

　　　T_h——计算出的大钩负荷,lbf。

它们的比值即是安全系数(SF):

$$\text{SF} = T_a/T_h \tag{9.4}$$

9.2.4 破坏检查

有时候钻柱受到的内部压力低于外部压力可导致钻杆破裂损坏。因此,有必要通过考虑钻杆内部是空的,外部有钻井液等最坏的情形,检查钻杆的抗内压情况。这种破坏压力可以依照如下关系式计算:

$$p_c = \frac{L_c\rho_m}{19.251} \tag{9.5}$$

式中　p_c——破坏压力,psi;

　　　L_c——检查破坏压力时的深度,ft;

　　　ρ_m——钻井液密度,lb/gal。

另外,当管柱部分是空的,内外流体密度不同时,破坏压力可以使用下面的公式进行计算:

$$p_c = \frac{L_c\rho_m - (L_c - x)\rho_{mi}}{19.251} \qquad (9.6)$$

式中 ρ_{mi}——内部流体密度,lb/gal;

   x——内部流体深度,ft。

例9.1:

一个尺寸为$8\frac{1}{2}$in、深为15000ft的井眼设计钻柱,给出以下附加数据。

(1)超载提升限度25000lb。

(2)钻铤:6in×3in、72lb/ft、720ft。

(3)用二类E级、G级或是更高级钻杆。

(4)钻井液密度12lb/gal。

(5)屈服百分比90%。

解:

选最低等级的钻杆(即E75级),可以得到预期超载提升限度的钻杆长度。从二类钻杆数据表中可以发现$T_t = 270432$lb,BF浮力系数$= 1 - (12/65.4) = 0.817$。因此,使用公式(9.2):

$$L_{dp1} = \frac{(0.9 \times 270432) - 40000}{20.85 \times 0.817} - \frac{72 \times 720}{20.85} = 9453.5\text{ft}$$

为了使长度与立柱等长,E75钻杆的长度只能下入9450ft。

下一个钻杆的长度是15000ft - 720ft - 9450ft = 4830ft

接下来,钻杆的总拉伸力可以计算。小的组成部分(扶正器、接头、动力钻具等)的质量可以算入钻铤的质量。总张力是:

$$T_a = (L_{dp}\omega_{dp} + L_{dc} \times \omega_{dc}) \times BF$$

$$= [(9450 \times 20.85) + (720 \times 72)] \times 0.817 = 203329\text{lb}$$

第二根钻杆,G105(更高钢级)钻杆的长度是:

$$L_{dp1} = \frac{(0.9 \times 378605) - 40000}{21.93 \times 0.817} - \frac{203329}{21.93} = 7513\text{ft}$$

这超出了需要的长度4380ft。

因此,最终的钻柱设计见表9.2。

表9.2 例9.1的钻柱设计结果

组成成分	描述	长度,ft	深度,ft	质量,lb
钻铤	6in×3in;72lb/ft	720	15000～14280	42353
第一批钻杆	5in;19.5lb/ft;E75	9450	14280～4830	160975
第二批钻杆	5in;19.5lb/ft;G105	4380	4380至地面	86538

破坏检查:在最底层钻杆深度14280ft,计算破坏压力p_c作为检查:

$$p_c = \frac{14280 \times 12}{19.251} = 8901\text{psi}$$

查参考表得知,E75 级钻杆的破坏压力低于计算压力,为 5514psi,因此,此时应采取适当的预防措施以避免出现这种情况。

为计算最大深度,钻杆可在破坏安全系数为 1.125 的情况下入井:

$$L_{max} = \frac{5514 \times 19.251}{12 \times 1.125} = 7863ft$$

同时,若取流入钻柱内部的钻井液密度为 13lb/gal,则钻井液可流入井眼的深度如下:

$$\frac{5514}{1.125} = \frac{(14280 \times 12) - (14280 - x) \times 12}{19.251}$$

其中 $x = 8356ft$

9.2.5 扭矩和阻力

扭矩和阻力是判定井眼轨迹能否按要求钻进和下入套管的关键因素。钻柱的扭矩和阻力可用计算机模型计算,这些模型考虑井眼轨迹、钻柱配置、狗腿度、摩擦系数和套管深度。对扭矩和阻力进行精确分析非常重要,原因包括以下几方面:

(1)优化井眼轨迹使扭矩和阻力至最小;

(2)微调井眼轨迹减小局部效应;

(3)为输入其他程序提供正向力荷载,如套管磨损模型;

(4)确定达到的深度或者能达到深度的能力,为钻井和下套管或者油管;

(5)把钻柱部件强度与井的(轴向、扭转或横向)载荷相匹配;

(6)确定钻机的吊装和扭矩要求。

广泛使用的扭矩 – 阻力模型是根据约翰奇克等研制的软串模型得来。钻柱认为是一个可以承载轴向负荷而不能承受弯曲扭矩的线缆,而任何一个计算模式下的正向力都由以下两部分组成:

(1)钻井液中钻杆的有效质量;

(2)钻柱拉伸经过井壁曲线部分产生的侧向应力。

简化的钻柱组成如图 9.3 所示。

计算扭矩和阻力的步骤是将钻柱分成几部分计算,从钻柱的底部开始,然后向上一直计算到地表。当计算接近钻柱顶端的时候,钻柱的每一个短的单元都增加了轴向荷载及弯曲荷载。正向力 F_N,首先由公式(9.7)决定:

$$F_N = \sqrt{(T_{axial}\Delta\phi\sin\theta_{avg})^2 + (T\Delta\phi + \omega\sin\theta_{avg})^2} \qquad (9.7)$$

式中 F_N——净标准力;

       T_{axial}——最低端的轴向拉伸力;

       ω——单元浮重;

       θ——单元低端倾斜角;

       ϕ——单元低端方位角。

拉伸力和弯曲增加量可以分别用公式(9.8)和公式(9.9)进行计算:

$$\Delta T = \omega\cos\theta_{avg} \pm fF_N \qquad (9.8)$$

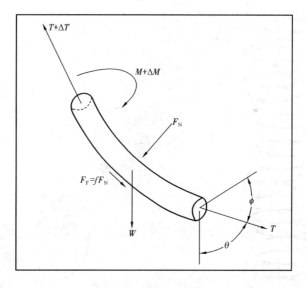

图 9.3 钻柱成分的软钻柱扭矩和阻力模型

$$\Delta M = fF_N R \tag{9.9}$$

式中 R——单元的特征半径；

M——单元的低端弯曲力；

f——摩擦系数。

在公式(9.7)至公式(9.9)中，$\Delta(T,M,\phi,\theta)T$ 是超出单元长度的变化值。更有如下关系：

$$F_F = fF_N \tag{9.10}$$

式中 F_F——作用在单元上的滑动摩擦力。

注意在公式(9.10)中，摩擦力 F_F 移动或进入井眼时，F_F 是动力；但当钻柱上提或起下钻出井眼时，F_F 变成阻力。

准确的摩擦因数可从现场数据推导出来，软钻柱模型导出合理精确的结果。然而，由于软钻柱模型没有考虑到钻柱的强度，它的精确性会随着钻柱的半径或者井眼曲率的增加而减弱。增加钻杆硬度和井眼曲率的增加产生较高的正向力，因此也会导致扭矩和拉伸力的增加。当分析套管或尾管时，强度的影响特别重要。尽管在这种情况下，推荐使用硬钻柱模型，但是结果表明并不理想。BP 的一项研究表明，为了补偿由普通硬钻柱模型导致的不正确结果，在进行套管分析和尾管分析时需要一个较高的摩擦因数。

软硬模型(软或硬钻柱模型)都不能调节局部井眼和钻柱或 BHA 间的力学影响，这样的一个模型需要更多的关于实际井眼几何形态的信息，这种信息远比测斜数据信息有用。

井眼螺旋(图9.4)是井眼缩径的一个常见诱因，这导致超扭矩和阻力作用于钻柱上。不幸的是，这种螺旋很难通过常规的随钻测量仪器测量检查出来。

由于井的局部及微观的几何形状常常难以通过常规随钻测量仪器的测斜数据获得，因此凭经验推导出的宏观摩擦因数经常被用于预测分析，因为这些因数是由局部相似几何形状的井计算而来。摩擦因数应由相似的勘探实例中推导出来。用于基准井的钻井液特性

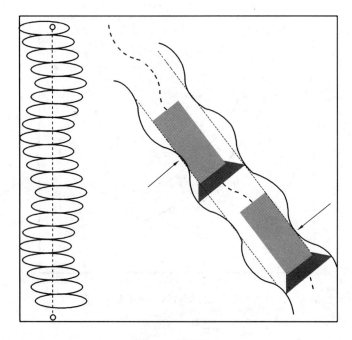

图 9.4 井眼螺旋

应与将被用于规划井的钻井液特性相似。如果先前获得的经验不可用,表9.3 中的信息可用做参考。

表9.3 在套管和地层中的摩擦系数

钻井液	在套管中	在地层中
油基	0.16 ~ 0.20	0.17 ~ 0.25
水基	0.25 ~ 0.35	0.25 ~ 0.40
海水	0.30 ~ 0.40	0.30 ~ 0.40

现场经验表明当钻柱旋转时,钻柱轴向阻力就会减小。通过使用速度矢量(图9.5),扭矩—阻力模型从数学的角度解释了这个问题。钻柱接触点上的合速度 V_R 是两个矢量之和:圆周速度 V_C(由转动引起)和轴向速度 V_A(受钻速或起下钻速度的影响)。

假设最终的摩擦力方向作用于合速度的反方向,因此,其矢量分力与合速度分量将成一定的比例。合成摩擦力的值是正向力 F_N 和摩擦系数 f 之积,不随速度变化。由于这些分力的矢量之和是一个固定值,因此随着圆周分力的增加而轴向分力必须减少。逻辑上,当钻柱转速增加时,就增加了圆周分力,这就减小了轴向摩擦。

为了确保钻柱能够钻进、旋转、滑动(如果定向的钻井是必要的)及起出,好的方案应该包括有最糟摩擦系数的扭矩 – 阻力模拟。也应该使用相似的模拟试验以确保摩擦不会阻止下入套管及必要时能起出套管。此外,钻柱中任何位置的扭矩和拉伸荷载或压实荷载必须与钻柱和工具接头的扭曲能力、拉伸能力及弯曲能力做比较。

扭矩 – 阻力的分析结果通常用图片表达,具有一个轴向上的扭矩或钻柱拉力及另一个轴

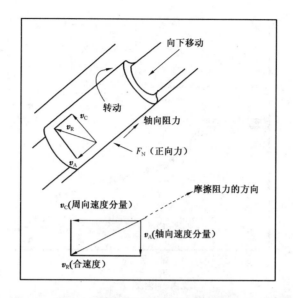

图 9.5 钻柱旋转对轴向摩擦的影响

向上的测深(图 9.6、图 9.7)。主体井有一个增斜 – 稳斜 – 降斜结构,有在 60°时长为 5000ft 的切线段。0.2 的摩擦系数用于套管井,0.3 的摩擦系数用于裸眼井。

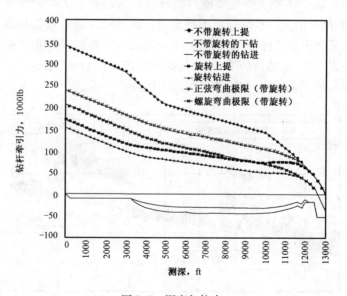

图 9.6 深度与拉力

扭矩 – 阻力分析通过已用的参数证明这口井的可钻性,并选择合理安全系数(与负荷相比)内的钻柱组合。进入弯曲段侧钻过程中,轴向载荷值绝对不能下降。因相对高的角度,扭矩将近 20000lbf·ft,在井下 6000ft 以上段,要求使用 5in19.5lbf 高强度(S135)的钻柱。钻柱中的最大拉力约为 340000lbf。根据 API 标准,额外增加 100000lbf 的过载拉力依然有低于 486700lbf 屈服强度的合理安全系数。在扭矩和阻力的基础上,这口井可使用标准钻柱组合钻进,而且只要在模拟中使用的摩擦系数是准确的,就不会出现异常问题。

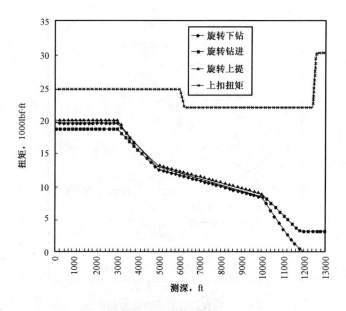

图 9.7　深度与扭矩

　　钻进过程中,预测扭矩和实际扭矩以及(或)阻力与深度比对的录井数据要保留(图9.8)。这样的录井数据能够使摩擦系数得到更新和核对。如果实际的摩擦系数与设计的差异显著,那么可以预测并阻止一些问题而不是出现后再处理。录井数据也显示出改变钻头类型或操作参数所带来的影响。注意 PDC 钻头比牙轮钻头入井时整体扭矩要大。录井数据也能够揭示变坏的井眼状况,如钻屑的堆积,以及揭示局部井眼特征,如狗腿。不管是预防性的还是损坏已经出现后的补救措施,都应能包括以下措施:

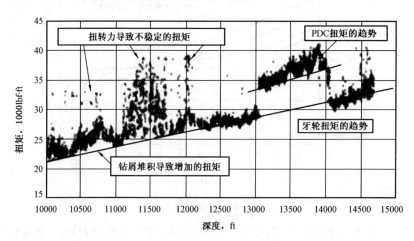

图 9.8　钻柱实际扭矩与预计扭矩比较的录井数据记录

　　(1)通过比较高的排量、转动改进钻井液的流变性,加强井眼清洁;
　　(2)进行短起下以调整井眼;
　　(3)划眼出台阶、键槽或狗腿;

(4)改变钻井液类型;

(5)作为极端措施,改变井身结构或者改变套管或井眼程序。

9.3 钻柱弯曲

当钻柱的压缩载荷不断增加时,在形态上将经历几个阶段。第一阶段指正弦线性弯曲。钻柱呈现两维波形,像正弦波,沿井壁来回缠绕。使用 Dawson & Pasley 等式可计算出正弦线性弯曲载荷:

$$F_{\sin} = 2\sqrt{\frac{EIW\sin\theta}{r}} \tag{9.11}$$

式中 $F_{\sin}$——正弦线性弯曲载荷;

      E——杨氏弹性模量;

      I——惯矩的交叉面积;

      W——钻柱的浮重;

      θ——井斜角;

      r——钻柱与井壁间的径向间隙。

当压缩载荷进一步增加,第二阶段(称为螺旋弯曲)出现。这时钻柱沿井壁侧以螺旋状向上压缩。与井壁接触面积的增加也使阻力增加,为保持钻压不变就需要更多的轴向载荷。增加的轴向载荷带来更高的接触力,而这种力进一步增加了阻力。因此,应采取一切措施避免螺旋弯曲。与正弦线性弯曲不同,有数个公式可以预计螺旋弯曲载荷。在这些公式中,Chen & Cheatham 公式是最精确的:

$$F_{\text{hel}} = 2\sqrt{\frac{2EIW\sin\theta}{r}} = \sqrt{2}F\sin\theta \tag{9.12}$$

式中 F_{hel}——螺旋弯曲载荷。

因此,螺旋弯曲载荷大约是正弦线性弯曲载荷极限的 1.41 倍。

当压缩载荷进一步增加时,增加的井壁接触力最终会产生太多的阻力以至于没有释放力推动钻柱。在滑动模式下,第三阶段和最后阶段通常指锁定。在锁定点,要使钻进继续进行,需要对钻柱设计进行改变。

钻柱弯曲分析经常在扭矩 – 阻力软件内进行综合。这个程序不仅可以预测弯曲的波端(正弦线性弯曲或螺旋状),而且可以计算出弯曲后正向应力。弯曲后应力是预测锁定的一个重要特征。

钻柱旋转钻进时,滑动时大部分轴向阻力转变成旋转阻力。这增加了扭矩,并降低了轴向阻力。阻力的减少使钻柱沿井壁更为自由地向下钻进。因此,旋转钻进通常可能超越滑动模式中 BHA 固定点,使钻柱螺旋弯曲所需的极限载荷保持不变,但在旋转模式下要达到极限载荷则需要更大的钻压。

从弯曲角度上看,旋转与滑动的主要差异在于当钻柱弯曲时旋转,钻柱会相当大地疲劳破坏。在旋转过程中,钻柱弯曲——即使是正弦切线性弯曲,也会极大地增加疲劳破坏,相比之下,在滑动模式中,如果钻柱弯曲出现(只要钻柱不旋转),钻柱将承受非常小损失或者根本没有损坏。因此,从作业角度看,如果钻柱弯曲,在开始旋转前,把钻柱上提离开井底非常重要。

9.4 钻柱疲劳

当钻柱组件经历过长时间的圆应力时,可能出现疲劳损坏。原则上,疲劳损坏只发生在钻柱转动出现轴向弯曲时。当钻柱转动时,每旋转一周弯曲井段就经历一次圆应力。应力幅度直接与钻柱定位点的曲线度成正比。典型地,圆应力[可使用式(9.13)计算出来]与由弯曲所致的弯曲应力有关:

$$\sigma_b = \frac{ED}{2R_c} = \sqrt{2}F_{sin} \tag{9.13}$$

式中 σ_b——扩张压力;

E——杨氏弹性模量;

D——钻头的外径;

R_c——曲率半径。

如式(9.13)所表明的,当钻柱外径越大时弯曲应力越大,因此在相同井眼曲率的井眼中,大钻杆的弯曲应力高于小钻杆的弯曲应力。在设计高狗腿严重度(DLS)的钻柱时,这点应牢记在心。从疲劳寿命角度看,较小钻柱尺寸比较理想。

例如,5in 钻杆在狗腿度为 10°/100ft 的井中转动,弯曲应力可计算如下:

$$\sigma_b = \frac{29E(6 \times 5)}{2 \times (5730/10) \times 12} = 10544 \tag{9.14}$$

任何具体弯曲应力的疲劳寿命都可以从具体钻柱的预定角 S-N 曲线中找到。在理想状态下,弯曲产生的弯曲应力应该少于疲劳(S-N)曲线的耐久应力极限(图9.9),从而使钻柱可以不限次数的旋转。

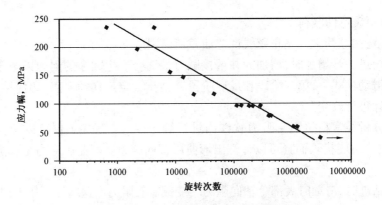

图9.9 耐久应力为40MPa的钻杆疲劳曲线

注意由于钻杆也受靠近地表的拉伸载荷制约,因此在疲劳分析时应考虑轴向载荷的影响。

如前所提到的,应避免转动弯曲的钻柱以预防疲劳损坏。弯曲通常出现在靠近钻杆底部位置,但在特殊环境下也可出现在其他位置。除弯曲外,通过对钻柱产生反复圆周弯曲应力,振动也能产生疲劳破坏。振动产生的弯曲应力量值比曲率产生的应力量值高得多。振动对钻柱产生了很高的冲击力,从而导致疲劳破坏(如钻杆扭曲、刺漏及井底组件破坏等)。不幸的是,钻进振动是一个非常复杂的问题,不仅动态应力难以计算,使用 S – N 曲线的常规疲劳分析也难以实现。因此,避免与振动相关的疲劳的最佳办法是将减轻钻进振动放在首位。

9.5 钻柱振动

钻进振动是导致钻柱组件破坏的一个主要原因,如随钻测量设备破坏、钻柱扭曲和刺漏,以及工具接头和扶正器的磨损。钻进振动还会导致钻头过早损坏和机械钻速低及其他问题。因此,了解钻进振动并通过对井底钻具组合的合理设计、钻井参数的最优化和综合最佳实践经验,从而减轻钻进振动。

9.5.1 振动机理

虽然钻头和钻柱可以展示复杂的运动,例如向后或向前旋转,但这些运动都可以被简化为三种基本振动方式(图 9.10)。

(1)横向的(横切):两侧之间的运动。

(2)轴向的(纵切):沿钻柱轴的运动。

(3)扭向的(黏滑):产生扭转和扭矩的运动。

9.5.1.1 横向振动

横向振动是最重要的振动方式,因为它是导致

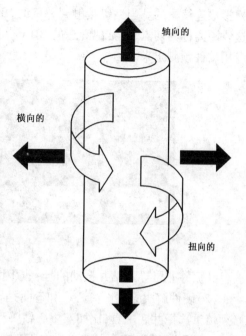

图 9.10 振动方式

大多数井底工具和钻柱破坏的原因。横向振动一般出现在井底钻具组合、钻头和钻杆中。井底钻具组合对井壁的撞击会产生强烈的冲击负荷和剧烈的循环弯曲应力,造成随钻测量设备、动力钻具和其他井底钻具组合单元的破坏。对钻头的冲力导致钻头提前损坏,而对钻杆的冲力则成为钻杆磨损、脱扣(图 9.11)和磨蚀的原因。

图 9.11 因为横向振动,随钻测量工具与钻铤脱扣

(1)软件解决方案。造成横向振动的一个主要原因是共振。共振导致自激的高度振动。当转速非常接近 BHA 的某一自然频率时就会发生共振。因此,应该在每次下钻前计算 BHA 的自然频率(有时称作极限转速)。图 9.12 阐释了钻头和扶正器通过锁销连接,BHA 是如何模拟成连续梁的。当钻铤接触到井壁时,BHA 就会在离最上面的扶正器的一定距离时终止。这段距离称为切点,通常由静态的 BHA 模型估算出来。临界速度就可以通过基于有限单元的专用软件预测出来。

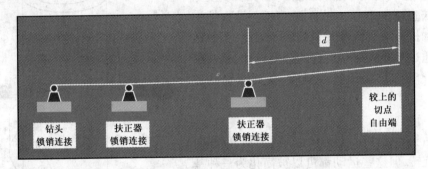

图 9.12　临界速度模拟

共振并非是导致钻井振动的唯一原因。因此,避免临界速度只是减弱振动过程的一部分。

(2)硬件解决方案。离心率和弯曲是导致高度横向振动的两个最常见的硬件问题。因此必须慎重选择井底工具,比如双中心钻头和牙轮扩眼器,从而将离心力最小化。

(3)操作参数解决方案。横向振动,例如 BHA 和钻头旋转产生的,可以通过降低转速减小。

9.5.1.2　轴向振动

轴向振动使得钻头重复升降,冲击井底,最终导致大的 WOB 波动。轴向振动通常是由牙轮钻头钻到坚硬岩石产生的(目前还没有证据显示 PDC 钻头与轴向振动有关)。横向振动的冲击载荷将损坏钻头、钻柱或地面提升设备。

在钻进过程中,降低钻压和(或)转速将减缓轴向振动。但是更改硬件,比如使用侵入性不那么强的牙轮钻头和(或)减震装置,比更改钻井参数更有效。

9.5.1.3　扭转振动(黏滑)

扭转振动定义为不均匀的钻头旋转,即钻头间隔一段时间就会短暂性地停止旋转。结果,通常会导致钻柱阶段性的扭转,然后自旋(例如黏滑)。发生黏滑的典型环境就是在高角度井中使用具有侵入性 PDC 钻头和较高的钻压,井底摩擦扭矩超过旋转扭矩。黏滑通常会造成 PDC 钻头损伤、较低的机械钻速、上扣超扭矩、倒扣以及钻柱扭曲。

(1)软件解决方案。黏滑是由不充足的扭矩产生的。因此,无法计算或避免临界转速。

通过改变钻进参数来缓冲黏滑是一种有效的方法。一般来说,发生黏滑时,应该提高转速或者降低 15% 的钻压。如果依然黏滑,停止旋转,开始采用较高的转速和(或)较低的钻压来钻进。

(2)硬件解决方案。扭转振动或黏滑的其他解决方案包括:① 通过设计较小侵入性的钻头来减少钻头扭矩;② 通过较好的井壁质量降低 BHA 扭矩、减少扶正器数量和降低保径尺寸;③ 通过较好的井眼清洁和钻井液压井减少钻柱扭矩。

9.5.2 振动检测

井底振动的探测可以通过井底振动传感器、地面传感器、运转后检测工具测量得到。

9.5.2.1 井底振动传感器

井底振动传感器通常置于随钻测量工具上，是用来探测振动的最为有效的方法。有效的原因在于横向振动主要发生在 BHA，并不传送到地表，因此根本无法进行地表直接探测。井底探测的缺点在于其利用率低，随钻测量传送带宽较低，将会限制传送到地表的信息量。

井底振动一般通过加速度数据来量化。如图 9.13 所示，振动传感器主要由三轴加速度计构成，有的还包括磁力仪，用于检测井底钻速。横向振动比如说 BHA 旋转，最好由停机时间的加速度数据来检测，如图 9.14 所示。图 9.14 显示出 BHA 旋转是测量的相同量，但是异相横向（x 和 y）加速度。采用傅里叶变换转换为相同的加速度数据，频率数据显示旋转频率为 24Hz。

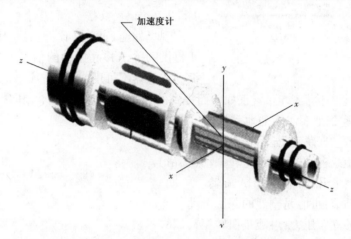

图 9.13　典型的三轴加速度计以及随钻测量振动传感器

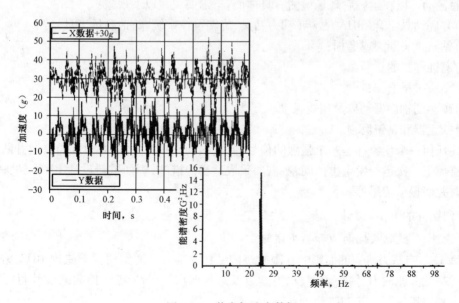

图 9.14　井底加速度数据

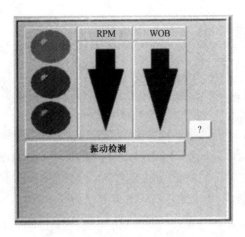

图 9.15 振动检测地表显示,
使用信号灯来显示振型和振级

实际上,加速度计装在随钻测量板上以便能够偏离工具中心。x 和 y 用于测量横向振动和扭转振动,而 z 用于检测轴向振动。

如图 9.15 所示,新型的随钻测量振动检测系统通常包括地表显示。一般使用交通信号灯显示出振型及振级:绿灯,黄灯和红灯分别代表振动的低、中、高三种级别。对于井队人员来说,交通信号灯比简单的振动数据更加地直观。当红灯亮时,有的显示器甚至给出建议如何来调整钻压及钻速以减少振动。

9.5.2.2 地表数据

现场的地表数据(比如钻速、扭矩和机械钻速)所提供的关于井底振动的信息非常有限。当井底振动传感器不可用或者当随钻测量数据有问题时,地表数据具有一定的价值。但是,正如前面提到的,地表数据仅局限于轴向振动和扭转振动,横向振动无法传递到地表。下列地表数据可用于说明井底振动。

(1)顶驱或者钻杆跳动:显示轴向振动。

(2)循环扭矩或者钻速:显示扭转振动(黏滑)。

(3)扭矩突然上升:可能是 BHA 旋转。

(4)低机械钻速:可能是剧烈的井底振动。

(5)不稳定的立管压力:可能是扭转振动(黏滑)。

9.5.2.3 运转后检测

井底振动可以在运转后现场检测。具体而言,需要关注以下现象:

(1)井底钻具组合(BHA)故障(动力钻具、旋转可控系统、随钻测量工具)等;

(2)钻具接头断裂或磨损;

(3)磨蚀和扭曲;

(4)钻头过早磨损;

(5)顶驱的轴向振动以及扭矩振动;

(6)扶正器和钻铤磨损。

上述任何一个现象都是一个强烈的信号:井底振动正在发生,需要引起监督及井队员工关注。为避免下一次运行发生类似问题,需要采取适当的措施,例如重新设计 BHA、钻头或增加一个实时井底振动传感器。

9.6 定向钻井的 BHA 设计

9.6.1 设计理念:钻头侧向力和钻头倾斜

BHA 是影响钻头轨迹继而影响井眼轨迹的钻柱一部分。通常情况下决定 BHA 钻进轨迹的因素包括钻头侧向力、钻头倾斜、水力学以及地层倾向。BHA 定向控制的设计目标是提供与井的规划轨迹相匹配的方位趋势。

钻头侧向力是影响钻进趋势最为重要的因素。钻头侧向力的方向和等级决定构造、降斜和翻转趋势。降斜组件为钻头侧向力移向井眼下降侧；构造组件为钻头侧向力移向井眼高升侧；支撑侧为钻头的井斜侧向力为 0。

钻头倾斜角度为钻头轴和井眼轴之间的角度。钻头倾斜影响到钻进方向，因为钻头设计为与轴平行。

9.6.2　旋转组合

旋转组合用于增斜、降斜或稳斜。任何旋转组合的性能都由离钻头 120ft 范围内的扶正器的大小和方位来决定。钻柱上运行较快的辅助扶正器对于组合的性能影响有限。旋转组合不具有操纵性，原因有二：首先，旋转组合的方位性能（左/右旋转）几乎无法控制；其次，每一个旋转组合都有自身独有的增斜/降斜趋势，无法从地表进行调整。因此，为了调整井眼走向需要起下钻变化组合。

一般使用的扶正器类型有：套筒式扶正器、焊接叶片扶正器和整体式叶片扶正器。就磨损寿命而言，地质学性质是选择扶正器的最为重要的考虑因素。套筒式扶正器（图 9.16）最为经济实用，但是坚固度经常出现问题。焊接叶片扶正器（图 9.17）最适用于柔软地层的大型井眼。整体式叶片扶正器（图 9.18）最昂贵但也最为坚固，从而成为坚硬和磨蚀地层的最佳选择。有时候，牙轮扩眼器配合扶正器一起使用，扩井眼至全尺寸，延长钻头寿命，避免可能发生的卡钻问题。

图 9.16　套筒扶正器

9.6.3　增斜钻具组合：支点原则

增斜钻具组合采用支点原则，即在近钻头扶正器（紧紧置于钻头上面）产生一个支点，使得弯曲钻铤迫使近钻头扶正器移向井眼较低的一侧，产生一种侧向力使钻头移向井眼较高一侧。实验证明，支点上的组件越容易弯曲，角度增大得越快。

典型的增斜组合采用两到三个扶正器。第一个（近钻头）扶正器通常直接和钻头连接。如果不可以直接连接，那么钻头和第一个扶正器之间的距离应该小于 6ft，以确保组合依旧是基于角度的组合。第二个扶正器用于增加侧向力的控制力度和缓和其他问题。

通过增加第一个和第二个扶正器之间的距离可以增加造斜率。当扶正器之间的距离足够使得钻铤凹陷接触到井眼的较低侧时，钻头侧向力和钻头倾斜将会达到组合的最大造斜率。通常而言，当扶正器之间距离大于 60ft 时，钻铤将凹陷触碰到井壁。凹陷程度取决于井眼和钻

图 9.17　焊接叶片扶正器

铤大小、井斜、扶正器厚度以及钻压。

支点组合的其他重要因素为井斜、钻压和转速。支点组合的增斜率随井斜增加而增加,因为钻铤自身重力会导致钻铤弯曲。增加钻压将使得接近钻头的扶正器更加弯曲,从而导致构建率增加。较高的转速有助于矫直钻铤,降低构建率。因此,支点组合一般使用低转速(70 ~ 100r/min)。有时候,对于软地层,较高的流速会导致地层冲蚀,扶正器接触面减小,从而导致增斜趋势下降。

9.6.4　稳斜组合:满眼

满眼组合需要 3 ~ 5 个适宜的扶正器维持角度。附加扶正器增加了 BHA 的强度,从而避免钻柱弯曲或弓形,迫使钻头直接向前钻进。组合也可能设计为微增斜或微降斜趋势,以抵消地层趋势。

9.6.5　降斜组合:钟摆原理

当保留上部扶正器,移除钻头上方的扶正器时就会产生钟摆效应。当剩下的扶正器托住底部的钻铤避免其触碰井壁下降侧时,重力作用于钻头及底部钻铤,将其拖向井眼下降侧,减小井眼角度。钟摆组合有时候自由运转(没有扶正器)。尽管光钻铤组合简单经济实用,但很难控制及保持降斜趋势。

降斜组合一般包括两个扶正器。随着钻头和第一个扶正器之间的距离增大,重力将钻头拉向井眼下降侧,增加下降钻头倾斜和钻头侧向力。如果钻头和第一个扶正器之间的距离过远,钻头就会开始向上倾斜,降斜率将达到最大值。较高的钻压下,降斜组合甚至可以开始造斜角度。第二个扶正器用于增加侧向力的控制。

图 9.18　整体式叶片扶正器

低钻压最初用于避免钟摆弯曲至井眼下降侧。一旦建立起降斜趋势,中等的钻压便可达到较高的机械钻速。

9.7 造斜工具

定向钻井最常用的造斜工具为可控动力钻具,包括正位移马达系统(一般称作 PDMs)及旋转可控系统(RSS)。可调规格扶正器,也被称作控制井斜的二维旋转系统,和旋转机 PDM系统配合使用变得非常广泛。尤其是套管斜向器通常被用于套管井的开窗,其他工具比如涡轮主要在俄罗斯使用,喷射钻头现在已经几乎不再使用。

9.7.1 可控动力钻具(或者 PDMs)

轨迹控制上最大的改进就是可控动力钻具,包括含有弯接头或者弯外壳支座的 PDMs。PDM 基于 Moineau 准则。第一个商用的 PDM 在 20 世纪 60 年代晚期进入石油行业。从那时起,PDM 被迅速应用于定向钻井。可控动力钻具是多功能的,用于定向钻进的各部分,从开始造斜,到钻井切线以及提供精确的轨迹控制。在 PDM 组合中,如今最为常用的造斜工具是弯外壳支座动力钻具。

弯接头和弯外壳支座利用钻头倾斜(也就是钻头端面与钻柱轴不一致)和钻头侧向力来改变井眼方向和井斜。弯外壳支座比弯接头更有效,因为弯外壳支座具有较短的钻头—弯头距离,从而减少了移轴量,对于既定大小的弯曲产生较高的造斜率。较短的钻头—弯头距离还可以减少矩臂,从而减少弯接头上的弯曲应力。因此,弯外壳 PDM 比较容易定位,并且可以长时间地旋转。弯接头仅应用于较大的井眼(22~26in)。由于可调整弯外壳的引进,弯接头在多数情况下已变得过时。

在个人电脑广泛使用之前,简单的三点曲率计算用来预测动力组合的造斜率,具体公式如下:

$$BR = \frac{200\theta_b}{L_1 + L_2} \tag{9.15}$$

式中 BR——造型率,(°)/100ft;

θ_b——弯曲度,(°);

L_1——第一个触点(击中)到第二个点(弯曲)的距离,ft;

L_2——第二个触点到第三点(动力钻具上部扶正器)的距离,ft。

从更精确的结果来看,BHA 分析程序经常用于计算动力组合的增斜、降斜和旋转率。最为流行的 BHA 程序通常基于有限单元法,但是该程序并不足以精确地模拟控动力系统或RSS。采用半解析法的 BHA 软件,尽管使用起来不够灵活,但由于可以得到较好的结果,推荐在 PDMs 和 RSS 建模中使用。

9.7.1.1 弯外壳动力组合

典型的弯外壳动力组合包括排液控制阀接头、动力装置、传输/弯外壳单元、轴承部分。

(1)排液控制阀接头。排液控制阀接头位于动力钻具组合定位线上,包括一个阀门,用于钻柱和环空之间的液体流动。这样钻柱可以在下钻入井时灌满和起钻出井时排空。调控阀接头允许低排量循环,必要时可绕过动力钻具。

(2)动力装置。大多数动力组合采用 Moineau 泵准则将液压能转化为机械能。一对转子/定子将加压循环流体的液压能转换为旋转轴的机械能。转子和定子设计是叶片状的。转子和定子的凸出部位很相似,但钢转子比合成橡胶定子少一个叶片。转子和定子的叶片本质上是螺旋的,单级的相当于定子螺旋线全罩的直线距离。

动力装置可以按照叶片数量及有效级分类。动力部分的速度和扭矩跟定子和转子上的叶片数量直接相关。叶片数量越多,扭矩越大,转速越低。典型的转子/定子叶片构造从1:2到9:10。为了达到最佳性能,动力部分应该和钻头及所钻的地层相匹配。

(3)传输/弯外壳单元。传输/弯外壳单元之间通用的联轴器消除了所有的离心转子运动,并调节弯外壳定向钻井用支座的不对称运动,同时通过传输扭矩及下推力到传动轴上(该传动轴由轴承组合进行控制)。

(4)轴承部分。轴承组合包括多重推力轴承盒、径向轴承、限流器,以及传动轴。推力轴承支持转子向下的冲力,由于钻头压耗造成的向下的液压冲力,以及应用钻压带来的向上冲力。对于大直径的马达,推力轴承通常为多排滚珠设计。小直径马达使用的是碳化物和(或者)金刚石强化耐摩擦轴承。在推力轴承的上下部分分别使用金属的和非金属的径向轴承以吸收传动轴的侧面负荷。

5%~8%的循环流体通过轴承部分,利用限流器来冷却和润滑轴承组合。在计划使用的钻头水力学基础上,提前选好限流器并置于马达内。限流器在现场无法改造。传动轴将轴向负荷和扭矩传输给钻头。驱动轴是一个锻造组件,使得疲劳强度、轴向强度以及扭矩强度最大化。底部有螺纹方便连接钻头。

9.7.1.2　传递到钻头的力

在 PDMs 中,传递到钻头的力可用下列关系表述:

$$HP = \frac{TN}{5252} \qquad (9.16)$$

式中　HP——功率,hp;

　　　T——扭矩,lbf · ft;

　　　N——转速,r/min。

9.7.1.3　定向钻井中 PDMs 的应用

PDMs 有几种应用形式,最为重要的几种列举如下。

(1)侧钻。从套管侧钻是最常用的方式,尤其是当重大钻井跟进,利用截面铣鞋磨一段套管,然后利用弯外壳动力钻具来改变轨迹。该组合通常包括马达上的一个扶正器,也可能包括马达上面的另一个扶正器。

(2)导向钻井和初始造斜。导向钻井系统的基本要求是能够改变井斜和方位。这是最为常用的结构,原因如下。

① 定向和转动都必须遵循计划好的平均曲度。

② 安装完成后,该组合可以利用井斜和方位之间必要的较小修正旋转到稳斜。

③ 所钻延长段可以穿过不同地层,不用起钻改变组合。

④ 有效地分配钻头上的扭矩和功率,使钻井性能最佳化。

该系统通常包括一个弯外壳马达和一个轴承套上的扶正器。为了增强马达的滑动能力,扶正器两端各有一个宽而直的叶片,尺寸小于井眼(主要为1/3~1/2in)根据应用的不同,可以在马达上面添加其他扶正器。虽然这些扶正器基本上都是螺旋的,叶片应为锥形,并小于井眼规格。

可控组合的总体设计取决于预期应用,最重要的关注点如下:

① 定向模式中的期望造斜率应该比要求的稍微高一些(一般为 1°~2°/100ft),以保证计划造斜率;

② 扶正器的使用数量应该最小化,从而可以减少定向模式中的阻力;

③ 如果钻柱在弯曲部分旋转,需要检查弯外壳处的弯曲应力,保证应力在耐久极限内。

(3)中曲率半径应用(6°~15°/100ftDLS)。对于 6°~15°/100ft 范围内的造斜率,大多数的中曲率半径钻进在 12¼in 大小的井眼中进行,并使用直径等于或小于 8in 的马达。许多马达结构用于中曲率半径井,每一个都有它们各自的指标,包括:① 单弯外壳马达;② 带有偏心垫片的单弯外壳;③ 双弯马达(弯外壳马达,弯接头置于马达顶部并和弯外壳马达对齐);④ 双弯外壳马达。

(4)中间半径和短半径应用。中半径钻井系统用于获得造斜率在 15°~65°/100ft 范围内的钻进。造斜和横向部分使用短轴承组马达钻进。当造斜率超过 45°/100ft 时,需要使用串接马达及柔性随钻测量工具。两种系统类型都可用于新井或修井。

串接造斜马达(用于造斜段)和十字分流马达(用于横向水平段井)用于短半径井中,其造斜率范围为 65°~125°/100ft。串接随钻测量工具则可通用于造斜段和横向段。

9.7.2 旋转可控系统

旋转可控系统(RSS)代表了定向钻井中革命性的技术进步,它克服了可控动力钻具和常规旋转组合的缺陷。在可控动力钻具中,为在新井眼轨迹中产生变化,钻柱的旋转停止在一个位置,从而使动力钻具中的弯接头指向新井眼轨迹。这种模式,称为滑动模式,一般会对钻柱产生较高的摩擦力。在大位移井钻进中,摩擦力达到一定点就会没有轴向压力用来克服钻柱与井壁之间的阻力。因此,继续钻进就不可能。为克服可控动力钻具的缺点,在 20 世纪 90 年代早期 RSS 得到了发展以适应大位移井钻进的需求。第一个 RSS 系统在 BP 公司的 Wytch Farm 油田的大位移井中得到应用。

RSS 允许控制钻头时钻柱的持续旋转。因此,它们比常规可控动力钻具有更好的机械钻速。其他的优点还包括井眼清洁好、扭矩和阻力较低以及井眼质量较好。与常规可控动力钻具系统相比,RSS 有更为复杂的机械和电子系统,因此运行成本就更为昂贵。这种经济代价往往限制了其在高要求的大位移井中或者在与设计相关的非常复杂的井身结构的应用。因此,新一代系统(产于 2002 年)在下入深度、使用效能及机械可靠性方面达到了一个新高度。

RSS 系统中的两个关键概念:定位钻头和推动钻头。

钻头定位系统与弯外壳动力钻具使用同样的原理。在 RSS 中弯外壳置于钻铤中以便在钻柱旋转过程中导向至预期方向。钻头定位系统声称允许使用长保径钻头来降低井眼螺旋并钻出更直的井壁。钻头推动系统使用侧向力应用于钻头的原则,推动钻头远离井壁从而获得期望的轨迹。这种力可以是液压力或是机械压力。无论是钻头定位 RSS 还是钻头推动 RSS,用 8½in 井眼工具可以获得最大为 6°~8°/100ft 的造斜率。

9.7.3 可调尺寸扶正器

在 20 世纪 80 年代晚期,行业开发了可调尺寸扶正器(图 9.19),当工具在井下时,其有效刃片外径可以改变。用这种扶正器,司钻就能够改变扶正器外径而无需花费太多时间和起钻

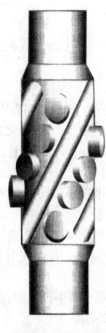

图 9.19　可调尺寸扶正器

出井。下入旋转组合中的可调扶正器经常放在近钻头位置或者定位在距钻头 15～30ft 的位置。在这些位置,其尺寸的改变能有效控制组合的增斜和降斜趋势。

因为它们可以在旋转模式下控制井斜,就这些组合作为二维旋转系统变得众所周知。可调尺寸扶正器也能随可控动力钻具运行,使在旋转模式下钻进时用扶正器控制井斜成为可能。

近来,可调尺寸扶正器得到了广泛应用。特别是在利用地质导向或储层导向仪器钻进水平井段时,通常包括随钻录井工具。稳定传感器随其调查深度可探测到钻头钻进储层边缘前很多英尺的变化。这种能力可允许稳定钻进组合在储层以及从高层或地层界限偏离。

9.7.4　导向器

裸眼井导向器是用于改变井眼轨迹的第一种降斜工具,但目前已很少使用。在裸眼井侧钻中,弯外壳动力钻具已经取代了裸眼井导向器作为最常用的造斜工具。然而,套管导向器仍然经常使用于套管井的侧钻作业中。

导向器可分为回收型或不可回收型(一次性)导向器。回收型导向器对于钻单井眼的多分支井而言非常理想。

典型的套管侧钻作业涉及多次起下钻——打入水泥塞、坐斜向器、开始套管开窗、完成开窗并清洁等。为节省时间,最近开发的系统能在一次起下钻中完成所有这些工作。值得注意的是坐斜向器和初始工具导向常需要陀螺仪测斜。

9.7.5　涡轮

涡轮,通常以涡轮钻具为人所知,由涡轮马达(有一系列与轴连接的转子或定子)提供动力。当钻井液通过涡轮泵入时,定子把钻井液导向至转子上,迫使转子旋转与之相连的传动轴上。涡轮设计成在高速度低扭矩时运行,因而适应于金刚石钻头或 PDC 钻头同时运行。与 PDMs 相比,涡轮灵活性和效率都比较低,但运行成本更昂贵,因此涡轮不如 PDMs 应用广泛,仅在俄罗斯使用。

9.7.6　喷射钻头

利用钻井液的液压能从井底冲出一个凹槽,喷射钻头能够改变井眼轨迹。带有大喷嘴的三牙轮钻头在预期方向上进行导向以产生凹槽。钻具组合强行下入凹槽一小段距离。持续这一过程直至获得预期的轨迹改变。由于机械钻速低和在软地层中的局限性,喷射钻头现在也很少使用。

9.8　补充问题

(1)问题 9.1。

简述钻铤的使用并列举其功能。

(2)问题 9.2。

为应用 $25 \times 10^3 lbf$ 的钻压钻一个 $8\frac{1}{2}in$ 井眼,计算所需钻铤长度。使用 6in、72lb/ft 的钻铤。已知数据:(1)钻井液密度 12lb/gal;(2)井斜 15°;(3)设计因数 1.1。

（3）问题 9.3。

给出下列数据，设计一钻柱。

① 井眼尺寸 8½in。

② 钻井液密度 13lb/gal。

③ 待用钻铤：6in×2¼in，83lb/ft。

④ 要求钻压 $50×10^3$ lbf。

⑤ 设计因数 1.1。

⑥ 加重钻杆：270ft，4½in×2¾in，41lb/ft。

⑦ 最大提升拉力 $80×10^3$ lbf。

（4）问题 9.4。

当 80000lb 的拉力应用于钻柱时，计算所用的扭矩。

（5）问题 9.5。

给出下列数据，计算轴向荷载为 $250×10^3$ lbf 的弯曲力所产生的弯曲率。

① 钻杆：5in，19.5lb/ft；NC50 接头外径 6⅝in。

② 井眼尺寸 8½in。

9.9　符号说明

BF：浮力系数；

BR：造斜率，(°)/ft；

D：钻杆外径(OD)；

DF：设计因数；

E：杨氏弹性模量；

f：摩擦系数；

F_{hel}：螺旋弯曲载荷；

F_N：净正向力；

F_{sin}：正弦线性弯曲载荷；

HP：功率，hp；

L_1：第一个触点(击中)到第二个点(弯曲)的距离，ft；

L_2：第二个触点到第三点(马达顶部扶正器)的距离，ft；

L_c：检查破坏压力时的深度，ft；

M：单元的低端弯曲力；

N：转速，r/min；

p_c：破坏压力，psi；

r：钻柱与井壁之间的径向间隙；

R：单元的特征半径；

T_a：准许的轴向拉力，lbf；

T_h：计算钩载，lbf；

T_{axial}：最低端的轴向拉伸力；

ω：单元浮重；

W:钻柱的浮重;

W_{dc}:钻铤的单位质量,lb/ft;

WOB:钻压,lbf;

x:内流体深度,ft;

θ:单元低端倾斜角;

θ_b:弯曲度,(°);

ρ_m:钻井液密度,lb/gal;

ρ_{mi}:内流体密度,lb/gal;

σ_b:弯曲应力;

ϕ:单元低端方位角。

参 考 文 献

1. Recommended Practice for Drill Stem Design and Operating Limits. 6th ed. 1998. API 7G.

2. Ibid.

3. Ibid.

4. Johancsik, C. A. , D. B. Friesen, and R. Dawson. 1984. "Torque and Drag in Directional Wells – Prediction and Measurement. "Journal of Petroleum Technology, June. 987 – 992.

5. Ibid.

6. Johancsik, Friesen, and Dawson, Journal of Petroleum Technology, June 1984. Rasmussen, B. , J. O. Sorheim, E. Seiffert, O. Angeltvadt, T. Gjedrem. 1991. "World Record in Extended Reach Drilling, Well 33/9 – C10, Statjord Field, Norway. "Paper presented at the SPE/IADC Drilling Conference, Amsterdam.

7. Ibid.

8. Dellinger, T. , W. Gravley, and G. C. Tolle. 1980. "Directional Technology Will Extend Drilling Reach. "Oil and Gas Journal, September 15, 153 – 69.

9. Dawson, R. , J, and P. R. Paslay. 1984. "Drillpipe Buckling in Inclined Holes" Journal of Petroleum Technology, October.

10. Paslay, P. R. , J, Yin – Min, J. E. E. Kingman, and J. D. Macpherson. 1992. "Detection of BHA Lateral Resonances while Drilling with Surface Longitudinal and Tortional Sensors. "Paper SPE 24583, presented at the 67th SPE Annual Technical Conference and Exhibition, Washington, D. C.

11. Dykstra, M. W. 1996. "Nonlinear Drill String Dynamics. "Ph. D. dissertation, University of Tulsa.

12. Vandiver, J. K. , J. W. Nicholson, and R. – J. Shyu. 1990. "Case Studies of the Bending Vibration and Whirling Motion of Drill Collars. "SPE Drilling Engineering, December, 282 – 90.

13. Dunayevsky, V. A. , A. Judzis, and R. – J. Shyu. 1990. "Case Studies of the bending Vibration and Whirling Motion of Drill Collars. " SPE Drilling and Completion, June, 84 – 91. Field, D. J. , A. J. AWarbrick, and G. A. Haduch. 1993. "Techniques for Successful Application of Dynamic Analysis in the Prevention of Field – Induced Vibration Damage in MWD Tools. "Paper presented at the SPE/IADC Drilling Conference.

14. Field, D. J. , A. J. Awarbrick, and G. A. Haduch, SPE/IADC Drilling Conference presentation.

15. Schaaf, S. , D. Pafites, and E. Guichemerre. 2000. "Application of a Point the Bit Rotary Steerable System in Directional Drilling Prototype Well – Bore Profile. "Paper SPE 62519, presented at the 2000 SPE/AAPG Western Regional Meeting, Long Beach, Calif.

16. Yonezawa, T. , et al. 2002. "Robotic Controlled Drilling:A New Rotary Steerable Drilling System for the Oil and Gas Industry. "Paper IADC/SPE 74458, presented at the IADC/SPE Drilling Conference, Dallas.

17. Barr, J. D. , J. M. Clegg, and M. K. Russell. 1995. "Steerable Rotary Drilling with an Experimental System. "Paper SPE/IADC 29382, presented at the SPE/IADC Drilling Conference, Amsterdan.

18. Gruenhagen, H. , V. Hahne, and G. Alvord. 2002. "Application of New Generation Rotary Steerable System for Reservoir Drilling in Remote Areas. "Paper IADC/SPE 74457, presented at the IADC/SPE Drilling Conference, Dallas.

19. Lawrence, L. , J. Stymiest, and R. Russell. 2002. "Adjustable – Gauge Stabilizer in Motor Provides Greater Inclination Control. "Oil and Gas Journal, February 18, 37 – 41.

10 钻井问题及解决办法

10.1 简介

即便是精心设计的井,在钻井作业过程中,钻井事故也时有发生。因为即使是两个位置相邻的井地质条件也不尽相同(非均质的地层),因此就会遭遇不同的难题。成功达到钻井目标的关键在于能够预测潜在问题,而不是仅仅放在防范和谨慎方面。钻井问题的发生伴随着相当大的成本支出,其中常遇到的问题有以下几方面:

(1)钻杆卡钻;

(2)循环漏失;

(3)井眼偏斜;

(4)钻杆破坏;

(5)井眼失稳;

(6)钻井液伤害;

(7)地层破坏;

(8)井眼清洁;

(9)含硫化氢地层和浅气层;

(10)设备及人为因素。

只有对这些问题考虑周全并制订合适的计划,才能达到控制钻井成本和原定的目标。本章就阐述这些问题可能的解决方法以及适用的预防性措施。

10.2 钻杆卡钻

10.2.1 定义

在钻进作业中,如果钻杆在不伤害并不超过钻机最大允许载荷的情况下,钻杆不能自由拉出井底,那么就认为是钻杆被卡住了。钻杆卡钻问题有压差卡钻、机械卡钻两种类型。

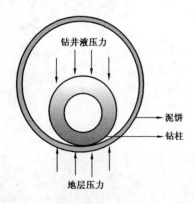

图 10.1 压差卡钻

10.2.2 压差卡钻

在钻进的过程中,当钻柱的某部分嵌入到渗透性地层井壁上形成的泥饼时,就会发生压差卡钻。如作用于钻杆外壁的钻井液压力 p_m 大于地层流体压力 p_{ff}(这常被看做卡钻的例子,欠平衡钻井除外),如图 10.1 所示。

作用于钻杆部分的压差可表示为:$\Delta p = p_m - p_{ff}$。解决卡钻所需的拉力 F_{pull} 是压差 Δp、摩擦系数 μ,还有钻杆和泥饼表面之间的总共接触面积 A_c 的共同作用,那么:

$$F_{pull} = \mu A_c \Delta p \qquad (10.1)$$

摩擦系数 μ,对于油基钻井液或未加润滑剂的加重水基钻井液,其值在 0.04 ~ 0.35 浮动;接触面积 A_c 可以根据弧长 ψ_{arc} 和嵌入泥饼中钻杆的长度 L_{ep} (图 10.2)计算得到。弧长如下所示:

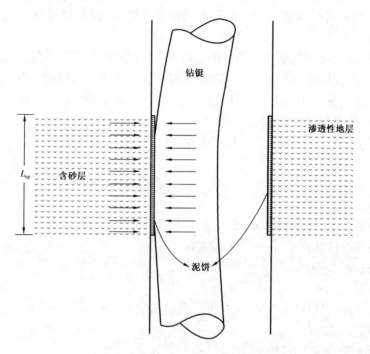

图 10.2　管柱嵌入地层的压差卡钻

$$\psi_{arc} = \sqrt[2]{\left(\frac{D_h}{2} - t_{mc}\right)^2 - \left(\frac{D_h}{2} - t_{mc}\frac{D_h - t_{mc}}{D_h - D_{op}}\right)^2} \tag{10.2}$$

式中　D_h——井眼直径;

　　　D_{op}——钻杆外径;

　　　t_{mc}——泥饼厚度。

在式(10.2)中,D_{op} 必须大于等于 $2t_{mc}$,并且小于等于 $D_h - t_{mc}$,所以接触面积可用下式表示

$$A_c = \psi_{arc} L_{ep} \tag{10.3}$$

从式(10.1)至式(10.3)可以看出,导致卡钻和不能解决卡钻的可控参数包括:(1)不必要的高压差;(2)厚泥饼(滤失量大);(3)低润滑泥饼(高摩擦系数);(4)嵌入泥饼中的钻杆长度过长(解卡作业中的时间耽搁)。

尽管井眼和钻杆直径以及井斜角在钻杆卡钻力中起到非常重要的作用,但它们是不可控变量,一旦选择无法改变。然而,在方钻铤和带螺纹凹槽及外加厚接头的钻铤可以将卡钻力最小化。

当钻进渗透性储层或已知的压力衰竭储层时,压差卡钻的一些指标有:(1)扭矩和阻力的增加;(2)无法起出钻柱且在某些情况下难以使其旋转;(3)钻井液循环无法打断。

压差卡钻可以预防或者说可以降低发生的可能性,采取的预防措施有:(1)在预算经济范围内保持最低量流体的流失(比如控制泥饼厚度);(2)在钻井液系统中保持最低的固相含量,如果经济允许的话可以清理所有固相;(3)起下钻作业中,在抽汲压力和冲击压力允许的情况下使用最低的压力差;(4)选择可产生柔顺泥饼的钻井液系统(摩擦系数低);(5)如果可能,保持钻柱一直旋转。

如前面所述,压差卡钻问题不可能全部预防避免。因此当问题出现时,常见的现场解卡措施有:(1)降低环空钻井液水力压力;(2)用油浸泡钻柱被卡部分;(3)冲洗被卡钻杆。

减少环空内钻井液水力压力方法有:(1)依靠稀释减少钻井液密度;(2)随氮气蒸发降低钻井液密度;(3)在卡点的上方用封隔器坐封。

例 10.1:根据如下油井数据,计算解卡所需的拉力。

(1)钻铤外径:$D_{op} = 6.0$in。

(2)井眼直径:$D_h = 9.0$in。

(3)泥饼厚度:$T_{mc} = 2/32$in。

(4)摩擦系数 0.15,油基钻井液;水基钻井液,摩擦系数 0.25。

(5)嵌入泥饼的钻铤长度:$L_{ep} = 20$ft $= 240$in。

(6)压力差:$\Delta p = 500$psi。

解:

利用式(10.2)可以确定弧长 $\psi_{arc} = 2.1$in,利用式(10.1)可以算出拉力。

摩擦系数为 0.15 时:

$$F_{pull} = 0.15 \times 500 \times 2.1 \times 240 = 37530(\text{lbf})$$

摩擦系数为 0.25 时:

$$F_{pull} = 0.25 \times 500 \times 2.1 \times 240 = 62550(\text{lbf})$$

10.2.3 机械卡钻

引起机械卡钻的原因有:(1)环空内钻屑的聚集量过多;(2)井眼失稳——比如井坍塌、崩落、塑性泥岩毁坏或部分受挤压;(3)形成键槽。

10.2.3.1 钻屑

由于井眼清洁不足以及环空内过量的钻屑堆积就会引发机械卡钻问题——特别是定向井钻进中,会在井眼较低的一边形成一个固定的钻屑床。如果这种条件下起钻,卡钻就很有可能发生。这就是为什么现场实践中在进行短起钻之前常彻底循环几次,钻头离开井底冲走钻屑床。扭矩和阻力的增加以及钻杆循环压力的升高能指示环空泥屑大量堆积和有潜在机械卡钻问题。预防措施包括:(1)使用适当的水力黏度或钻井液黏度保持环形空间内的湍流;(2)钻杆高速运转搅动井眼较低一侧,防止形成钻屑床。

10.2.3.2 井壁失稳

这个话题后面会详细讨论,然而在此很值得一提,钻杆卡钻问题与井壁失稳问题有关,最麻烦的是钻到泥岩。根据钻井液的成分和密度,泥岩会崩落或是塑性流入井因此造成机械卡钻。在所有地层类型中,钻井液密度太小会导致井眼坍塌,可能导致机械卡钻。在上覆岩层压力以下钻进呈现塑性特征的盐层时也会引发问题。如果钻井液密度不够高,盐层就有流进的趋势,并因此造成机械卡钻。由于井壁失稳导致潜在卡钻问题的特征是:循环压力升高、扭矩增加以及某些情况下没有钻井液返出至地面(图 10.3)。

10.2.3.3　键槽

众所周知,键槽是引发机械卡钻的主要原因之一(图10.4)。这个槽是钻柱旋转且侧向力作用于钻柱形成的。这个条件是在狗腿度未知或未探测到的基岩冲蚀地区而产生的。

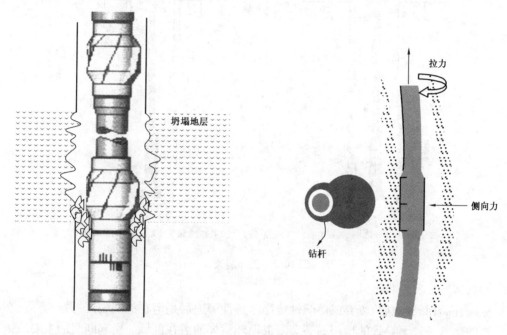

图10.3　井壁失稳产生的卡钻　　　　　　　　图10.4　键槽卡钻

将钻杆挤向井壁引起机械冲蚀,并且形成键槽的侧向力 $F_L = T\sin\theta_{dl}$,式中 F_L 表示侧向力,T 表示钻柱在键槽区上方的拉力,θ_{dl} 表示井斜角的变化(通常指狗腿度角)。

在现场进行短起下操作时,通常长钻头会产生键槽。而且使用更高强的 BHA 也会使严重狗腿度的出现最少化。在短起下过程中,当已经起出几柱钻杆后突然钻杆被卡,即是非常明显的键槽卡钻。

解卡可以有多种方式,取决于对卡钻原因的分析判断。例如,如果怀疑钻屑积聚是卡钻原因,那么旋转和摆动钻柱以及增加不超过最大允许钻井液当量的排量可以解卡。如果页岩导致井眼缩小是卡钻原因,那么增加钻井液密度可以解卡;相反地,如果由于盐岩导致井眼缩小是卡钻原因,那么用清水循环可以解卡。

10.3　钻井液漏失

10.3.1　定义

钻井液漏失是指整个钻井液不可控制地流入地层,有时该地层称为漏失层。如图10.5所示,漏失可能是部分漏失也可能是全部漏失。在部分漏失中,钻井液继续返回地表而部分漏失进地层。然而,整体漏失就是所有钻井液全部流入地层而没有钻井液返回至地面。

在整体循环漏失情况下,如果允许继续钻进,这就是所谓的无循环钻进。这并非行业惯例,除非漏失层上面的地层稳定(也就是说没有油和钻井液是干净的水)时,从经济性和安全性角度,可继续进行钻井作业。

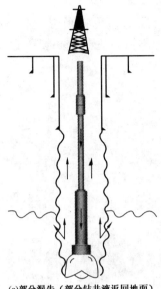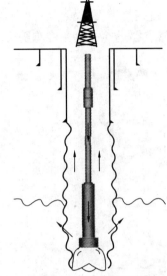
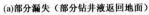

(a)部分漏失(部分钻井液返回地面)　　　　　(b)完全漏失(无钻井液返回地面)

图 10.5　循环漏失

10.3.2　循环漏失区域和起因

一方面,固有断裂地层、废弃或溶洞性或高渗透性等地层是潜在的漏失区;另一方面,在某些不恰当的钻井条件下导致的地层破裂会变成循环漏失的潜在区域。引起断裂的主要原因就是井底压力过高和过渡区域内技术套管下入深度不适当。

诱发破裂或固有裂缝可能分布在浅层水平段或者深度大于约 2500ft 的垂直段。超井壁压力常由高排量(高环空摩擦压力损失)或者起下钻速度过快(高激动压力)所致,这常导致钻井液当量密度过高。此外,因为不合理的环空井眼清洁,钻井液密度超高,或高压状态下关井,浅层气等也能诱发破裂并且因此导致循环漏失。

公式(10.4)和公式(10.5)分别表示了必须维持的条件,以避免在钻进和起下钻期间压裂地层:

$$(ECD)_{\text{drilling}} = \rho_{\text{eq}} = \rho_{\text{m}} + \Delta\rho_{\text{f}} < \rho_{\text{frac}} \tag{10.4}$$

$$(ECD)_{\text{trippingin}} = \rho_{\text{eq}} = \rho_{\text{m}} + \Delta\rho_{\text{srg}} < \rho_{\text{frac}} \tag{10.5}$$

式中　ρ_{m}——静态钻井液密度;

　　　$\Delta\rho_{\text{f}}$——由于环空摩擦压力损失而增加的钻井液密度;

　　　$\Delta\rho_{\text{srg}}$——由于激动压力而增加的钻井液密度;

　　　ρ_{frac}——当量钻井液密度是地层压力破裂梯度;

　　　ρ_{eq}——当量循环钻井液密度。

溶洞性地层是具有天然大溶洞的灰岩。这种地层的循环漏失类型是快速完全漏失而且封堵最为困难。作为潜在的循环漏失区的高渗透性地层,是渗透性超过 10D 的浅层砂层。一般地,深部砂层渗透性差而不出现循环漏失问题。在非溶洞性漏失区,钻井液罐中钻井液液面逐渐减少,如果继续钻进,钻井液也会全部漏失。

10.3.3 循环漏失的阻止

完全阻止循环漏失是不可能的。这是因为在钻进作业期间,如果要到达目的层,遇到一些地层如天然裂缝型、低压型、溶洞型或者高渗透型地层等是不可避免的。然而,如果采取某些预防措施,特别是那些预防诱发破裂的措施,那么减轻循环漏失问题是有可能的。这些措施为:(1)保持合理的钻井液密度;(2)在钻进和起下钻期间,使环空压力损失最小化;(3)保持充分的井眼清洁并避免环空空间限制;(4)在过渡层下入套管保护上部脆弱地层;(5)为提供更精确的录井和钻井数据,及时更新地层孔隙压力和破裂压力梯度;(6)如预测到漏失地层,在钻进该地层之前制定出预防措施,如用堵漏材料处理钻井液。

10.3.4 补救措施

当循环漏失出现时,必须封堵地层,除非地质条件允许无循环钻进(这种钻进在大多数情况下不可能)。与钻井液混合封堵地层的普通堵漏剂可分为纤维状、片状、颗粒状和(或)三者的混合等几类。

这些材料在封堵低漏、微漏地层时有效。在遇到严重漏失地层的情况下,使用多种堵漏塞就变得非常重要。然而,下入堵漏塞之前必须知道漏失层的位置。整个钻井产业所用的各种堵漏塞包括膨润土 – 柴油原油塞、水泥 – 膨润土 – 柴油原油塞、水泥以及重晶石粉等。

10.4 井眼倾斜

10.4.1 定义

井眼倾斜是钻头在沿预定井眼轨迹钻进时的无意偏离。无论是钻直径段还是钻定向井段,钻头从预定井径偏离的趋势可导致更高的钻井成本支出和与合同期限有关的法律问题(图10.6)。

10.4.2 原因

什么原因导致钻头偏离既定井径并没有确切的答案。然而,得到普遍公认的是下面一个或几个因素的综合导致了井眼倾斜。

(1)地层的复杂特性和倾斜角。

(2)钻柱特点和动力特性。

(3)钻压。

(4)垂直段的井斜角。

(5)钻头类型和机械设计与液压设计。

(6)钻头上的液压能。

(7)不合理的井眼清洁。

作用于钻头上的合力导致了井眼偏离。这种合力的原理很复杂,主要由钻柱的性能、钻头 – 岩石相互作用、钻头操作条件以及在某种程度上钻井液压力等的支配。由于 BHA 分配到钻头上的力主要与 BHA 的扭矩有关(强度、扶正器、扩眼器等)。

BHA 是一个柔软具有弹性结构在压缩载荷下能够弯曲。既定设计的 BHA 的弯曲形状取决于钻压。BHA 弯曲的意义在于可以使钻头的轴线与既定井径轴线偏离,从而导致偏离产生。钻杆强度及长度和扶正器的数量是决定

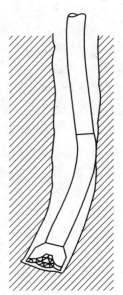

图10.6 井眼倾斜

BHA弯曲的两大主要参数。钻压的降低和外径与井径尺寸几乎吻合的扶正器的使用可以使BHA弯曲的倾向最小化。

岩石-钻头相互作用力对钻头偏离的影响取决于以下因素:

(1)岩石特性(黏着强度、层理或倾斜角和内摩擦角);

(2)钻头设计特点[齿角度,钻头类型、尺寸、移轴量(仅限于牙轮钻头)、齿的数量及齿位、钻头结构等];

(3)钻进参数(切齿钻进岩石机理)。

岩石-钻头相互作用机理是一个相当复杂的问题,也是影响井斜的一个最难理解的问题。幸运的是,随着井下随钻测量仪器的出现,使人们在缺乏井斜机理的条件下能够沿预设轨迹钻井。

10.5 钻杆破坏

钻杆破坏可分为扭曲(由于扭矩过大)、断裂(由于拉力过大)、涨裂或挤毁(分别由于内压或外压过高)、疲劳(由于机械循环负载,有腐蚀或无腐蚀)。

10.5.1 扭曲

当由于较高的扭矩产生的剪切应力超过了钻杆材料的极限剪切应力时,钻杆扭曲出现损坏。在直井正常钻进中,并不总能遇到过高扭矩。然而,在定向井和大位移井钻进中,超过80000lbf·ft的扭矩非常常见,而且可以轻易导致不恰当的钻柱组件出现扭曲。

10.5.2 断裂

当产生的拉力应力超过钻杆材料的极限拉力应力时,钻杆断裂的破坏现象出现。当卡钻出现以及在井内卡点上方施加过大拉力,断裂情况也会出现。

10.5.3 挤毁或涨裂

这种情况并不常见。然而,在高密度钻井液和完全循环漏失的极端条件下,钻杆涨裂或挤毁的情况也会出现。

10.5.4 疲劳

疲劳是一种动态变化现象,可看做是从微观裂纹发展成宏观裂纹的开始与发展,是各种应力重复作用的结果。在动态应力作用下,它是一个材料上局部侵入性的结构破裂的过程。循环应力下产生的破裂称为疲劳毁坏。

钻柱疲劳是油气井和地质钻井作业中最为常见和代价最大的钻杆损坏形式。循环应力和腐蚀的共同作用能够缩短钻杆寿命。循环应力由于短柱振动的动态负载产生。在氧、二氧化碳、氯化物和(或)硫化氢出现时,钻杆腐蚀出现。对于钢质钻杆而言,硫化氢是最为严重的腐蚀因素,对于人类也是致命的。无论什么导致钻杆损坏,打捞作业的成本,而且有时无法取回落鱼而导致数百万美元的损失、昂贵的井下工具损失甚至废弃已钻井段。

尽管对于钻杆疲劳损坏已经做了大量的工作,从精确分析的角度而言,仍远远不够。静态数据决定了:(1)服务类型和钻柱的环境;(2)作业载荷值和出现频率;(3)量化应力方法的精确性;(4)操作质量;(5)材料疲劳数据的可用性。

10.5.5 钻杆疲劳的阻止

尽管钻杆损坏不能完全避免,但可采取一些措施使损坏最小化。疲劳损坏可通过最小化循环应力以及钻进作业中无腐蚀环境来减缓。循环应力能够通过控制狗腿严重度和钻柱振动减小。腐蚀可通过腐蚀吸收剂和在硫化氢出现时控制钻井液 pH 值来减缓。正确的处理措施和钻柱的检测是预防的最好方式。

10.6 井壁失稳

10.6.1 定义与原因

井壁失稳是一裸眼井段不能保持其原来大小和形状以及（或）结构完整性的非预期状况。井壁失稳原因可分为机械性（由于原应力）、冲蚀（由于钻井液循环）、化学性（井眼中钻井液与地层的相互作用）。

10.6.2 与井壁失稳相联系的问题

有四类不同类型的井壁失稳，如图 10.7 所示，包括：（1）井眼封闭或缩窄；（2）井眼扩大或冲蚀；（3）断裂；（4）坍塌。

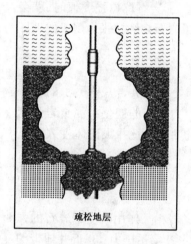
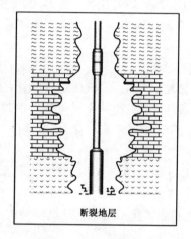
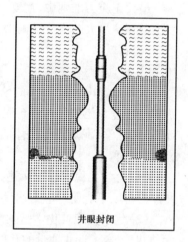

疏松地层　　　　　断裂地层　　　　　井眼封闭

图 10.7　井壁失稳的相关问题

10.6.3 井眼封闭

井眼封闭是井壁缩窄的一个时间过程，在上覆岩层压力下，有时称为蠕动。通常出现在塑性流动性页岩和盐层段。相应问题是：（1）扭矩和阻力的增加；（2）卡钻的潜在可能性增加；（3）下套管的难度增加。

10.6.3.1 井眼扩大

井眼扩大通常是由冲蚀造成的，也就是井眼变得比预期大。井眼扩大的原因有液压冲蚀和机械冲蚀。相关问题是：（1）固井难度的增加；（2）井眼偏离潜在可能性的增加；（3）井眼清洁效果要求的液压能增加；（4）录井作业期间潜在问题的增加。

10.6.3.2 断裂

当井内钻井液压力超出地层破裂压力时，断裂就会出现。相关问题有循环漏失和可能出现井涌。

10.6.3.3 坍塌

当钻井液压力太低而无法保持所钻井眼的结构稳定性时，井壁就会坍塌。相关问题有卡钻和井的废弃。

10.6.4 井壁失稳原理

钻井之前,地下某一深度处的岩石在原始地应力下的力学性质是稳定的,原始地应力包含上覆岩层压力与水平原始地应力。然而,钻开井眼后,原始地应力与岩石强度的平衡被破坏。同时,由于外来流体的侵入,结果就增加了井壁失稳的可能性。虽然大量实验研究已经建立了模拟计算井壁稳定的模型,但是这些模型都有一个问题,即模型分析所需要的原始数据并不可靠,包括原始地应力、孔隙压力、地层流体化学性质(泥页岩)、岩石力学特性。

10.6.5 岩石力学破坏准则

作用在岩石上的应力大小超过岩石抗拉或抗压强度时,就会发生井壁的力学失稳。钻井液密度过低会由剪切应力引起井眼坍塌,而密度过大会由正应力引起井眼破裂。通常用最大正应力(拉张破坏)和最大畸变能(压缩破坏)预测井壁失稳问题。

最大正应力准则中,在复合应力作用下,有效主应力之一达到了岩石抗拉强度值时,就会发生破坏。最大畸变能准则中,在复合应力作用下,畸变能达到了岩石在纯拉张作用下的破坏能时,岩石就会发生破坏。

10.6.5.1 泥页岩失稳

世界范围内超过75%的已钻地层是泥页岩地层。每年用于处理泥页岩井壁失稳的钻井费用已超过5亿美元。引起泥页岩井壁失稳的原因包括力学(应力状态的变化与泥页岩强度环境)和化学(泥页岩与流体的相互作用,即毛细管力、渗透压、扩散压力、井眼流体侵入泥页岩)两方面。

(1)力学失稳。综上所述,由于原始地应力平衡被钻井打破,而发生岩石的力学失稳。钻井液的密度不能使地应力达到原来的稳定状态,所以泥页岩在力学上是不稳定的。

(2)化学失稳。化学引发泥页岩失稳是由于钻井流体与泥页岩相互作用改变了岩石的强度,同时改变了近井地带的孔隙压力。其机理包括:① 毛细管力;② 渗透压力;③ 近井地带的扩散压力;④ 过平衡钻井中的井眼流体侵入泥页岩。

10.6.5.2 毛细管力

钻井过程中,井眼内的钻井液通过孔喉界面接触到泥页岩中的原始孔隙流体,结果造成毛细管力增加,p_{cap}的表达式如下:

$$p_{cap} = \frac{2\lambda \cos\theta}{r} \qquad (10.6)$$

式中　λ——界面张力;

　　　θ——两种流体之间的接触角;

　　　r——孔喉半径。

为防止井眼流体侵入泥页岩并维持井壁稳定需要增加毛细管力,可以利用油基钻井液或者其他低极性的有机钻井液体系。

10.6.5.3 渗透压力

当泥页岩孔隙流体中的能级 A_s(也就是所谓的活性)超过了钻井液的能级 A_m,要么由于渗透压力,或者由于化学电势,流体会穿透半透膜继而流动。半透膜的穿透效率为 E_m,为阻止流体的流动,应尽量保持 A_m 与 A_s 相等。如果 A_m 小于 A_s 就表明应该增加 E_m,反之亦然。钻井液的活性可以通过添加电解质降低。例如添加海水、饱和盐水聚合物、KCl/NaCl 聚合物,或者石灰/石膏。

10.6.5.4 压力扩散

压力扩散是一种近井地带压力随时间变化的现象。压力变化是因为原始地层孔隙内的流体受到井眼流体压力 p_{wn} 和渗透压力 p_{os} 作用。

10.6.5.5 井眼流体侵入泥页岩

在常规钻井中,过平衡钻井(井眼流体压力大于地层压力)是应用最多的。因此井眼内流体通常会侵入地层(钻井液漏失),并且可能会引起化学反应,最终导致泥页岩失稳。为解决这类问题,通常的方法是增加钻井液黏度,在极端情况下,可以通过添加天然沥青封堵微裂缝。

10.6.6 井壁稳定分析

文献中有几种用于分析井壁稳定的模型。从简单到复杂有线弹性、非线性、弹塑性、纯力学、物理化学几种。

不考虑模型,所需的数据包括:(1)岩石性质(泊松比、强度、弹性模量等);(2)原始地应力(上覆岩层压力和水平地应力);(3)空隙流体压力和化学性质;(4)钻井液物理化学性质。

由于数据的获取难度大和不可靠性,分析透彻通常比较困难。但是可以通过设定数据变量进行敏感性分析,以求建立安全钻井液密度窗口。

10.6.7 井壁失稳预防措施

因为真实的地层岩石物性和化学性质是不可能获得的,所以所有失稳预防措施都不可靠。但是可以利用安全快速优质的已钻井现场实际,保证预钻井的钻井安全,有效降低事故发生概率。

(1)钻井液密度优选和保持。

(2)保持当量循环密度的水力学参数。

(3)井眼轨迹优选。

(4)钻井液与地层的配伍性。

(5)最小裸眼开放时间。

(6)利用邻井数据。

(7)监测变化趋势(扭矩、循环压力、大钩载荷等)。

(8)信息共享。

10.7 钻井液污染

10.7.1 定义

当外来物质进入钻井液系统中并造成钻井液性能(例如密度、黏度、滤失性)降低,这种现象就被称作钻井液污染。一般情况下,水基钻井液最容易被污染。而污染的原因是钻井液添加剂过量使用。

10.7.2 常见污染物来源与处理方法

最常见的水基钻井液污染物有:(1)固相(添加剂、钻屑、活性物、惰性物);(2)石膏/无水石膏(Ca^{2+});(3)水泥/石灰(Ca^{2+});(4)添加水(Ca^{2+} 和 Mg^{2+});(5)可溶碳酸氢盐与碳酸盐(HCO_3^- 和 CO_3^{2-});(6)可溶硫化物(HS^- 和 S^{2-});(7)盐/盐水(Na^+ 和 Cl^-)。

10.7.2.1 固相污染物

固相是指用于添加到钻井液体系中的蒙皂石与重晶石等,以及钻井过程中产生的钻屑(各种活性或惰性的)。不论哪种固相含量过高都会使钻井液受到污染,因为固相会影响钻井液性能。微米级与亚微米级固相颗粒对总钻井效率的危害是最大的,必须予以清除。

清除这类无用固相颗粒一般利用机械筛选设备(如振动筛、除砂器、除泥器、离心机)。振动筛可以清除直径 $140\mu m$ 及以上的固相颗粒,除砂器清除直径 $50\mu m$ 以上的砂砾,除泥器的清除范围为 $20\mu m$ 以上。当固相颗粒的粒径小于除泥器孔径时,必须使用离心机。化学絮凝剂用于将固相絮凝在一起成为一个较大的颗粒,这样便于清除。全絮凝剂絮凝所有固相颗粒,而选择性絮凝剂只絮凝钻屑,不包括重晶石。作为最后的手段,化学稀释剂有时用来降低固相颗粒的浓度。

10.7.2.2 钙离子污染

钙离子污染的来源主要有石膏、无水石膏、水泥、石灰、海水、盐碱水。对于淡水基钠/黏土处理钻井液体系钙离子是主要污染物。钙离子会通过离子交换取代黏土表面的钠离子,降低钻井液性能,例如流变性和滤失造壁性。此外,还会造成钻井液中添加的降黏剂失效。

这种问题应根据钙离子来源不同采取不同的处理方式。比如,如果来源为石膏或无水石膏,处理剂使用碳酸钠;如果来源是石灰和水泥,则应添加碳酸氢钠;如果处理成本过高,可以将钻井液体系改性为石膏钻井液或石灰钻井液。

10.7.2.3 碳酸氢盐与碳酸盐污染物

污染物离子(CO_3^{2-} 和 HCO_3^-)来源多种多样,例如钻井过程中钻遇含二氧化碳地层,钻井液中的有机物热降解,或者添加过量的苏打和碳酸氢钠。这类污染使钻井液屈服值和静切力过高,并且会降低 pH 值。通常加入石膏或石灰处理此类污染。

10.7.2.4 硫化氢污染

污染物离子(HS^-,S^{2-})一般源于钻井过程中钻遇的含 H_2S 地层。硫化氢是对人危害最大的污染物,除此之外,硫化氢对钻井过程中油管、套管的腐蚀也是极其严重的。处理这类污染一般用锌离子、铜离子,或者铁离子。

10.7.2.5 盐/盐水流体

钻井液体系中的 Na^+ 和 Cl^- 一般是由于钻遇盐岩层或者钻遇的地层含盐水,导致钻井液屈服强度和滤失量升高,pH 值降低。处理方式为:加淡水稀释,加分散剂和失水剂。如果处理成本过高,可以将钻井液改性为盐水钻井液。

10.8 储层伤害

10.8.1 定义

Brent Bennion 将储层伤害形容为"储层虽不可见,污染不可避免,产量急剧下降,损失难以估量"。在另一种情况下,地层伤害也被称作是储层(产层)伤害。主要由于钻完井及修井过程中井眼流体侵入,造成储层近井地带渗透率下降,产生表皮效应(图10.8)。

10.8.2 井眼流体

井眼流体主要类型为钻井液、完井液、修井液。

钻井液主要有两类:水基钻井液(纯聚合物、纯蒙皂石或者蒙皂石聚合物)和油基钻井液(油包水乳状液或油)。完井液和修井液一般不含盐和固相颗粒。

10.8.3　伤害机理

大量文献资料都认为地层伤害是多种机理的综合效应。

(1)固相堵塞。储层岩石孔隙中的堵塞物一般有两个来源:钻井滤失液中的固相和岩石基体,如图10.9所示。减小此类伤害的方法一般是降低钻井液中的微固相含量和流体滤失量。

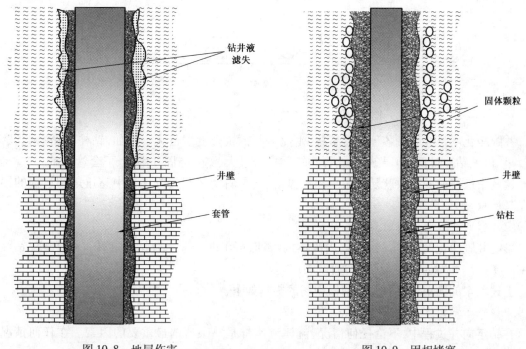

图10.8　地层伤害　　　　图10.9　固相堵塞

(2)黏土颗粒水化膨胀。这种问题是含水敏性黏土的砂岩固有的。当淡水滤失侵入储层岩石,水会引起黏土水化膨胀,减小甚至彻底堵死储层孔喉。

(3)饱和度改变。产量预测一般是建立在储层饱和度基础上的。当钻井液侵入储层后,水相饱和度发生改变,由此导致生产潜力降低。高滤失量引起水相饱和度升高,结果造成岩石相对渗透率降低。

(4)润湿反转。自然条件下,储层岩石的润湿性一般是水湿的。但是当用油基钻井液钻井时,滤液中大量的表面活性剂侵入岩体,引起润湿反转。根据现场测试和实验室实验,90%的减产都是由于这个原因。因此,应将油基钻井液中的表面活性剂使用量降至最低。

(5)乳状液堵塞。油基钻井液一般都有大量使用表面活性剂的特点。这些表面活性剂进入储层岩石后会在孔隙中形成乳状液,造成减产。

(6)水化滤失堵塞。在水基钻井液体系中,水化滤失侵入储层也会引起堵塞,造成储层生产潜力降低。

(7)可溶盐的互沉淀。盐水钻井液或是地层水各自或者相互反应,都可能引起可溶盐的互沉淀,结果导致固相堵塞物产生,最终造成减产。

10.9　井眼净化

10.9.1　井眼净化简介

在过去的几十年中,人们对定向井钻井过程中井眼净化问题进行了大量的研究。通过实验论证发现,在井斜角大于30°的井段会产生钻屑上返困难的问题,而在直井中通常不会出现。如果钻井液流速低于某一临界值,结果会在井眼内明显产生一层移动或固定的钻屑床(图10.10)。

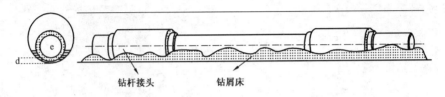

图10.10　由于井眼净化不足产生的钻屑床

井眼净化不足会引发各种钻井事故,由此引起的资金耗费巨大。例如,钻柱卡钻、钻头磨损过早、机械钻速过低、地层破裂、钻杆扭矩和拉力过大、测井与固井困难、下套管困难。

这其中最普遍的事故就是憋扭矩和过提,在钻大斜度井和大位移井中憋扭矩和过提的影响尤其严重。

10.9.2　影响井眼净化的因素

影响井眼净化的因素:(1)环空内流体的流速;(2)井斜角;(3)钻柱旋转;(4)环空/钻柱的偏心率;(5)机械钻速;(6)钻井液性质;(7)钻屑特性。

上述因素的简单论述及其在油田现场的影响如下。

10.9.2.1　环空内流体流速

在钻定向井过程中,不论任何情况,流体流速都是井眼清洁最重要的因素。在任何情况下,增加钻井液流速都会显著提高钻屑返出效率。但是流速受以下因素限制:

(1)最大允许机械钻速;

(2)裸眼井段水力冲击敏感性;

(3)钻机水力系统性能。

10.9.2.2　井斜角

实验室研究发现,当井斜角从0°增加到67°,井眼清洁越来越困难,要求的流体流速也越来越高。在井斜角达到65°~67°时,所需流体流速达到最大值。当井眼达到水平时,所需流速略微下降。当井斜角在25°~45°时,如果钻井泵突然停泵会导致钻屑黏附在井底,结果引起钻柱卡钻。

虽然井斜角过大会引起井眼清洁不足问题,在海洋钻井、难动用储层、难钻地层、侧钻井眼以及井眼在水平储层延伸等情况下,大斜度井是必不可少的。整个油田的一次及二次采油、环境因素和经济因素会对井斜角的选择产生影响。

10.9.2.3　钻柱旋转

通过室内实验和现场实际发现,钻柱转速提高对井眼清洁有显著效果。清洁的程度受钻柱转速、钻井液流变性、钻屑尺寸和流体流速的综合影响,而最重要的因素是钻柱的动力学特性。钻柱旋转时在井眼内的涡动对井眼清洁的作用最大。在下井壁,沉积钻屑受到机械搅拌,钻柱移动到上井壁时,钻屑床又受到高速流体的冲刷。

虽然钻柱旋转有利于井眼清洁,但是清洁能力受设备的局限。例如,在钻造斜段过程中,利用的是井底动力钻具,不会产生旋转。而利用新式转盘控制系统可以解决这个问题,但是钻柱旋转会产生交变应力,造成套管柱磨损,钻柱由于疲劳加速损坏,裸眼井段破坏。另外,在小井眼钻井中,钻柱转速过高,使环空摩阻压力损失增加,进而当量循环密度升高。

10.9.2.4　井眼/钻柱偏心率

在井眼的倾斜段由于重力作用,钻柱有倚靠在井眼低侧的趋势。这样在钻柱底部形成了非常窄小的空间,在这段空间里的流体流速极其缓慢。此处的钻屑难以上返。如图10.11所示,当偏心率增大时,高黏度流体在环空较窄小的一侧流速降低。但是偏心率是由井眼轨迹决定的,其对井眼清洁的不利影响是不可避免的。

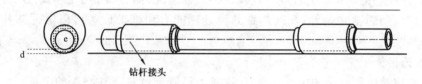

图10.11　井眼/钻柱偏心率

10.9.2.5　机械钻速

在相同情况下,提高机械钻速会使环空中的钻屑总量增加。为了在高机械钻速下仍然保持井眼清洁,应同时调整泵排量与钻柱钻速。如果这两者都已达到极限,只能降低机械钻速。虽然降低钻速会提高钻井成本,但是却避免了其他钻井事故,例如卡钻、憋扭矩、过提。在综合成本上是合算的。

10.9.2.6　钻井液性能

钻井液的作用巨大,而且不可替代。在井眼清洁方面,钻井液的两大特性影响巨大:黏度与密度。

钻井液密度最大的作用就是维持井壁稳定,防止地层流体侵入井眼。如果密度过高会对机械钻速产生不利影响,并且容易压漏地层。所以不应将提高钻井液密度视为井眼清洁的有效措施。

钻井液黏度最重要的作用就是悬浮必要的钻井液添加剂,例如重晶石。只有在垂直井和严重井眼不洁情况下才可以提高黏度。

10.9.2.7　钻屑特性

钻屑的尺寸、分布、形状以及密度都会影响其在流体中的动力学特性。大部分岩石的密度都在 $2.6g/cm^3$ 左右。钻屑的大小和形状除了受钻头类型(牙轮钻头、PDC钻头、金刚石钻头)影响外,还受二次研磨、钻屑之间相互碰撞,钻屑与钻柱碰撞的影响。因此即使选择特定的一组钻头也不可能控制钻屑的尺寸与形状。需要注意的是在定向井钻井过程中,越小的钻屑越难以返出井眼。但是在一定黏度和钻柱钻速下,一些细小的颗粒容易悬浮,所以也容易返出。

10.10　含硫化氢地层与浅层气

含硫化氢地层钻井一直被认为是最难钻且最危险的工程。如果可以确定某地层含硫化氢,根据国际钻探承包人协会(IADC),必须遵循规定的条件。建议读者根据具体问题查阅。

浅层气钻井问题无论在何时何地都有可能发生。解决这种问题的唯一途径,不是立即关井,而是打开用于分流的节流管汇。在几百英尺深度破裂压力极低的地层也有可能有浅层气。如果贸然关井,很可能会发生地层破裂,导致地陷进而发生井喷。

10.11　设备和人为问题

10.11.1　设备因素

保证钻井设备的完整性和及时维护可以有效降低钻井事故发生概率。钻井水动力(钻井泵)合适可以提供足够的水力功率并保证井眼清洁;卷扬机提力合适,可以有效起下钻柱;合适的大绳载荷可以防止卡钻。有效的井控设备(闸板防喷器、环形防喷器、钻杆内防喷器)可以控制井涌;监控和记录系统可以随时监视井眼延伸情况,而且有利于修正系数;可靠的钻杆附件可以适应预期的钻井条件;高效的钻井液处理能力和维护设备可以保证钻井液保持高性能。

10.11.2　人为因素

假设在钻完井阶段所有的条件都良好,这时人员管理就是成功与否的关键。任何钻完井的复杂情况都会造成综合成本大幅提高。因此有必要对参与人员进行持续培训,以利于安全快速优质钻井。

10.12　补充问题

(1)问题10.1。

根据已知条件,计算拉力:① 卡钻点 10000ft;② 钻铤外径 6.25in;③ 井眼直径 8.5in;④ 滤饼厚度 1/8in;⑤ 摩擦系数 0.2;⑥ 钻井液密度 10lb/gal;⑦ 被埋段长度 50ft;⑧ 卡钻点地层压力 4950psi。

(2)问题10.2。

根据已知数据,计算射孔作业体积和压力:① 钻铤外径 6.25in×3in;② 井眼直径 8.5in;③ 井深 10000ft;④ 钻井液密度 10lb/gal;⑤ 被埋段长度 100ft;⑥ 射孔液密度 7.5lb/gal。

假设井斜角 3°,冲刷 5%,内径统一为 3in。

(3)问题10.3。

已知:① 滤饼厚度 1/8in;② 井眼直径 $12\frac{1}{4}$in;③ 管柱直径 $6\frac{1}{4}$in;④ 摩擦系数 0.25;⑤ 孔隙压力 2340psi;⑥ $MOP = 75 \times 10^3$lb。计算 5000ft 深度处应使用的钻井液密度。

(4)问题10.4。

在 100ft 深度处衰竭砂岩段钻一直径为 $8\frac{1}{2}$in 的井眼。井底压力为 1500psi,略大于地层压力。如果直径 $6\frac{1}{4}$in 的钻铤完全卡钻,分别计算滤饼厚度在 1/32in、1/16in、3/32in、1/8in,摩擦系数 0.1、0.15、0.2、0.25、0.3 情况下所需的上提力。

(5)问题10.5。

根据条件计算滤饼厚度:100ft 长,$6\frac{1}{2}$in 直径的钻铤在 8000ft 处卡钻,地层压力为 12lbf/gal;上提力 75×10^3lb 时解卡。假设摩擦系数为 0.1、0.15、0.2、0.25、0.3、0.35,钻井液密度为

14lb/gal。

(6)问题 10.6。

已知:① 井深 3000m;② 卡钻点深度 2500m;③ 钻机费用 1500 美元/d;④ 卡钻点以下钻柱价值 100000 美元;⑤ 钻至卡钻点最短时间 30h。计算最佳打捞时间。

10.13　符号说明

A_c:接触面积;

C_R:每小时作业费用,美元;

C_s:卡钻点以下钻杆价值,美元;

D_h:井眼直径,in;

D_{ip}:套管内径,in;

D_{op}:套管外挤,in;

D_s:卡钻点深度,ft;

D_{sm}:估计卡钻点深度,m;

e:杨氏模量;

E:弹性模量;

L_{ep}:埋深,ft;

L_p:射孔点深度,ft;

ΔF:压差,lbf;

F_L:侧向压力,lbf;

F_{pull}:上提力,lbf;

Δp:压差,psi;

ψ_{arc}:弧长;

p_m:钻井液柱压力;

p_{ff}:地层压力,psi;

p_{gm}:钻井液压力梯度,psi/ft;

p_{gsf}:射孔流体压力梯度,psi/ft;

r:孔喉半径;

T:键槽以上点的拉力;

T_{ds}:狗腿以上点的拉力;

t_{mc}:钻井液滤饼厚度,in;

TVD:垂深,ft;

V_{sf}:射孔液体积,in^3

ω:管柱线重,lb/ft;

α:底部钻具组合段与滤饼接触的角度;

δ:应变;

ε:滤饼变形量,in;

θ:两种流体的接触角;

θ_{dl}:狗腿角；

λ:界面张力；

μ:黏聚力；

ρ_{eq}:当量循环钻井液密度,lb/gal；

$\Delta\rho_f$:循环摩阻钻井液密度当量；

ρ_{frac}:当量地层压力破裂梯度；

ρ_m:静态钻井液密度,lb/gal；

$\Delta\rho_{srg}$:激动压力当量钻井液密度；

σ:拉应力,psi。

参 考 文 献

1. Outmans, H. D. 1958. "Mechanics of Differential Pressure Sticking of Drill Collars" Petroleum Transcations, 213,8.

11 下套管与注水泥设计

11.1 钻开产层:选择间隔和初次设计

当钻头进入储层后就进入了完井阶段。完井是整个钻井过程中最重要的一步。用于钻隔层的钻井液一般都不适用于储层。在非储层段可以允许地层伤害,而在储层段应尽量避免。钻井液允许渗入储层,但不应对储层形成永久损伤。这样的钻井液需要特殊处理。对于完井工程师来说,以下几个目标必须达到。

(1)钻合格井眼。储层井眼直径应能通过套管。

(2)储层渗透率伤害最小。高密度钻井液、无控制的固相颗粒、钻井液滤失都会导致黏土水化膨胀。低失水钻井液会屏蔽钻杆测试中储层段的反应,导致错失储层。

(3)控制冲蚀。井壁失稳问题会引起井径扩大,井径扩大会导致炮眼和地层坍塌严重。

从地层伤害角度考虑,钻井液最重要是要降滤失,而且保证滤液不会与地层反应导致渗透率降低。通常使用氯化钾和其他盐类来防止滤液与黏土反应。在含有蒙皂石的大孔隙岩石中,氯化钾有时效果并不明显,添加量甚至要达到4%甚至更多。

通常使用封堵的办法控制滤失量。降滤失钻井液的原理是在井壁附近形成一层几乎不渗透的滤饼。严格控制固相颗粒的粒径范围可以有效降低储层伤害。在某些钻井液、完井液中的固相颗粒必须是酸溶性的。

在地层基岩渗透率0.5~100mD,压差在100psi左右条件下,假如滤饼能有效控制滤失量,损害性完井液渗入地层的深度最多也不会超过几英寸。但是如果滤饼不能快速形成,高渗透率地层就会出现问题。起下钻时会出现刮滤饼现象,因此滤饼必须快速重新形成,防止滤失量过大。

在储层段钻出合格井眼并且成功固井的重要性不言而喻。如果不能成功固井,造成的损失是巨大的。利用某一固定直径的钻头钻穿储层,所形成的井眼难以容下外径略小的套管柱。

在多数情况下套管不能下入新钻井眼,这是由于井眼直径并不等于钻头直径。通常套管柱与井壁之间的空隙应有1½~2in。在直井中这样的间距能满足要求,但是如果底部钻具组合不合适也会导致下套管不畅。例如,在钻铤上面不附减震器,这样钻成的井眼会小于钻头直径。如果为了下尾管而钻新井眼,这样的问题更加明显。因为尾管对井壁与套管间距的要求更高。

在下套管过程中厚厚的滤饼会导致压差卡套管。厚且疏松的滤饼更容易造成压差卡套管。压差是指地层与井眼之间的压力差。一般要在检查钻井记录后才能确定是压差卡套管(详见第10章)。

11.2 初步完井设计

11.2.1 选择储层

选择储层和决定井口位置是完井设计中至关重要的两项。从泥页岩到花岗岩,许多岩石

都含有烃类,但是不是所有的岩层或储层都能产生工业油流。选择储层主要依据以下几点:

(1)勘探开发经济性;

(2)孔隙度和渗透率要求;

(3)烃类类型和饱和度要求;

(4)可采储量(初次、二次、三次采油);

(5)储层天然压力;

(6)储层稳定性;

(7)区块划分原则;

(8)成本 - 效果的技术可行性;

(9)堵塞并弃井;

(10)环境及其他风险。

工程的经济性就是在有限时间内能否收回成本,并实现利润最大化。成本包括租金、生产、矿藏使用费、贷款利息、堵塞并弃井风险、突发事件经费(例如井涌,防喷洗井)。每个工程(不论高产、低产井)都必须根据风险和费用采收率和利润对比进行决策。

孔隙度和渗透率分别表征储层的储量和渗流能力。孔隙度是指岩石骨架之间的空隙,流体可以储存在其中。渗透率是指流体在地层中流动的能力。泥页岩和白垩岩等岩石的孔隙度在 30% ~40%,但是孔隙之间并不连通,所以渗透率极低。天然裂缝性地层有着极高的渗透率,可以达到数十达西,但是孔隙度较低,只有 4% ~6%。虽然水力压裂可以一定程度上提高产量,但是经济性仍然对孔隙度与渗透率有较高要求。仅仅依靠水力压裂并不能实现项目的经济性。经济性必须综合考虑所有因素。即使可采数量高达数十亿桶,一些关键因素(例如地质储量、渗流孔道)也必须在开发之前了解清楚。在储层选择中一般利用孔隙度和渗透率的下限来区分储层与非储层。一般通过孔隙度测井和流体测试获得下限,这些都是评估最小开采需求的依据。

石油的类型和含油饱和度决定地层孔隙中石油所占的体积。含油饱和度从来就没有最低标准,但是一般情况下好的油层饱和度都较高。含水饱和度也是储层评估的一个重要方面。高含水率表示储层枯竭或者边底水突进。

一般利用孔隙度和饱和度计算可采石油储量。孔隙中的石油并不一定都能开采出来。地层的孔隙度变化无常。即使在极大生产压差下,小孔隙内的石油不能通过细小的毛细管流出。可动用储量是由孔隙空间大小、含油饱和度,以及生产压差决定的。可采储量估计值根据实际情况不同可能相差十几个百分点。区别在于生产压差采取何种方式驱油。

储层压力决定最终可以采出多少石油。而压力保持方式多种多样。典型的有边底水驱动、气顶驱动等。每一种压力保持方式都有自己的优势和不足。

最有效的驱动方式就是边底水驱动。这种系统会一直将储层压力保持在初始值直至工程结束。问题是随着采油,也会有大量水被采出。这样的储层会很快衰竭,所以采收率极低。可以通过注水、注气保持压力。可以根据边底水情况合理选取井口位置,充分利用天然能量。

储层稳定性会影响初次、二次完井。许多新地层缺乏足够的强度。识别是否稳定的依据很简单,那就是机械钻速较快,取心获得的岩石强度低。一般在初次流体测试后决定是否进行稳定完井。低强度储层完井常见的方法是压裂充填和砾石充填。

在初次完井设计中,对区块划分的认识是最重要的。层系划分是指根据断层、渗透率或孔隙度尖灭、褶皱、泥页岩隔层等其他因素将储层分为几部分。完成区块划分后,可以充分利用天然能量有效开采。在早期石油勘探开发阶段,一些失败的案例就是因为没有对区块划分认识清楚。

开采石油的能力绝不能超过控制流体或者堵塞废弃储层的能力。堵塞并弃井应考虑到储层需要保持一个较好的三次采油潜力。堵塞并弃井的成本占总成本的大部分。海洋石油堵塞弃井的花费超过 1 亿美元。在开采储运石油过程中同时还有许多伴生的风险,例如政治和环境风险。当风险预算完成后,就可以选址开钻了。选择的过程会用到许多数据,这些数据多通过电子方式或其他途径获得。

完井设计是储层特征描述的作用之一。问题是储层数据只有在大部分井已经完钻后才能得到。大部分情况下初次钻井与完井结束后,储层隔层基本可以认识清楚。要了解整个储层需要钻多口井。一个好的初次完井方案关键是在第一时间搜集评估数据。

成功的完井设计一定包含对地层流体特性的认识。表 11.1 列出了一些可能的完井方式。每一种都有适用的储层类型。

表 11.1 完井类型

垂直井自喷采油	① 高渗(油相 $K_h \geqslant 10mD$、气相 $K_h \geqslant 1mD$); ② 无边底水驱动; ③ K_v 较低($K_v < K_h$),对表层及储层通道无限制; ④ 无断层、薄层隔层较少
垂直井裸眼完井	① 对渗透率无要求; ② 稳定地层(无断层无滑移); ③ 无边底水驱动、无多重裂缝; ④ 无较多隔层,$K_v < 0.1K_h$; ⑤ 对表层及储层通道无限制; ⑥ 边底水不会通过裂缝传播
垂直井套管完井 套管射孔完井	① 对渗透率无要求; ② 180°射孔无筛网填充防砂,相位角 120°、90°、60°; ③ 低 K_v($K_v < 0.1K_h$)。对表层及储层通道无限制; ④ 层间裂缝发育、边底水不通过裂缝传播
垂直井裸眼完井砾石充填	① 高渗透率(油相 $K_h \geqslant 10mD$、气相 $K_h \geqslant 1mD$); ② 薄层厚度小于 2ft; ③ 无边底水驱动,K_v 较低($K_v < 0.5K_h$); ④ 对表层及储层通道无限制; ⑤ 砾石充填只用于必须防砂的区域
垂直井套管射孔砾石充填	① 高渗透率(油相 $K_h \geqslant 10mD$、气相 $K_h \geqslant 1mD$); ② 薄层厚度小于 2ft; ③ 边底水驱动有限制; ④ K_v 较低($K_v < 0.5K_h$),斜井不考虑; ⑤ 对表层及储层通道无限制; ⑥ 砾石充填只用于必须防砂的区域

续表

斜井	① 对表层及储层通道无限制; ② 储层带有边界
多分支井直井与水平井	① 对表层及储层通道无限制; ② 储层较厚、井型较多; ③ 储层可划分; ④ 井眼方位便于人工注水驱油; ⑤ 没有独立的压力系统
水平井裸眼完井	① $K_v > 0.5K_h$; ② 没有隔层边界; ③ 除非压裂没有密封薄层; ④ 地层稳定(没有相对运动与地层滑移); ⑤ 底水不活跃可控制; ⑥ 对表层及储层通道无限制
水平井筛管完井	① $K_v > 0.5K_h$(除非计划压裂); ② 没有隔层边界; ③ 没有密封薄层; ④ 有滑移控制层; ⑤ 不存在出砂问题; ⑥ 没有后期压裂计划(除非有封隔器); ⑦ 底水不活跃可控制; ⑧ 不需要生产测井
水平井套管完井	① $K_v > 0.5K_h$(除非计划压裂); ② 没有隔层边界; ③ 没有封闭的隔层(除非计划压裂); ④ 没有洞穴和天然裂缝(易有固井问题)

11.2.2　特别注意

(1)高陡构造储层。描述油/水流入井筒内的参数包括 K_v 和 K_h。一般会选择水平井眼在水平储层内延伸。

(2)高渗透率夹层。在储层油/水接触面位置的渗透率对开采效率有极大影响,甚至造成水的指进。井眼轨迹的导向和裂缝分析都会对夹层产生影响。

(3)盐层和构造作用力。盐流可能会对套管产生极大的载荷。正常情况需要固井以保证井眼与套管同心。构造作用力和一些水平应力可能会在套管上产生点载荷,这对于极厚壁套管来说较容易操纵。

(4)驱替/注水。井眼在储层中的位置应能够最大限度利用储层渗透率。井点位置选择、方位选择、偏差距离都会受到影响。

(5)流体要求。重质油、有机物沉淀、剥落物、乳状液、泡点温度、露点温度还有其他物性都有具体要求。

(6)多油层。多油层完井技术和独立完井技术受到流体压力和特许权所有人的要求。

(7)完井设计机动性。最初设计方案是完井的第一部分,但是绝不是不可更改的。为充分利用钻井信息,方案需要进一步修正。

11.2.3　完井类型

完井大致来说有两类,裸眼完井与套管完井。

(1)裸眼完井。裸眼完井是最简单的完井方式。通常钻达储层顶部时下套管固井。然后利用不污染地层的完井液钻开储层。裸眼完井使地层与井眼保持最大面积接触。每一个储层都可以产出油气。

(2)套管完井。套管完井是为了防止储层段坍塌,下入套管后在套管与地层之间注入水泥,使套管与地层封固在一起。这样不同层位可以分别开采。套管的尺寸根据该井的配产进行最优化。套管强度要抗拉、抗内压与外挤,还应耐腐蚀。

一套最优的套管柱的设计是基于这口井生产寿命内产出的流体最多。主要设计原则有以下四条。

(1)确定满足最大生产潜力的套管柱长度与尺寸。

(2)预测产量和增产增注、热采等措施对压力和载荷的影响。

(3)确定套管柱所处的腐蚀环境,选择耐腐蚀合金或交替性腐蚀控制措施。

(4)确定套管线重和钢级,保证满足力学、水力学、化学方面的要求。

套管柱的尺寸要在钻头尺寸选择之前完成。典型套管柱结构看上去就像望远镜一样。表层套管最粗,生产套管或尾管最细。每一层套管都要可以容下最后一只钻头的直径。图 11.1 表示了各层套管的配合。钻头直径一般为 $1\frac{1}{2} \sim 3$in。上一段固井后,下一段的钻头要足够小才能通过套管内径。

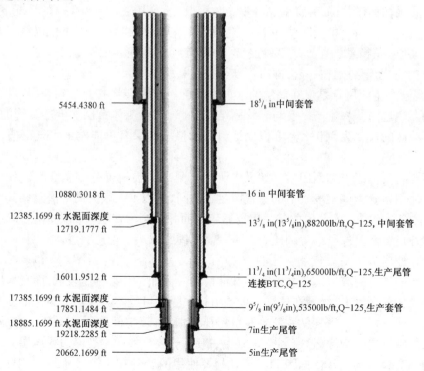

图 11.1　典型井身结构

在钻预探井时,钻头方案经常改变。单靠钻井液密度是无法控制井内压力平衡的。钻进过程中,要么会压漏地层,要么地层流体会进入井眼。理想情况下,在不稳定地层处下套管封固。钻井和固井的经济性决定了套管鞋应尽可能下得深些。出于对套管的节省,应尽可能下入直径较大的套管封固储层。

套管直径过细会严重限制钻井深度并增大泵压的沿程磨损,所以一般不使用小直径套管。

11.3　套管柱设计

11.3.1　套管柱设计定义

根据材料、结构、目的不同,选择使用不同的套管柱。最简单的设计包括以下几方面。

(1)导向套管。导向套管是下入井内的第一层套管。通常直径较大。目的是为钻井液建立上返通道,并维护表层地层稳定。深度由表层土质决定,一般是 50～250ft。在导向套管上安装防喷器与节流阀。在疏松胶结沉积地层,有种被称为铆制套管的导向套管常被用来下入地层保持表层稳定。

(2)表层套管。表层套管是在下入导向套管以后下入井内直至浅层水的套管。有以下三个作用。

① 保护浅层水不被钻井液污染。

② 保护钻井液不被盐水或其他地层水污染。

③ 保护地层,防止在上部井眼产生裂缝。

表层套管将整个井眼都封隔保护起来,是钻井的第二层保障。

(3)中间套管。中间套管是表层套管的下一层套管,一般在使用高密度钻井液之前下入。地层流体进入井眼被称作井涌,井涌对钻井安全危害极大,尤其是在含硫化氢的情况下。而中间套管可以有效防止井涌。中间套管并不一定要固井,在需要裸眼的情况下可以将其取出。

(4)尾管。尾管是指悬挂在上层套管底部,并没有延伸到地表的套管。一般尾管置于上部套管之中,与上次套管封固在一起,即有一部分是重叠的。

(5)生产尾管。生产尾管是贯穿储层的永久性套管。有时会将其提拉到表层。提拉绳由井底动力带动。通过固井将生产尾管与套管固结在一起,防止流体窜层。生产套管的底部称为重叠区。重叠区的长度为 300～500ft 以保证封固合格。如果有可能发生水气窜槽,可以将重叠区增长。

是否使用尾管要考虑多方面因素。如果作业者要测试储层是否有工业价值,用尾管比用套管更经济。使用尾管为储层段之上的套管留足了空间,可以下入较大的电潜泵和其他装置。

(6)生产套管。最后下入井内的是一串连通到地面并贯穿生产层位的生产套管。套管串必须能够承担井口突然关停所产生的压力。是否需要固井取决于控压、经济性、腐蚀情况等。

11.3.2　套管柱外环隙

套管与井壁的环空距离取决于井壁和钻井液情况。假如钻井液密度较低,而且地层稳固,环空缝隙的直径公差允量 $1\frac{1}{2}$in。在这样的公差下初次固井可能不会成功。为保证固井质量,间隙应达到 2～3in。对于高密度钻井液且井壁粗糙的情况,环空间隙要求更高。但是环空过大又会影响钻井液排出。当今,超窄环空间隙井一般用于狭窄的孔洞裂缝边缘地层。

井身结构和套管结构选择依据图 11.2。选择要使用的套管和尾管尺寸,在图中找出相应的尺寸,沿着实线选择钻头直径。虚线是指特殊情况下的选择。先选择最深的套管,其次是上一层,从下到上,整个选择过程与下入顺序相反。

实线表示常用选择。虚线表示特殊情况选择。窄环隙井段过长会引起钻井复杂情况,所以应尽量避免。

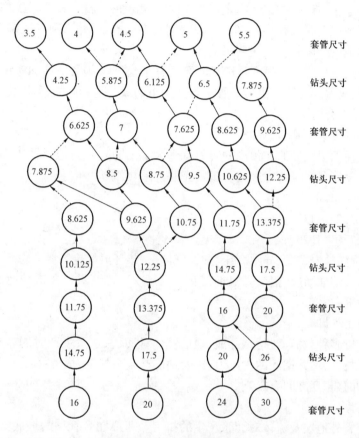

图 11.2　钻头套管选择

11.3.3　套管连接

为保证强度和密封性,套管连接一般使用螺纹连接。接头包括螺纹、封隔和止推肩。一般采用明胶或密封填料封隔。连接强度从低于管体强度到管体强度的 115%。螺纹为锥形,适用于特殊的连接。根据 API 标准,连接形式只用短螺纹及其接箍和长螺纹及其接箍两种。如果套管承受的拉力趋近于强度极限,接头会变形并最终破坏。

为提高接头强度,一般在最下部使用厚度较高的套管。这种连接形式称

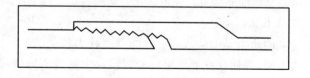

图 11.3　外加厚套管剖面图

为外加厚套管(EUE),如图 11.3 所示。这种套管内径与套管相同,而外径略大于外平式套管。另一种提高强度的方法是在内部增加厚度,而外径不变。

螺纹连接之间通常添加密封填料。缺点是如果没有转换接头,接头连接会不配合。

11.3.4　套管线重和钢级

普通套管直径为 $4\frac{1}{2}$ ~ 20in。普通油管直径为 $\frac{3}{4}$ ~ $4\frac{1}{2}$in。在一些高产井中,油管可能用到 $5\frac{1}{2}$ ~ 7in。一般在无油管完井中使用 $2\frac{7}{8}$in 套管。

套管尺寸确定后,接下来需要确定套管钢级。考虑的因素有地应力、腐蚀环境。如表 11.2 所示。N80 及以上是高强度钢级。高强度钢会增加成本,并不利于抗腐蚀。用极高强度的钢,如 V150 制成的封隔器实现坐封极为困难。

套管的屈服强度和抗内压强度是选择套管的标准之一。从经济性和实用性角度出发,一般选用低钢级、低线重的套管。由于套管串自上到下的载荷是不同的,所以优选的套管是由几种不同钢级、壁厚组合而成的。

11.3.5　套管设计的安全因素

设计标准依赖于预期目的和预测的应力有多大。因为套管与地层性质都是变化的,动载荷因素一定要在设计套管时考虑进去。正常完井各系数如下。

(1)拉力,1.6 ~ 1.8。

(2)内压力,1.25 ~ 1.30。

(3)外挤力,1.0 ~ 1.25。

其他因素,例如盐岩蠕变、异常高压、酸性气体层、热环流等也需要考虑。

地质构造因素例如断层、褶皱等很难在安全因素中准确测量。在这种情况下应使用超厚壁套管或者同心管。

11.3.6　载荷描述

套管柱必须抗多种载荷,包括钻井液、地层流体,以及注水及生产时的多相流体。最常见的是下套管时的拉力、钻井期间的内压力,以及地层产生的外挤力。各种力一般在套管柱的不同深度处施加,并且相互之间有影响。

11.3.6.1　外挤力

外挤力是套管外地层及流体对套管产生的挤力。一般在套管柱的最底部外挤力最大,在钻井日志中表现为井涌。由于断层错动和盐岩蠕变等地质原因产生的载荷更大,在钻井日志中表现为卡钻。这种情况下需要划眼保持井眼通畅。

在外挤载荷设计时,最危险的情况是在钻井液中下入空心套管,而这种情况不会出现在实际钻井中。合理的设计是在套管串底部强度最大,而在顶部强度最小。外挤力还受拉力影响,拉力增加会降低外挤力。在表层处的套管容易受拉力影响使套管缩径,而此处的外挤力影响最低。

11.3.6.2　内压力

内压力是由套管内流体的静液柱力产生的。外挤力与内压力之差被称为静压力。与外挤力不同,即使在浅部地层的套管设计中对内压力也应着重考虑。在生产井中表层的内压力最大,而在钻井过程中,井底的内压力最大。在压裂施工中,整个套管柱的内压力都是相当大的。

11.3.6.3　拉力

拉力是由套管自身的重力、套管内外的钻井液压差引起的。在套管串顶部最大,沿套管向下递减。拉力还受套管在钻井液中的浮力影响。当管内的压力增加时,套管直径扩大,长度减小,受到套管固定器的作用,轴向拉力增大。当外部的压力增加时,由于套管增长,套管被压缩。套管挠曲破坏是由于套管受轴向压缩所致,一般套管的屈服是永恒的。

表 11.2　套管类型和钢级

外径 in	线重 lb/ft	钢级	抗外挤强度 psi	抗内压强度 psi	短接箍强度 psi	长接箍强度 psi	锯齿螺纹 psi	接头强度				屈服强度 klbf	壁厚 in	内径 in	偏移直径 in
								短接箍强度 psi	长接箍强度 psi	锯齿螺纹 psi	梯形螺纹 psi				
7	26	K55	4320	4980	4980	4980	4980	364	401		592	415	0.362	6.276	6.151
7	26	C	5250	6790		6700	6790		489		631	566	0.362	6.276	6.151
7	26	NBC	5410	7240		7240	7240		519		667	604	0.362	6.276	6.151
7	26	180*	5410	7240		7240	7240		511		641	604	0.362	6.276	6.151
7	26	SS95*	7800	7240		7240	7240		570		696	604	0.362	6.276	6.151
7	26	S95	7800	8600		8600	8600		802		747	717	0.362	6.276	6.151
7	26	CYYS95	7800	8600		8600	5600		602		741	717	0.362	6.276	6.151
7	26	C95*	5870	8600		8600	8600		593		722	717	0.362	6.276	6.151
7	26	P110	6210	9950		9960	9960		693		853	830	0.362	6.276	6.151
7	29	C75	6760	7850		7650	7650		562		707	634	0.408	6.184	6.059
7	29	N80	7020	8160		8160	8160		597		746	676	0.408	6.184	6.059
7	29	L80*	7020	8160		8160	8160		287		718	676	0.405	6.184	8.059
7	29	SS95*	9200	8160		8160	8160		655		779	676	0.408	6.184	6.059
7	29	S95*	9200	9690		9690	9690		692		836	803	0.408	6.184	6.059
7	29	CYS95*	9200	9690		9650	9690		652		836	803	0.408	6.184	6.059
7	29	C95*	7920	9890		9690	9690		853		808	803	0.408	6.184	
7	29	S105*	9780	9690		9690	5690		721		859	803	0.405	6.184	6.059
7	29	P110	8510	11200		11220	11220		797		955	929	0.409	6.184	6.059
7	25	V150	9800	15300		15300	15300		1049		1243	1267	0.409	6.184	6.059

续表

外径 in	线重 lb/ft	钢级	抗外挤强度 psi	抗内压强度 psi	短接箍强度 psi	长接箍强度 psi	接头强度 锯齿螺纹 psi	接头强度 短接箍强度 psi	接头强度 长接箍强度 psi	接头强度 梯形螺纹 psi	屈服强度 klbf	壁厚 in	内径 in	偏移直径 in
7	32	C75	8230	8490		8490	7530		633	779	699	0.453	6.094	5.969
7	32	N80*	8600	9060		9060	8460		672	823	745	0.453	6.094	5.969
7	32	L80*	8600	9060		9060	88460		661	791	745	0.453	6.094	5.969
7	32	SS95*	10400	9060		9060	8460		738	860	745	0.453	6.094	5.969
7	32	S95*	10400	10760		10780	10050		779	922	885	0.453	6.094	5.969
7	32	CYS95*	10400	10760		10760	10050		779	922	855	0.453	6.094	5.965
7	32	C95*	9730	10760		10780	10050		768	891	665	0.453	6.094	5.969
7	32	S105*	11340	10760		10760	10050		812	947	865	0.453	8.094	5.969
7	32	P110	10760	12460		12460	11640		897	1053	1025	0.453	6.094	5.969
7	32	V150	13020	16990		16990	15870		1180	1370	1398	0.453	6.094	5.969
7	35	C75	9710	9340		8660	7930		703	833	763	0.498	6.004	5.879
7	35	N80	10180	9960		9240	8460		748	876	514	0.498	6.004	5.679
7	35	I80*	10180	9960		9240	8460		734	833	814	0.496	6.004	5.879
7	35	SS9S*	11600	9960		9240	8460		819	876	814	0.498	6.004	5.879
7	35	59S*	11600	11830		10970	10050		865	964	966	0.498	6.004	5.679
7	35	CYS95*	11600	11830		10970	10050		565	964	966	0.498	6.004	5.679
7	35	C95*	11640	11830		10970	10050		853	920	966	0.498	6.004	5.879
7	35	S105*	12780	11830		10970	10050		901	964	966	0.498	6.004	5.879
7	35	P110	13010	13960		12700	11640		996	1096	1119	0.498	6.004	5.879

续表

外径 in	线重 lb/ft	钢级	抗外挤强度 psi	抗内压强度 psi	短接箍强度 psi	长接箍强度 psi	接头强度				屈服强度 klbf	壁厚 in	内径 in	偏移直径 in
							锯齿螺纹 psi	短接箍强度 psi	长接箍强度 psi	梯形螺纹 psi				
7	35	V150	16230	18670		17320	15870		1311	1402	1526	0.498	6.004	5.579
7	38	C75	10680	10120		8660	7930		767	833	822	0.54	5.92	5.795
7	38	N80	11390	10800		9240	8460		914	876	877	0.54	5.92	5.795
7	38	180*	11390	10800		9240	8480		801	833	817	0.54	5.92	5.195
7	38	SS95*	12700	12820		9240	8460		594	876	877	0.54	5.92	5.795
7	38	595*	12700	12620		10970	10050		944	964	1041	0.54	5.92	5.795
7	38	CYS95	12700	12820		10970	10050		944	964	1041	0.54	5.92	5.795
7	38	C95	13420	12820		10970	10050		931	920	1041	0.54	5.92	5.795
7	38	S105*	14040	12820		10970	10050		983	964	1041	0.34	5.97	5.795
7	38	P110	15110	14550		12700	11640		1081	1098	1205	0.54	5.92	5.755
7	38	V150	19240	20250		17320	15870		1430	1402	1844	0.54	5.92	5.195

　　挠曲因素是套管设计时考虑的关键。中性点是指受拉段与受压段之间的临界点。在中性点以上套管是受拉的,不会发生挠曲。中性点以下,浮力以及其他作用力使套管受压缩力。如果大于套管抗压强度就会发生挠曲。

　　油管、套管中性点计算公式如下:

$$F_z = p_i A_i - p_o A_o \tag{11.1}$$

式中　F_z——轴向力;

　　　p_i——管内压力,psi;

　　　A_i——内横截面积,in;

　　　p_o——管外压力,psi;

　　　A_o——外横截面积,in。

　　式(11.1)右侧项代表稳定力。当F_z大于稳定力时,套管趋向于被拉直;当F_z小于稳定力时,趋向于挠曲;当F_z等于稳定力时,此处为中性点。

　　套管串从上到下每个点的轴向力都不同。在固井、坐封封隔器,以及温度压力改变的情况下需要计算轴向力。如果出现挠曲,不论在钻井和采油中都会增加磨损,严重时可能会出现穿孔。油管与套管的间隙应允许螺旋通过。

　　利用泊松比计算轴向力:

$$F_z = 2\mu p_i A_i \tag{11.2}$$

式中　μ——泊松比,一般取0.3。

　　上式只适用于开放式油管(两端都有固定器),$p_o = 0$,$\Delta T = 0$,忽略质量。为说明式(11.2)的影响,假设一段油管不考虑质量且只受内压作用,这样轴向力只会因为膨胀而产生。

　　稳定性公式

$$F_s = F_a + p_i A_i - p_o A_o \tag{11.3}$$

式中　F_s——稳定力;

　　　F_a——轴向力,将式(11.3)代入式(11.1)中,$F_s = -(F_z - p_i A_i - p_o A_o)$,$F_s = -F_a$。

　　套管柱的每一部分都应校核拉力,然后是外挤力与内压力。修正拉力载荷时,首先应增强结点强度,其次增强钢级,最后考虑提高质量。由于拉力影响需修正套管挤毁强度,实际中性点计算公式如下:

$$NP = D_t \left(1 - \frac{\rho_m}{65.4} \right) \tag{11.4}$$

式中　NP——中性点位置,ft;

　　　D_t——套管下深,ft;

　　　ρ_m——钻井液密度,lb/gal;

　　　65.4——套管钢密度,lb/gal。

　　抗挤毁强度值不受轴向载荷影响。在一口井中套管受流体压力、机械力、自身质量产生的拉力作用。如图 11.4 所示,轴向拉力对抗挤毁强度有降低作用。取一弯曲段为例,如图 11.5 所示。

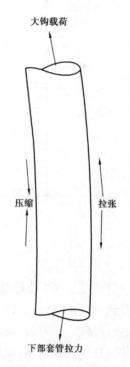

图 11.4　受流体压力影响
的管柱轴向载荷、切向载荷
及径向载荷示意图

图 11.5　将套管下入
弯曲井眼时的载荷

屈服强度公式:

$$Y_{pa} = \left[\sqrt{1 - 0.75\left(\frac{\sigma_a}{Y_p}\right)^2} - 0.5\left(\frac{\sigma_a}{Y_p}\right) \right] Y_p \qquad (11.5)$$

式中　σ_a——轴向应力,psi;

　　　Y_p——套管最小额定载荷,psi。

屈服应力百分比 Y_t 计算公式如下:

$$Y_t = \frac{S_t}{Y_m} \qquad (11.6)$$

式中　S_t——单位抗拉应力,psi;

　　　Y_m——套管管体最小屈服应力,psi。

屈服应力百分比与图 11.6 曲线中的全挤毁应力百分比有关。由于浮力作用,拉应力只存在于中性点以上,在中性点以下的压应力增加了套管的抗挤毁强度。

11.3.7　套管设计——API 模型

此类计算需要编制程序才可以实现。一些设计模型都是可行的。大部分模型都是只在某

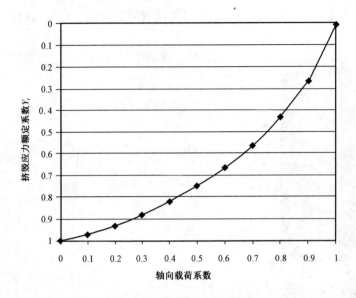

图 11.6 套管轴向力效应

一部位考虑一种强度。**API** 设计模型考虑了钢铁在弹性、塑性、弹塑性过渡等不同情况。

当套管受到钻井液、地层流体压力时,轴向载荷效应会减小。套管可能会以弹性挤毁、塑性挤毁、极限强度挤毁三种形式破坏。每种破坏形式都以套管直径与壁厚之比为界限。

假如钻井液柱引起的内压、储层流体引起的外挤力过高,或者有套管自重引起的轴向力过高,都会引起套管损坏,而损坏的形式主要有以下三种形式:弹性破坏、塑性破坏、屈服破坏。每一种破坏形式都由直径厚度比(D/t)来界定。由于 API 最小弹性与最小塑性并不相交,所以应该认为有一个转变公式衔接弹性与塑性。

API 套管串设计模型如下。

(1) 弹性。

$$p_c = \frac{46.95 \times 10^6}{(D/t)[(D/t) - 1]^2} \tag{11.7a}$$

应用范围:
$$\frac{D}{t} \geqslant \frac{2 + (B/A)}{3B/A} \tag{11.7b}$$

(2) 弹塑性过渡。

$$p_{crt} = YP\left(\frac{F}{D/t} - G\right) \tag{11.8a}$$

应用范围:
$$\frac{YP(A - F)}{C + YP(B - G)} \leqslant \frac{D}{t} \leqslant \frac{2 + (B/A)}{3B/A} \tag{11.8b}$$

(3) 塑性。

$$p_{crp} = YP\left(\frac{A}{D/t} - B\right) - C \tag{11.9a}$$

应用范围：$\dfrac{\sqrt{(A-2)^2 + 8[B+(C/YP)]} + (A-2)}{2[B+(C/YP)]} \leqslant \dfrac{D}{t} \leqslant \dfrac{YP(A-F)}{C+YP(B-G)}$ (11.9b)

(4)极限屈服强度。

$$p_{cry} = 2YP\left[\frac{(D/t)-1}{(D/t)^2}\right] \tag{11.10a}$$

应用范围：　　$\dfrac{D}{t} \leqslant \dfrac{\sqrt{(A-2)^2 + 8[B+(C/YP)]} + (A-2)}{2[B+(C/YP)]}$ (11.10b)

式(11.7)至式(11.10)中　　YP——最小屈服强度,lbf;

　　　　　　　　　　　　Y_{pa}——轴向应力当量屈服强度,psi。

其他变量如下:

$A = 2.8762 + (0.10679 \times 10^{-5})YP$

$\quad + (0.21301 \times 10^{-10})YP - (0.53132 \times 10^{-16})YP$ (11.11)

$B = 0.026233 + (0.50609 \times 10^{-6})YP$ (11.12)

$C = -465.93 + 0.030867YP - (0.10483 \times 10^{-7})YP + (0.36989 \times 10^{-13})YP$ (11.13)

$$F = \frac{\left\{(46.95 \times 10^6)\left[\dfrac{3B/A}{2+(B/A)}\right]\right\}^3}{YP\left[\dfrac{3B/A}{2+(B/A)} - \dfrac{B}{A}\right]\left[\dfrac{3B/A}{2+(B/A)}\right]^2} \tag{11.14}$$

$G = FB/A$ (11.15)

　　轴向应力的增加会降低屈服应力。降低的程度较大,这样就可以使套管钢级降低一级(例如从 N80 至 C75)。轴向载荷一般源于以下两点。

　　(1)套管悬重。

　　(2)高温井中的温度效应引发膨胀。

11.3.8　浮力

　　当井中充满水泥或钻井液时,这些液体会对套管产生浮力。浮力作用在整个套管上减小了套管悬重。浮力的大小等于套管排出的钻井液重量。

　　套管的密度为 489.5lb/ft 或 65.4lb/gal。虽然比最重的钻井液密度也要大几倍,但是浮力的作用显著。在钻井和固井中,悬重的变化极为明显。

　　浮重 W_b 计算公式如下:

$$W_b = W_a\left(1 - \frac{\rho_f}{\rho_s}\right) \tag{11.16}$$

式中 ρ_f——流体密度,lb/gal;

ρ_s——套管密度,489.5lb/ft 或 65.4lb/gal。

在固井过程中,要保持钻井液在套管中的压力,这样会产生地面压力。这时浮力 F_b 表达式为:

$$F_b = (p_{is} - 0.052\rho_i d)A_i - (p_{os} + 0.052\rho_o d)A_o \tag{11.17}$$

式中 F_b——浮力,lb;

p_{is}——套管内流体的地面压力(一般为0),psi;

p_{os}——套管外流体的地面压力(一般为0),psi;

ρ_o——套管内流体密度,lb/gal;

ρ_i——套管外流体密度,lb/gal;

A_i——套管内部区域,in;

A_o——套管外部区域,in;

d——深度,ft。

浮力对油管的影响也如同套管一样。

例11.1: 在 10000ft 深度处,12lb/gal 钻井液中下入 7in、26lb/ft N80 套管。计算流程如下:

(1)开发式中空套管的大钩载荷(空气中重量为 260000lbf);

(2)在充满钻井液的井眼中的大钩载荷;

(3)在 16lb/gal 水泥浆中的大钩载荷。

求解结果如下:

(1)排出的钻井液体积为 $(\pi/4)d^2 = 2673$ft,质量为 239928lb。

(2)计算钻井液中浮重:$b_f = 1 - \dfrac{\rho_f}{\rho_s} = 0.817$

$W_b = W_a b_f = 260000\text{lb} \times 0.817 = 212420\text{lbf}$

(3)全浮重 = 套管在空气中的重量 + 水泥浆重量 - 排出的钻井液重量。水泥浆重量为 257382lbf。

根据(1),浮力是 239928lbf,因此,全浮重是 277455lbf(260000lbf + 257382lbf - 239928lbf)。

11.3.9 抗挤毁设计——非 API 模型

此模型考虑内压、外挤、拉力因素,较为实用。由于假设套管之中没有钻井液,所以在抗外挤方面较为保守。实际上在井眼中套管内外都充满钻井液。第一步是从套管底部开始的。

考虑均匀流体,中空套管的挤毁压力计算公式如下:

$$p_{CX} = 0.052\rho_f D_x \tag{11.18}$$

式中 p_{CX}——挤毁压力,psi;

ρ_f——套管外流体密度,lb/gal;

D_x——计算点深度,ft。

压力如图 11.7 ~ 图 11.12 所示。

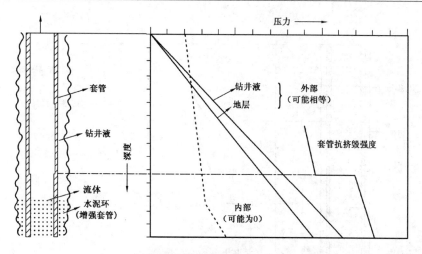

图 11.7 挤毁压力图示

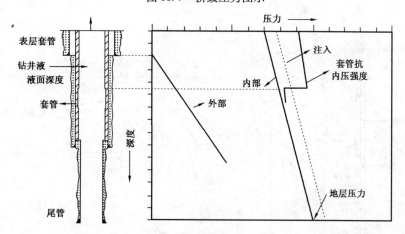

图 11.8 内压力图示

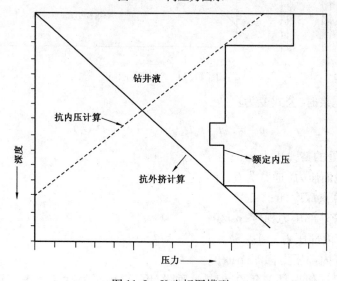

图 11.9 X 坐标图模型

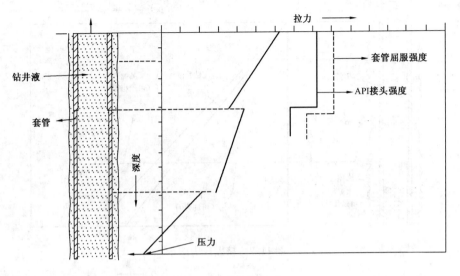

图 11.10　拉力图示

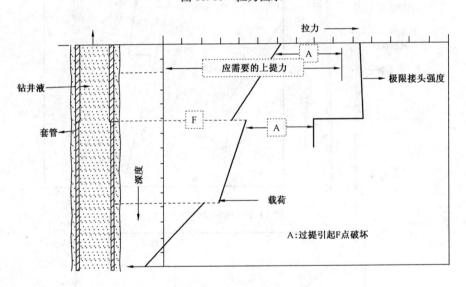

图 11.11　过提图示

当流体为水泥浆时,公式变为:

$$p_{cx} = (p_o + D_x G_o) - (p_i + D_x G_i) \qquad (11.19)$$

式中　p_{cx}——D_x 处的挤毁压力,psi;

　　　p_o——外地面压力(通常为 0),psi;

　　　D_x——计算点深度,ft;

　　　G_o——套管外部压力梯度,psi/ft;

　　　p_i——套管内部压力,psi;

　　　G_i——套管内部压力梯度,psi/ft。

对空管柱的设计似乎是多余的,但是这种设计可以用于消除了考虑三轴应力的情况。因

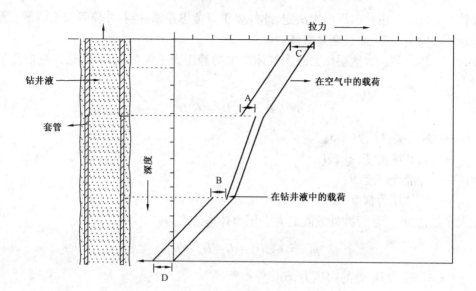

图 11.12　浮力图示

A,B—压差;C—排除钻井液的质量(净浮力);D—底部压力

此最恶劣的条件是考虑了所有因素的情况。由于浮力的作用,轴向力发生变化,管柱的部分可能受到压缩而非拉伸。在中性点以上的部分由于受拉应力作用,抗外挤强度有所降低;中性点下,由于受压缩作用抗外挤强度高。

通常在设计最初一段套管时要考虑最恶劣的情况。这种情况下套管为中空,计算公式为 $p_{cx}=D_x G_o$,外部压力假设为 0。

当存在环形应力时,外部压力用 p_o 表示。这种技术常用于支持有关或者增加抗内压强度。同时在套管柱的设计中也经常用到。因为外表面压力非常少见,所以这一项经常忽略。

对于用螺纹连接和优质接箍连接的套管,计算公式为:

$$p_y = 0.875\frac{2Y_m t}{D_o} \tag{11.20}$$

式中　p_y——最小内部屈服强度,psi;

Y_m——最小屈服强度,psi;

D_o——公称外径,in;

t——公称厚度,in;

0.875——壁厚变化率为 12.5%。

在低强度接头情况下:

$$p_s = Y_m\frac{(D_o-D_i)}{D_o} \tag{11.21}$$

式中　Y_m——连接材料最小屈服强度,psi;

D_o——接头公称外径,in;

D_i——套管紧缩时接头根部直径,in。

套管串上部设计由抗内压因素决定,此外要重点考虑控制井涌、井喷等安全因素。最严峻的情况是井内发生井喷,而且全是气体。

最大地面压力是最大地层压力减去气体产生的静压力。为简化问题,钻井液静压力视为储层压力:

$$p_s = 0.52\rho_m D_t - G_g D_t \tag{11.22}$$

式中 p_s——最大关井压力,psi;

ρ_m——钻井液密度,lb/gal;

D_t——井涌处深度,ft;

G_g——气体压力梯度,0.1~0.15psi/ft。

在大多数情况下,套管鞋处危险最大。压力计算公式为:

$$p_{bx} = G_{bd} D_c - G_g(D_c - D_x) \tag{11.23}$$

式中 p_{bx}——深度为 D_x 处的内压力,psi;

G_{bd}——地层破裂压力梯度,0.7~1.0psi/ft;

D_c——套管下深,ft;

D_x——压力 p_{bx} 处的深度,ft。

在最糟糕的情况下,气井井喷应减去外部压力。

$$p_{bx} = G_{bd} D_c - G_g(D_c - D_x) - 0.052\rho_o D_x \tag{11.24}$$

式中 ρ_o——外部流体密度,lb/gal。

破裂压力的设计如图 11.8 所示。

常用公式(11.24)来计算图 11.9 中的 X 图法。X 图由坍塌压力与破裂压力的计算结果构成。最大破裂压力线绘制在表层破裂压力与套管鞋处破裂压力之间。坍塌压力线在零和最大破裂压力之间。见公式(11.22)或公式(11.23)。

抗拉强度设计是套管每一部分设计的最后一步。每一段的最顶端必须校核其拉伸应力是否超过了抗拉强度。一般选取安全系数 1.6~1.8。当拉应力超过抗拉强度时,应选取更高一级的接头,再进行校核,直至合格。

例 11.2:(套管设计——内压):

套管安全因素考虑如下:外挤力系数 1.1;内压力系数 1.25;拉力 1.7。套管外径为 10¾in,在 450ft 处固井,其他数据如下。

(1)直井井深:7600ft。

(2)钻井液密度:12lb/gal。

(3)钻头直径 8¼in。

(4)破裂压力梯度 0.77psi/ft。

(5)标准直井。

(6)储层压力 0.56psi/ft。

(7)水基钻井液。

中性点:NP = 7600ft × (1 - 12/65.4) = 6206ft。井底压力 12lb/gal × 0.052gal/(in² · ft) ×

7600ft = 4742psi。最大挤毁应力 12lb/gal × 0.052gal/(in² · ft) × 7600ft = 4742psi。选择套管钢级和线重,其抗挤毁压力额定值应超过 4742psi × 1.1 = 5216psi。

单套管设计:套管数据如尺寸、线重、钢级等可由查表获得。可以下入 8¾in 井眼的最大的套管直径为 7in。

中性点:NP = 7600(1 – 12/65.4) = 6206ft,井底压力 12 × 0.052 × 7600 = 4742ft。最大挤毁应力 12 × 0.052 × 7600 = 4742psi。选择套管钢级和线重,其抗挤毁压力额定值应超过 4742 × 1.1 = 5216psi。

单套管设计:套管数据如尺寸、线重、钢级等可查表获得。可以下入 8¾in 井眼的最大的套管直径为 7in。

为满足抗外挤强度的要求,在 0 – 75 段套管区域内下入 26lb/ft 的套管,抗外挤强度约为 5250psi。第一段套管会从井底一直延伸到某一薄弱层。这一位置取决于第二段套管的强度。可以跳级别地选择第二段套管,而跨越多少级由经济性和存货详单决定。

第二根套管,选取线重为 23lb/ft 0 – 75 套管。下深计算公式为:

$$D_x = \frac{3427psi}{12lb/gal \times 0.052gal/(in^2 \cdot ft)} = 5492ft$$

底部套管选用 26lb/ft C75 型,下深 5492 ~ 7600ft。在中性点以上部分(23lb/ft C75)套管抗挤毁强度由于拉力作用会减小。中性点以下部分由于受压缩,所以 26lb/ft 套管不必考虑受拉使抗挤毁强度降低。

上部受拉的套管考虑抗挤毁强度降低,做以下调整。

(1)下深 5492ft 应适当减小 2% ~ 4% ,5400ft 较合适。

(2)单位抗拉强度计算:(6206ft – 5400ft) × 26lb/ft = 20956lb。

(3)轴向载荷因素 X 和降低系数 Y_r 为:

$X = 20956/499000 = 0.042$

$Y_r = 0.99$(图 11.11)

(4)23lb/ft 套管抗挤毁强度为 3427psi × 0.99 = 3392psi。

(5)5400ft 处的抗挤毁强度为 5400ft × 12lb/gal × 0.052gal/(in² · ft) = 3370psi。

3370psi 的抗挤毁强度小于 23lb/ft 套管的 3392psi,所以应选择 5400ft 作为最大下深。23lb/ft 套管串的底部为 26lb/ft 套管串顶部。26lb/ft 套管下深在 7600 ~ 5400ft。

以上两者较小的一个常常就是孔隙压力和气压梯度之差。在特殊情况下,过高的注水压力应该加以控制。注水压力应该符合设计准则。从中性点以上的 26lb/ft 的套管柱开始,就应该对抗内压强度进行设计。对于 23lb/ft 的套管也应校核满足抗内压的最深下深。对于抗内压设计,要考虑地面压力。选取两种计算方法中较小的一个作为表面最大压力,p_{smax}。

$$p_{smax} = 井底破裂压力 – 气体压力$$

$$= 7600ft \times 0.77psi/ft – 7600ft \times 0.1psi/ft = 5852psi – 760psi = 5092psi$$

或者

$$p_{smax} = 预压力 – 气体压力$$

$$= 7600\text{ft} \times 0.56\text{psi/ft} - 7600\text{ft} \times 0.1\text{psi/ft} = 4256\text{psi} - 760\text{psi} = 3496\text{psi}$$

抗内压强度设计:23lb/ft C75 型套管额定内压强度为 5940psi。因此最浅 23lb/ft 套管下深为:

$$D_x = \frac{3496 - 5940/1.25}{0.624 - 0.1} = \frac{3496 - 4752}{0.524} < 0$$

由于其值小于 0,可以下入 23lb/ft O-75 型套管到 0~5400ft 任何深度处。

拉力(未经浮力修正)计算过程如下。

(1) 5400~6206ft, 套管为 26lb/ft C75, 载荷 20956lbf, 累积载荷 20956lbf, 减载强度 287647lbf。

(2) 0~5400ft, 套管为 26lb/ft C75, 载荷 124200lbf, 累积载荷 145156lbf, 减载强度 244706lbf。

据此,设计如下:

(1)0~5400ft 选用 23lb/ft O-75 型套管;

(2)5400~7600ft 选用 26lb/ft O-75 型套管。

需要注意的是这计算的是中性点以上井段。

例 11.3:(中间套管设计):根据以下数据设计 9⅝in 中间套管。

(1)13⅜in 表层套管下深 2500ft;

(2)12¼in 井眼井底深度 9500ft;

(3)钻井液密度 12lb/gal;

(4)预期井深 12000ft;

(5)预期钻井液密度 14.5ft/gal;

(6)9500ft 处破裂压力梯度 0.884lbf/ft。

首先,计算最大井底压力(BHP):

$$BHP = 0.052\rho_t D_t = 0.052 \times 1.45 \times 12000 = 9048\text{psi}$$

12000ft 深度处是最危险的井段。

其次,计算抗外挤强度。

$$p_{cx} = 0.052\rho_o D_x - 0.052\rho_i D_x + (p_o - p_i)$$

由于套管是空的,$\rho_i = 0$, $p_o = p_i$。所以:

$$p_{cx} = 0.052\rho_o D_x = 0.052 \times 12 \times 9500 = 5928\text{psi}$$

中性点计算如下:

$$NP = p_{cx} = D_t\left(1 - \frac{\rho}{65.4}\right) = 950 \times \left(1 - \frac{12}{65.4}\right) = 7756\text{psi}$$

要注意此公式仅仅用于计算套管抗挤毁强度。为简化计算,7756psi 取近似值 7760psi。

在这个点上,套管应该选择最轻钢级最低的。安全系数选 1.125。首先选择 47lb/gal S95 套管。因此,抗挤毁强度为 7100psi/1.125 = 6311psi,这能满足要求。

选择下一级强度套管——43.5lb/ft 套管。考虑安全系数 1.125,抗挤毁强度为 5600psi/1.125 = 4977psi。

接下来计算 43.5lb/ft 套管下深。

$$D_x = \frac{p_c}{0.052 \times 12} = \frac{4977\text{psi}}{0.052\text{gal}/(\text{in}^2 \cdot \text{ft}) \times 12\text{lb/gal}} = 7975\text{ft}$$

47lb/ft 的套管用于 7975～9500ft 井段。由于 7975ft 低于中性点 7760ft,不需要修正。

选择 40lb/ft S95 型套管。抗挤毁强度 4230psi/1.125 = 3760psi。抗内压强度 6820psi/1.125 = 6062psi。

最大下深:

$$D_x = \frac{p_c}{0.052 p_o} = \frac{3760\text{psi}}{0.052\text{gal}/(\text{in}^2 \cdot \text{ft}) \times 12(\text{lb/gal})} = 6026\text{psi}$$

这个位置在中性点之上,必须计算拉力对抗挤毁强度影响。

第一,6025ft 可保守修正为 5900ft。

第二,计算单位抗拉强度:

$$S_t = (7760\text{ft} - 5900\text{ft}) \times 43.5\text{lb/ft} = 80910\text{lb}$$

第三,$Y_R = \frac{80910}{\text{抗拉强度}} = \frac{80910}{1088000} = 0.074$

第四,降低系数从图 11.11 中得出 0.975。

第五,抗挤毁强度 $p = 3760 \times 0.975 = 3666\text{psi}$。5900ft 处抗挤毁强度:

$$p_c = 0.052\rho_o D_x = 0.052 \times 12 \times 5900 = 3681\text{psi}$$

第六,由于是在中性点之上,抗内压设计将决定套管类型。在计算抗内压强度之前首先应计算地面压力,地面压力是 9⅝in 套管内破裂压力梯度较小的气体压力梯度。最大地面压力 p_s:

$$p_s = D_t f_g - D_g G_g = (9500 \times 0.884) - (9500 \times 0.1) = 7448\text{psi}$$

由于给出的是钻井液密度,所以应减去气体压力梯度得到最大地面压力:

$$p_s = 0.052\rho_f D_t - 0.01D_f = (0.052 \times 14.5 \times 12000) - (0.1 \times 12000) = 7484\text{psi}$$

9⅝in 套管鞋处计算公式如下:

$$p_{D=9500\text{ft}} = 0.052\rho_f D_f - G_g(D_f - D_t)$$

$$= (0.052 \times 14.5 \times 12000) - 0.1 \times (12000 - 9500) = 8798\text{psi}$$

8798psi 小于 9⅝in 套管鞋处的地层破裂压力,所以地面压力不会达到 7848psi。套管可以下入的最浅深度为:

$$p_{bx} = p_s + G_g D_x - 0.052\rho_o D_x$$

$$= 7448 + 0.1D_x - (0.052 \times 12)D_x = 7448 - 0.524D_x$$

即 $D_x = (7448 - p_{bx})/0.524$。40lb/ft 套管(抗内压强度为 6062psi)最浅下深为 $D_x = (7448 - 6062)/0.524 = 2645$ft。

强度最高的套管抗内压强度为 8700psi/1.125 = 7733psi,$D_x = (7448 - 7733)/0.524 < 0$,所以 43½lb/ft P110 套管可以用在表层。抗拉设校验及最终设计分别见表 11.3 和表 11.4。

表 11.3　抗拉设计校验

套管长度,ft	套管密度,lb/ft	钢级	载荷	累积载荷	额定值
7760 ~ 5900	43.5	S95	80910	80910	960000
5900 ~ 2645	43.5	S95	141592	222502	960000
2645 ~ 1475	43.5	S95	50895	273398	960000
1475 ~ 427	43.5	P110	64162	337561	1006000

表 11.4　最终设计

井段,ft	套管密度,lb/ft	钢级
0 ~ 1475	43.5	P110(LT&C)
1475 ~ 2645	43.5	S95(LT&C)
2645 ~ 5900	43.5	S95(LT&C)
5900 ~ 7975	43.5	S95(LT&C)
7975 ~ 9500	47	S95(LT&C)

2648 ~ 5900ft,应用 40lb/ft 套管,除了上部必须用小直径的高级套管控制内压力。顶部套管的内径至少应与底部一样大才可以方便安装封隔器。

11.3.10　动载荷

下套管时产生的动载荷可用下式计算:

$$V_c = \frac{F_m - W}{\rho C_o A} \tag{11.25}$$

式中　V_c——临界速度;

　　　F_m——套管屈服应力;

　　　W——套管悬重;

　　　ρ——密度;

　　　C_o——介质中的声速,$C_o = \sqrt{E/\rho}$;

　　　A——横截面积。

对于钢铁,$\rho C_o = 150 \sqrt{\rho E}$lb·s/in^3。

例如,以 3ft/s 的速度下入 7in29lb/ft 的套管,突然停止时产生的额外载荷可用式(11.2)和式(11.3)计算,$F = 36$in/s $\times 150$lb·s/in$^3 \times 8.449$in$^2 = 46000$lbf。

井眼钻好后,套管和尾管下入指定深度并固定。实际下套管过程包括诸多过程。像钻柱

入井一样,套管对压差卡钻也相当敏感,卡钻之后起钻的提力为:

$$F = A_c C_f \Delta p \tag{11.26}$$

式中　F——拉力,lbf;

Δp——地层与井眼的压差,psi;

A_c——管柱与泥饼的接触面积,in^2;

C_f——摩擦系数。

从式(11.26)可以看出,压差卡钻提力的大小取决于管柱和泥饼的接触面积和钻井液的密度。当管柱和井眼的直径相差 1.5~2in 时,套管和泥饼的接触只有 $2in^2$,如果泥饼厚而稠或者间隙比较小时,接触面积即为双倍。

下面给出一个计算压差卡钻的例子,在产层厚度为 100ft 的地层中下入套管,钻井液过平衡压力为 4000psi,深度 8000ft,钻井液密度 11lb/gal,地层孔隙压力 10.0lbf/gal。那么,压差 $\Delta p = 8000 \times (11-10) \times 0.052 = 416psi$,$A_c = 100 \times 12 \times 2 = 2400in^2$,则 $F = 416 \times 2400 \times 0.25 = 249600lbf$。增加钻井液密度和接触面积能够明显增加压差卡钻应力。

通过使用扶正器可以减轻压差卡钻应力,虽然扶正器会增加套管的牵引力而且在近地表附近很难下入,Bowman 和 Sherer 估算了下入扶正器时增加的牵引力要小于发生卡钻地层处的套管质量。

前面的例子中,100ft 长度的 $8\frac{5}{8}$in 套管在空气中的质量是 4000lb,如果使用扶正器,增加的牵引力等于其重量,即 4000lbf,同时也是压差卡钻应力的 1.6%。这种分析和节约成本预算取决于压差卡钻距离井底的位置,只有当套管下入到产层中时使用扶正器才有必要。

实际操作中,扶正器与整个管柱仪器下入地层中,而且扶正器设计是必需的。如果每个接头处都有扶正器,那么就不会发生压差卡钻,当然不可能下入这么多的扶正器,有了扶正器管柱更容易下入,而且能够提高初次固井的成功率。

所需扶正器的数量与管柱和钻井液的质量、井斜角和井眼条件有关。需要对扶正器的分布进行设计,每个节点的扶正器数量与套管和套管材料产生的侧向力有关,产生的侧向力使套管偏向一侧,侧向力随着套管质量、井眼倾斜角度和固井时水泥与钻井液质量差的增大而增大,"狗腿"和其他井眼问题也对套管产生力的作用。在疏松地层中由于扶正器会嵌入到地层中,导致使用困难。扶正器的数量必须足够多才能够抵消产生的侧向力,并保证套管居于井眼中央。

下管柱时要选择扶正器的数量和类型,小井眼扶正器用于小间隙井眼中。为了保证扶正器的位置固定,需要其他设备的辅助。如果每个连接处有一个扶正器,那么可用套管接箍固定扶正器,如果有多个扶正器,必须增加固定设备,如无接箍平口接头衬管、防滑脱设备、固定螺钉等。

扶正器不能影响固井时管柱的运动,扶正器防止起钻时可以抑制管柱的运动。一些尾管的不旋转式由于启动扭矩的不充分或者水泥通过环空增加的扭矩造成,启动扭矩比较大,但当管柱旋转以后要降低。

旋转动力有动力水龙头、转盘和套管动力大钳,其中动力水龙头和转盘是最常用的,套管动力大钳只有在连接套管时才使用。

钻井时在缺少稳定器的情况下下入扶正器是很危险的,Bowman 和 Sherer 列出了尾管不能直接下入井底的原因:(1)井眼还没钻好(井眼直径不等于钻头直径);(2)未使用扶正器,容易发生压差卡钻;(3)错误使用扶正器类型和辅助设备;(4)井底被污染。

套管就像气缸中的活塞一样,其下入速度会影响地层的损害程度,下入套管产生的激动压力可以将地层压裂,钻井液沿着裂缝进入地层。钻井液的滤失会降低静液柱压力,严重时会发生井喷。比较安全的套管下入速度为 40~60s 一节(大约 1ft/s),小空隙管柱或者高凝胶钻井液需要下入时间更长。

根据 Bowman 和 Sherer 的报告,套管的实际下入速度可在 API 标准 D-17 查到。下套管之前,首先用钻井液将井底清洗干净,配制的低固体含量和低黏度的钻井液在井中循环。下入套管以后,建议至少用钻井液循环两次,因为井中存在许多钻屑,如果钻屑没有清除掉,会在环空中桥堵,影响固井质量。

11.3.11 斜井的套管设计

斜井套管设计与直径的不同主要是斜井段或造斜段的载荷大小,因此需要考虑弯曲和扭转的影响。斜井套管设计时主要考虑以下几方面:

(1)轴向和扭矩可以分段计算;

(2)套管设计时考虑多参数的影响;

(3)管柱提升、下入时所需载荷不同,需要单独分析。

在斜井中由于井眼弯曲和倾斜的缘故,在固井设计时要考虑弯曲应力。其等效轴向力可由下式计算得到:

$$F_b = E \frac{D}{2L} \left(\frac{\pi}{180} \right) \theta \tag{11.27}$$

式中 θ——倾斜角;

  D——套管直径;

  E——管柱的弹性模量;

  L——长度。

狗腿度 α 表示角度的改变,具体值为每 100ft 井眼改变的角度值。式(11.27)可用狗腿度和套管表示为:

$$F_b = 218 \alpha A_s D \tag{11.28}$$

式中 F_b——弯曲产生的有效轴向力,lb/ft;

  A_s——套管的横截面积,in^2。

A_s 一般与套管的标称质量成比例,对于大部分套管这个系数可取 3.4,因此式(11.28)可变为:

$$F_b = 64 \alpha D \omega_n \tag{11.29}$$

式中 ω_n——管柱的单位质量,lb/ft。

通常套管与井壁接触时,有接箍的套管弯曲度是不同的,因此,式(11.29)计算的轴向应力比预计的要小,Lubinski 使用经典的束偏斜理论得到了最大轴向应力公式:

$$(\sigma_z)_{\max} = 218\alpha d_n \frac{6KL_j}{\tanh(6KL_j)} K = \sqrt{F_a/(EI)} \tag{11.30}$$

式中,L 和 L_j 单位分别是 in^{-1} 和 ft。

增加的轴向载荷产生的弯曲用等效轴向应力 F_b 表示为:

$$F_b = 64\alpha d_n \omega \frac{6KL_j}{\tanh(6KL_j)} \tag{11.31}$$

式中 F_b——在直井段中产生相同最大应力水平所需的轴向应力。

通过前面的讨论,套管断裂的弯曲效应主要是综合受力情况下的最大应力造成的。当最大应力水平超过钢铁的屈服应力后,就会产生断裂。替代方法就是让轴向载荷产生弯曲管柱的效果,这种方法常用于计算弯曲的连接强度。

计算套管连接强度可用 API 公式,当轴向抗拉强度处以横截面积得到的值大于最小屈服强度时,连接强度可表示为:

$$F_{cr} = 0.95A_{jp}\left\{\sigma_{ult} - \left[\frac{140.5\alpha d_n}{(\sigma_{ult} - \sigma_{yield})^{0.8}}\right]^5\right\} \tag{11.32}$$

式中,$F_{cr}/A_{jp} \geqslant \sigma_{yield}$,$A_{jp} = (\pi/4)[(d_n - 0.1425)^2 - (d_n - 2t)^2]$。当轴向拉应力除以横截面积低于最小屈服强度时,

$$F_{cr} = 0.95A_{jp}\left(\frac{\sigma_{ult} - \sigma_{yield}}{0.644} + \sigma_{yield} - 218.15\alpha d_n\right) \tag{11.33}$$

通过前面的计算,可以得到斜井段的轴向应力计算公式:

$$F_T = (\omega_n L - F_{buoy})\cos\theta \tag{11.34}$$

式中 L——管柱的部分长度;

F_{buoy}——浮力;

θ——倾斜角。

11.3.12 尾管设计

尾管是套管柱地下的一部分,尾管可分为永久型和临时型,下入尾管的作用有以下几方面:

(1)在斜井段保护套管;

(2)校正井眼(如狗腿度、井壁沟槽等);

(3)高压层或漏失层的隔离;

(4)套管的经济替代品;

(5)尾管顶部留有足够空间放置大直径泵;

(6)深井中降低套管拉伸应力;

(7)补救套管泄漏或变形;

(8)加强早期位移带的套管强度。

不管什么原因,大部分尾管设计都是出于降低成本的考虑。

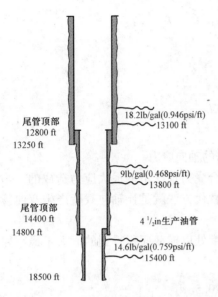

尾管顶部
12800 ft
13250 ft

18.2lb/gal(0.946psi/ft)
13100 ft

9lb/gal(0.468psi/ft)
13800 ft

尾管顶部
14400 ft
14800 ft

4 $\frac{1}{2}$ in生产油管

14.6lb/gal(0.759psi/ft)
15400 ft

18500 ft

图 11.13　例 11.4 中双尾管设计示意图

当然尾管也有缺陷,包括固井时的一些问题。在决定使用尾管之前,必须计算好钻柱顶部强度与最大井口压力,除非水泥胶结测井仪证实可靠才使用尾管,否则上面的管柱必须能够承受住压力。如果上面的部分不能承受应力,需要下入满眼钻柱保护,而且管柱也要在射孔之前下入。

尾管设计的第一步与套管设计一样,破裂压力、坍塌压力和张力安全系数及设计公式都一样,套管与尾管的区别是尾管要更适用于高温高压的深井。

例 11.4(尾管设计):在地层中钻一口井,压力情况如图 11.13 所示,9 $\frac{5}{8}$ in 的套管坍塌系数 1.125,破裂系数 1.125,张力系数 1.8。压力 $p = 0.052\rho_0 D_x - 0.052\rho_i D_x + (p_0 + p_i)$,当 $p_o = p_i$,$\rho_i = 8.3 \text{lb/gal}$ 和 18.5lb/gal 时,$p_{cx} = (0.052 \times 18.5 \times 13250) - (0.052 \times 8.3 \times 13250) = 6821\text{psi}$(注:保守设计时 ρ_i 为 0,然而,由于生产过程中套管和尾管隔离高压层,因此计算中使用清水的密度)。

中性点位置为:

$$\text{NP}_1 = D_t\left(1 - \frac{\rho_m}{65.4}\right) = 13250 \times \left(1 - \frac{18.2}{65.4}\right) = 9563\text{ft}$$

套管最低端的选择为:最低坍塌压力 = 6821 × 1.125 = 7674psi,53.5lb/ft P110 套管满足要求。

第一尾管尺寸为 6 $\frac{5}{8}$ in,钻井液密度 9.2lb/gal,当 $p_{cx} = 7080\text{psi}$ 时,最低坍塌压力 = 7080 × 1.125 = 7965psi,28lb/ft N80 套管满足要求,中性点为:

$$\text{NP}_2 = 14800 \times \left(1 - \frac{9.2}{65.4}\right) = 12718\text{ft}(\text{与尾管顶部距离})$$

第二尾管尺寸为 3 $\frac{1}{2}$ in,钻井液密度 15lb/gal,$p_{cx} = 0.052 \times 15 \times 15900 = 12402\text{psi}$,最低坍塌压力 = 12402 × 1.125 = 13952psi,9.2lb/gal 的钻井液满足要求,中性点为:

$$\text{NP}_2 = 15900 \times \left(1 - \frac{15}{65.4}\right) = 12253\text{ft}(\text{与尾管顶部距离})$$

尾管的破裂破坏通常是由于冲击、压裂、高压深井的油管泄漏造成的,所有这些因素会导致固井质量变差,因为固井可以显著增加管柱的强度,所以必须做好高压层的固井工作。

地层的复杂情况会导致固井质量差,用 9 $\frac{5}{8}$ in 套管进行初次固井后下入尾管,然后开始水泥循环,在 13800ft 低压层注水泥时地层破裂,水泥浆漏失,水泥返至 13400ft 高度。用挤水泥封隔尾管顶部,但是 13120~13400ft 的地层没有进行固井,当钻至实际井深测试深层地层结构时,钻井液温度从 270 ℉增至 345 ℉(即地下 18500ft 处的温度),由于尾管的两端都被水泥固定,温度的升高会产生应力。

在套管底端的应力大小为:

$$\sigma E\alpha(\Delta T) = 200T$$

式中　σ——应力,psi;

α——钢的热膨胀系数,6.9×10^{-7}in/(in·℉);

E——杨氏模量,30×10^6psi;

ΔT——增加的温度,℉。

压缩轴向载荷能导致管柱的破裂和变形,它们的修复需要在第一尾管顶部至实际井深段下入 $3\frac{1}{2}$in 的尾管。

图 11.13 所示的尾管完井中尾管下入地下不返到地面,有些情况下回接尾管是临时的,但是它能够保护套管不受磨损,强化高压层的套管并隔离套管不受泄漏的影响。

使用回接尾管,大部分尾管要装有回接尾管接收器,接收器能够存放回接尾管坐封装置。

11.4　固井

固井是完井的重要过程,是钻井的最后过程,固井之后即要投产,因此,固井的时间和材料选择相当关键。

初次注水泥时,水泥返到地面或者某一深度处,将套管和衬管隔离,并封闭所有可流动生产层和侵蚀层。当不能有效保护或封堵上部层位时,需要挤水泥进行弥补。初次注水泥会在管柱壁上形成一层没有通道或孔隙的水泥膜,高度从套管外到井底低层面,高度应符合井的设计要求。当初次注水泥操作不能封隔产层时,在投产之前需要挤水泥修复,具体操作时将水泥强行注入到射孔目的层、侵蚀形成的孔洞或者套管井壁环空的空隙中。

注水泥填充封隔套管和井壁间的环形空间,可以实现以下三个目的:

(1)隔离产层;

(2)控制侵蚀;

(3)稳定产层、提高管柱强度。

用水泥浆形成强度高、不渗透的密闭空间,水泥浆的性能取决于其组成和添加剂成分,这一部分将注水泥的过程作为基础。

石油工业中固井使用的大多是波特兰水泥,"波特兰"名字起源于英吉利海峡中一个出产石灰岩的小岛,这种灰岩适合做水泥。将灰岩和黏土或页岩在 2600~3000 ℉的温度下烘烤,首先生成的是熟料水泥。经过烘烤阶段,熟料水泥的颗粒大小不均,可以根据颗粒大小将水泥分级,水泥颗粒的大小与混合水量有关。水泥晶体中含有硅酸三钙(C_3Si)、硅酸二钙(C_2Si)、铝酸四钙(C_4AlF)、铝酸三钙(C_3Al)、方镁石或者氧化镁(MgO)和氧化钙(CaO)。

即使成分相同的水泥,经水混合之后性能也不尽相同,根本上说,是由于颗粒的均匀程度以及水中杂质不同造成的,当然,一些微量的添加剂也有一定作用。表 11.5 列出了 API 水泥分级,依据是地下不同的深度、温度条件。其中,深度是根据净水泥(不含添加剂)的泵入时间推算得到的,添加剂有促凝剂、缓凝剂等可改变水泥性能。因此,表 11.5 中的 H 级水泥可以用在深度远大于 8000ft 的地层。

表 11.5   API 水泥等级

标准类型	使用范围
类型 A	从表层至1830m,特别情况不需考虑
类型 B	从表层到1830m,适用于硫酸盐地层
类型 C	从表层到1830m,有初期强度的地层
类型 D	1830~3050m,高温高压地层
类型 E	3050~4270m,高温高压地层
类型 F	3050~4880m,特高温高压地层
类型 G	从表层到2440m,加入加速剂、缓凝剂,适用地层广泛
类型 H	从表层到2440m,适用地层广泛
类型 J	3600~4880m,适用地层广泛

深度值的确定根据套管固井和井模拟测试(可参考 API – RP10 – B)中的条件,这些条件通过添加剂可以改变。

当然,也有没有列入分类等级的水泥,它们混合了波特兰水泥和添加剂或其他化学药剂。这种水泥有:pozzlin 水泥混合了有机树脂;膨化水泥能够增加水泥体积;硅酸和灰基水泥可抗高温;防冻水泥可用于永冻层。在常规完井过程中,很少使用这些水泥,一是因为价格昂贵,二是具有常规固井不需要的特殊性能。

环境因素和设备状况会明显影响水泥的性能,因而对水泥的性能提出新的要求。对蒸汽井或寒带地区井,温度对水泥的凝结硬度有很大影响,常常导致问题产生。高温能迅速降低水泥强度和耐久性,因此必须添加稳定剂。硅酸添加剂和灰基水泥在高温中具有较好的稳定性。

水泥调和的最重要的方面是利用适量的添加剂和水获得均匀连续的水泥浆,因此一定选择好水灰比。水灰比达到 2.8gal/袋时水泥强度最大,这也是水泥充分水化、化学药剂起作用的最低水量。然而,这种水泥浆的黏度很大,不能泵入地层,如果再加水,那么强度变低而且产生很多自由水,因此,可以通过图 11.14 找到加水量与水泥强度的折中方案。自由水是指没有

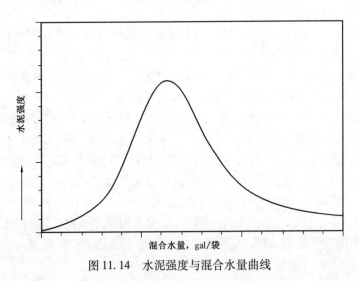

图 11.14   水泥强度与混合水量曲线

与水泥起反应的不必要的水,当泵入停止时,自由水会分离出来到水泥浆的顶部,分离可能在斜井的封隔器位置发生,从而导致气漏或者其他环空问题。

水泥和水通过喷嘴混合器在单向流仪器或者更为精确的批量混合仪中混合,经熟练的操作人员混合后,基本可以得到满意的水泥浆,批量混合仪能够达到更为精确的效果。喷嘴混合器主要用于大流量连续水泥浆的工程中,水泥浆的密度可以通过加压水泥浆密度计定时测量,从而维持稳定。稳定的水泥浆能够控制地层压力,防止地层裂缝起裂。

混合水泥需要的水也多种多样,具体使用取决于各工程公司的要求。淡水、海水、半咸水都可用于混合水泥浆,不管使用什么水,配制的水泥浆的凝固时间和泵送性能必须能够预知,水泥浆的泵送性可用实验室稠度仪进行测量。仪器测量凝固时间时是用仪器搅拌水泥浆至不能再搅拌为止所用的时间,黏度和测量时间相关,测试时得到的时间即为在某一温度下水泥浆泵入的凝固时间。由于海上油田的日益发展,固井时也经常使用海水,海水与其他无机盐水一样,能够加速水泥的凝固时间。使用半咸水(如泄水池、沼泽、污水或者产出水等)可能导致事故。高盐水泥(如氯化钙水泥)能够降低凝固时间,油基污染物(如油基钻井液)也能延缓凝固时间,甚至在某些情况下导致水泥浆不能够凝固。

促凝剂和缓凝剂可用于调节水泥浆的凝固时间,小到数分钟,多达数小时。缓凝剂用于特深或高温地层中可防止钻井液在完工之前凝固,促凝剂用在浅地层或低温地层中能加速凝固时间,节省了等待凝固所需的时间。一定程度上也减少了滤液损失和凝固扩散。

水泥添加剂根据其反应的类型可分为两类:化学药剂和非化学药剂。非化学添加剂主要改变水泥的密度或者控制滤失量,而化学添加剂则改变其水化作用。

11.4.1 水泥密度

水泥浆密度大小是注水泥质量的关键因素,密度过大,水泥浆会压裂地层;密度过小,则地层流体会流入井筒中。比 15~16lb/gal 稍轻的水泥,膨润土添加剂加入其中,可吸收一定量的水,密度可以达到 10~12lb/gal。当然也可以通过将水泥颗粒研磨得更细,使其密度降到 10~12lb/gal 的范围。极轻水泥是使用陶瓷材料或者玻璃珠使密度降到 9lb/gal,也可以使用压缩气体如氮气泡沫化水泥,从而降低密度。泡沫水泥密度为 4~7lb/gal,在使用时应小心控制环空压力防止气体外溢。

所有这些轻型水泥虽然能够支撑管柱,但是与普通波特兰水泥相比,强度要低一些。为了提高其密度,可添加一些加重材料,从而能够控制地层压力。铁砂、重晶石和砂都能使水泥浆密度达到 25lb/gal,其他加重方法如使用分散剂,作用是使用少量的水仍能够保持水泥浆的耐久性。表 11.6 列出了不同控制水泥密度的方法。

表 11.6 不同类型水泥浆密度范围

水泥浆类型	密度范围,lb/gal	水泥浆类型	密度范围,lb/gal
加重水泥	16~22	添加陶瓷材料的水泥	9.5~12+
纯水泥	14~18	添加玻璃珠的水泥	7.5~12+
高水量水泥浆	11~15	泡沫水泥	6~12+

在一些情况下出于经济、强度等原因考虑,一般不使用轻型水泥。分段固井工具用于控制地层压力,将固井分为几个阶段,每个阶段承载一定的管柱和质量,工具能够促使在水泥凝固

之前相互配合而不出现空隙。图 11.15 为分层固井工具示意图。

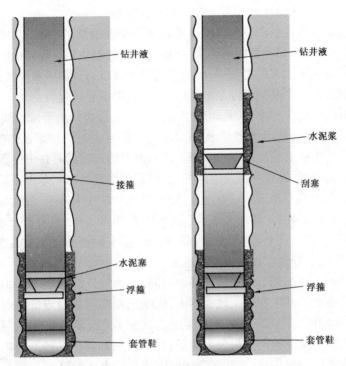

钻井液

钻井液

水泥浆

接箍

刮塞

水泥塞

浮箍

浮箍

套管鞋

套管鞋

图 11.15　分段固井工具增压封隔保护示意图

11.4.2　水泥浆滤失

漏失循环材料控制水泥浆进入天然裂缝或者大孔缝中。这些材料有三大类:颗粒材料、薄片材料和纤维材料。颗粒材料(如砂)填入孔缝之后能生成二级基质,颗粒直井从$\frac{1}{4}$in 到均匀粉末不等。薄片(如赛璐玢屑)在地层中停留并形成堵塞,水泥浆会形成滤饼。纤维材料(如纸、尼龙或聚丙烯)比较适合微裂缝的桥堵。

渗流区域的水泥浆滤失使水泥浆变干不能流动,任何降低水泥浆流动的因素都会影响水泥的性能,环空的阻力也能增加循环压力和地层破裂的风险。当常规方法不能控制滤失时,要使用水泥塞控制,当继续钻进时,则需要钻穿水泥塞。薄水泥层和侵入天然裂缝中的水泥都能够阻止滤失。

化学添加剂与水泥反应改变其水化过程,促凝剂通常使用无机盐类,能加速水化过程,从而提高水泥浆的温度。

11.4.3　水泥的影响因素

增高温度能加速水泥凝固时间,井底的温度和水泥水化过程释放的热量都会影响凝固时间,为了准确设计固井工作,必须首先了解地层井底温度和循环温度估计值。地温梯度可以计算泵入时水泥与地层接触时的温度,水泥返出过程中的热传导也很重要,固井计算机模拟温度时通常会有一个温度计划表。

压力也可加速水泥稠化时间和凝固时间,但是影响没有温度效果明显,室内实验研究需要模拟井底的温度和压力以能更好地设计方案。

　　油井固井强度需达到以下要求:水泥能够支撑牢固管柱、封隔产层、承受正常钻井的冲击、射孔和压裂要求。下套管后再开钻时,水泥最低候凝时间内需达到 50psi 的抗张强度。水泥在固化时需要一段时间,此时钻井平台也停止作业,因此可以用促凝剂缩短凝固时间。水泥的受力仅有一小部分来自于支撑套管,更多的来自钻头压力。固井设计时,在套管鞋附近、潜力层、漏失层和产水层处均要使用高强度水泥,其他环空处需要的水泥强度要求稍低,可以用经济型水泥。

　　当水泥浆是液体时,其静水压力可以防止地层气体窜入套管与井壁的环空中,当泵入停止时,水泥浆开始变稠凝固,并与地层初步黏合。初步黏合力与地层漏失流体降低了实际静水压力。流体进入环形空间,并在其产生孔隙和通道,控制方法有:与地层气体反应堵塞通道或者降低渗透率阻止气体窜入。当然也可以在套管与井眼处辅助使用外接膨胀式套管鞋(ECP),它的工作原理与液压坐封封隔器相似。

11.4.4　过量体积

　　所需水泥体积是指裸眼段的体积,而不是产层中套管的容积。固井时一般多用总设计水泥量的 30%～100%,作为冲洗掉和钻井液污染的补充。30%～100% 的量是很大的,实际使用量的多少也反映了钻井工人的经验和地层的复杂程度。

　　井筒体积可通过井径测井图计算得到,钻头直径不能直接计算井筒体积。通常情况下,四爪井径仪可以测量两个相互独立的直径,而三爪井径仪只能测量得到最大或平均直径。

11.4.5　固井设计

　　石油工业中,现存记录中固井首先用于封堵出水,发生在 1903 年加利福尼亚。首先,水泥是手工搅拌,然后由倾泻筒形成一个段塞,不久以后,发现注水泥有诸多优点,现代双段塞方法就起源于 1910 年。段塞可以将钻井液和水泥分离开,虽然之后注水泥技术在机械和化学方面有很大改进,但最原始的段塞概念仍适用。

　　固井设计包括添加剂和设备的选择。固井设计依赖于固井的目的,原始的固井主要是填充套管井壁之间的环空和套管鞋到地面或某一深度的井眼。第一次固井作业称为初次注水泥,它的成功与否关系到下步井控和完井操作的成败,如果初次注水泥不成功,那么需要立即进行挤水泥操作。虽然挤水泥司空见惯,但是价格昂贵,因此要尽量通过提高初次注水泥的流程来减少挤水泥操作。

11.4.6　初次注水泥

　　初次注水泥的目的是在管柱周围形成一个连续的水泥膜,从地表到地层不会出现通道或空隙。初次注水泥的操作很严格,稍有纰漏就会出现问题和固井薄弱处。

11.4.7　应用

　　水泥和水的混合是注水泥的第一个关键点,为了防止压裂地层或漏失,水和水泥混合后的水泥浆密度必须合适,水泥浆的质量等于水泥的质量,不包括任何自由水的质量。

　　首先提到的问题就是固井工作需要多少体积的水泥。在浅井中,需要完全将环空填满,而且需要额外的 30% 水泥顶替套管中与钻井液接触的水泥。被钻井液污染的水泥不能有效地密封,钻井液会形成通道,而且强度低。如果固井时钻井液没有被完全顶替,则有可能需要额外增加 100% 的水泥进行顶替。

　　在钻具撤去之后下套管之前,通过井径测量仪测量并计算井眼的体积,井径测量仪可以使用三爪的、四爪的或多爪的。三爪测量仪根据读取的最小直径记录井眼的平均直径;四爪测量仪的原理与一对双爪测量仪相似,测量的井眼平均直径数据是根据两个圆形或椭圆形得到的。这两种仪器的结果都可以用来计算井眼的体积。

井眼测量仪将测得的数据绘制在对数曲线上,反映了实际曲线与标准孔理论曲线的偏移。在计算经验实际尺寸时需要考虑冲洗体积和不规则井眼体积。最早计算冲洗井眼体积的方法是赋予冲洗段一个平均直径,其值至少等于井眼测量仪测量最大直径的90%,因为井眼测量仪的测量波动较大,100%的最大值相对稳定。经常遇到的问题是在冲洗段处的水泥浆黏度变低,水泥浆前缘的钻屑混合其中,水泥浆就无法冲刷清洁冲洗段的泥饼。

11.4.8 水泥混合

现场有两种水泥混合仪器:即时混合仪和批量混合仪。在大容器中使用桨叶式拌和机进行批量混合,即时混合仪使用时将一定量的水和水泥倒入容器中,混合过程中会适量添加水或水泥以达到合适的水泥浆密度。目前为止,批量混合仪是最为精确的仪器,配制水泥浆的量受容器的制约。操作人员的经验决定了配制的水泥浆性能,由于水泥浆密度的问题导致了诸多事故如钻头纵槽等。为了得到设计的标准水泥浆,多数服务公司都会给混合操作人员提供密度监测仪,从而使配制的水泥浆不过轻或过重。

不恰当的水泥密度会导致气窜、凝固强度低、粘连不充分、井喷、地层压裂和钻井液驱替不完全等问题。为了能够顺利成功固井,水泥浆的密度必须控制好。

一旦均匀的水泥浆配制好,即要进行关键的第二步——驱替。为了使水泥与地层和管柱固结,必须完全清除钻井液和滤饼。如果清洁不完全会在水泥中形成通道,从而导致初次注水泥的失败,必须通过挤水泥进行修补。

钻井液的处理和驱替是固井的重要部分,为了达到水泥隔离产层的目的,必须在管柱壁上形成一层覆盖物,并与地层黏结紧密,因此泥饼必须去除,管柱不能倾斜。管柱扶正是为了提供井底充分的空间,钻井液和泥饼可以用化学和物理方法去除,在以往资料中都有介绍,但又比较容易忽视,当然,泥饼去除难易程度与钻井液的物理性质有关。

随着钻井液的胶黏力的降低和钻屑的去除,钻井液驱替开始,当套管下入完成之后,环形空间会比当初钻井时小,环空越小,钻井液速度越快,从而影响钻屑的沉积。钻屑的沉积会污染水泥浆并阻挡其流动,形成滤失循环,泥饼的存在能阻止水泥与地层黏合。所用水泥浆的体积计算公式如下:

$$V_t = t_c q (5.616 \text{ft}^3/\text{bbl}) \tag{11.35}$$

式中　V_t——紊流段所需水泥浆体积,ft^3;

　　　　t_c——接触时间,min;

　　　　q——驱替速率,bbl/min。

研究表明,泵入水泥浆时的接触时间为10min或更长比接触时间短的去除泥饼效果好,只要流体在井筒正中流动,所需水泥浆体积就可以用式(11.35)计算体积,当套管偏斜或者与底层接触时,上式不再适用。

固井时移动管柱对于提高钻井液的驱替和减少钻井液通道都非常有效,套管的往复和旋转运动能使钻井液脱离接触地层,从而达到水泥的均匀分布。当然,旋转套管需要特殊的仪器。往复运动即套管的上下运动,只能移动套管几英尺,虽然操作方便但是效果不如旋转运动好。可额外使用刮泥器刮除泥饼,扶正器能使套管居中,减少接触面积,而且还有助于移动。

水泥浆和泥饼的驱替单靠水泥浆的流动难以完全清楚,高凝胶钻井液和高压缩泥饼的去除很难被一般流体去除,因此需要特殊的处理。基本的钻井液去除步骤是在紊流中注入水泥浆,高速和高黏度、磨蚀性的水泥流冲刷地层和套管,冲刷过程中,大部分的钻井液和泥饼被冲掉,混合在水泥流中,这些含有杂质的污染水泥需要从井眼中返到地面。水泥体积设计时,污染水泥的体积要考虑其中,这就是问什么要额外多30% ~100%的原因。

如果还有钻井液和泥饼没有被清除掉,就要使用前置液和特殊设备进行驱替。为了提高驱替效果,钻井液中的黏合剂必须破坏掉,黏合剂通常使用黏土、聚合物或表面活性剂。酸、溶剂或表面活性剂等化学物品可以用于含有黏合剂的钻井液的去除工作。这些液体在固井工作正式开始之前注入到地层中。

去除钻井液和泥饼的辅助机械设备有套管扶正器、刮泥器等,钢丝或钢丝绳刮泥器在套管下入时能破坏泥饼,它们不能完全去除钻井液和泥饼,但是可以破坏其完整性,一旦完整性遭到破坏,就可以用水泥浆流将它们去除。

套管的定位在固井时是比较容易忽视的因素,它关系到钻井液处理、固井、射孔和生产,特别是在大斜度井和水平井中更为重要。没有扶正的套管通常倾斜于井眼低的一侧,在疏松地层中,套管甚至被埋于地层隔层中,当套管与隔层接触时,钻井液和泥饼停留在套管和岩石之间,这种钻井液不能去除掉。清水流或水泥浆流与其接触很小,如图11.16所示,当水泥通过钻井液时会在管柱中形成通道;这些通道会削弱水泥固定的隔层,而且需要挤水泥操作弥补。因此,通道是评价初次注水泥成败的主要方式。

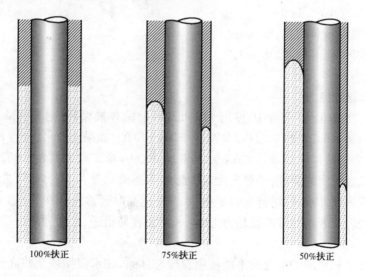

图11.16　套管不同位置时水泥返高示意图

扶正器和管柱运动可以提高固井质量。扶正器使套管居于井眼中央,水泥能够更好地驱替钻井液,并完全填充环空。根据应用的不同,扶正器的样式千差万别,但是当井眼倾斜的时候就很难使用它。越倾斜的井,需要的扶正器个数越多,扶正器的个数主要根据管柱的可偏转度和井的狗腿度确定。

从表 11.7 可以看到扶正器个数及间距的例子,当间距减小时,井眼角度间隙增大。通常使用模拟的方法计算扶正器间距,依据参数有深度、计算机测井系统、侧向载荷、张力和倾斜度。典型间距为 30~60ft。

表 11.7　扶正器最大间距　　　　　　　　　　　单位:ft

井眼角度,(°)	5½in 8¾in	7in 10¾in	9⅝in 12¼in	10¾in 12¼in	10¾in 14¾in	13⅜in 17½in
10	63	62	65	66	73	70
25	57	53	55	56	60	53
20	53	49	48	48	50	42
25	50	45	40	43	40	36
30	48	42	38	39	37	29
35	46	38	33	36	33	26
40	44	35	30	33	30	22
45	42	33	28	29	27	20
50	40	30	26	27	25	18

套管重可用下式计算:

$$W_{cb} = W_{cd} + 0.0408(\rho_i d_i^2 - \rho_o d_o^2)$$ (11.36)

式中　W_{cb}——套管减浮质量,lb/ft;

　　　W_{cd}——套管净重,lb/ft;

　　　ρ_i——套管中流体密度,lb/gal;

　　　ρ_o——环空中流体密度,lb/gal;

　　　d_i——套管内径,in;

　　　d_o——套管外径,in。

例如在 7in,26lb/ftN80 套管中,使用 11.5lb/gal 的钻井液循环,则套管减浮质量 W_{cb} = 26 + 0.0408 × [(11.5 × 6.2762) - (11.5 × 72)] = 21.5lb/ft。如果用清水(密度 8.33lb/gal)驱替浮箍处的水泥,套管减浮质量 W_{cb} = 26 + 0.0408 × [(8.3 × 6.2762) - (8.3 × 72)] = 7.4lb/ft。

钻井液能减缓水泥的凝固,如要去除这种影响需要清除钻井液,并尽可能将两者分离开。大多数套管柱充满钻井液,以维持压力平衡,水泥在返高时要首先驱替套管柱内的钻井液。如果钻井液比水泥轻或者钻井液的胶黏力大时,水泥浆容易指进、窜槽,并在往下流动过程中与钻井液混合。

井筒内钻井液和水泥的混合物不能使用双段塞体系,在水泥循环至井底前,空橡胶塞(图 11.17)和圆板置于水泥之前,它们在高压下易断裂,水泥流将段塞推到井底,将套管内部的泥饼和钻井液清除掉,直至段塞到达井底,由于压力升高,段塞和圆盘断裂。然后水泥流通过段塞进入到环空中,第二个段塞放在所有水泥浆的后面,用钻井液和水进行驱替。第二个段塞(顶段塞)是固体实心的,与第一个段塞结构相同。顶段塞到达第一段塞的井底位置,压力上升,段塞被钻穿。段塞使用的是可钻材料,当需继续钻进时能够轻易破坏。

段塞的适当载荷相当关键,如果段塞顺序颠倒,顶段塞放到了底部,当段塞到达井底时工作就结束了,套管内充填的都是水泥。井眼的实际驱替与地面的泵入速度显示的非常不同,尤其是当钻井液密度远低于水泥浆密度时。当驱替轻钻井液时,水泥自由下落,水泥密度需要足够大才能够将钻井液快速驱替至地面,而且中间不增加泵的压力。

在零注入速率时,地面压力基本为零,这时的井处于所谓的"真空"状态。这种情

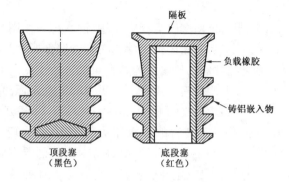

图 11.17　双段塞体系示意图

况下,井内流体的速度要比注入速度大,钻井液返出速度也比水泥注入速度大。当水泥到达井底并开始进入环空时,由于密度大的水泥浆流的原因,压力开始上升。当水泥自由下落填充"真空"区域时,在地面实时监测的井底返出物为0,有可能是地层被压裂开,返出物进入了地层。因此,在设计时要考虑到流体的快速运动,以达到控制钻井液的目的。

水泥在快速自由下落过程中,受到阻力的影响,会增大井底的压力。图 11.17 所示为油田泵入和返出,降低注入速率来控制水泥浆的滤失后 2h,发现返出速度比较低,这个时候水泥已经不在紊流段,泥饼也不能有效地清除掉。

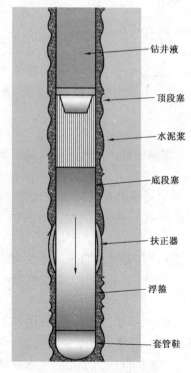

图 11.18　浮箍和浮箍位置
（浮箍一般位于最后一根管柱的连接处）

图 11.17 所示是轻型钻井液体系中重水泥的自由下落问题,第一个图表示的是 16lb/gal 的水泥驱替轻型钻井液。

段塞注入后,水泥开始凝固,这段时间压力要保持稳定,需要用浮动设备辅助控制压力。浮动设备有活瓣和直通阀,分别在井底处防止水泥返回套管中。单向阀的材料也是可钻的,设计用于承受大流量的高速水泥浆流,并且确保井底密封机构的完好。图 11.18 为浮动阀门的示意图,如果浮动阀门在套管底部,那么就称为浮鞋。位置的确定根据操作人员的喜好,但是为了控制水泥污染,通常用浮箍装置。在实际应用中,也会同时使用浮箍和浮鞋,同时防止压力外溢。

水泥浆凝固以后,如需继续钻进,则要换一个比套管内径小的钻头,钻进过程会首先钻出套管鞋。因此,套管鞋的作用是保证注水泥不泄漏,如果压力测试中发现泄漏,需要挤水泥进行弥补。

综上所述,初次注水泥驱替的好坏与以下几个因素有关:水泥浆混合比例的选取、钻井液的搅拌、管柱的扶正和移动确保水泥与套管结合,使用足够的水泥隔离产层。

11.4.9 固井计算

井眼流体对套管有浮力作用,静水压力作用与套管的有效区域产生向上的力。如果套管底端密闭或者不密闭但有浮鞋在套管底部或者某一横截面处,产生的静水压力就是向上的,因此,套管在井底的质量应为其自重减去所受的向上的作用力。

17in 井眼中有一 $13\frac{3}{8}$in61lb/ftK55 型套管,井眼中有 10lb/gal 的钻井液,底端密闭,横截面积 141in^2,有效面积 1.75in^2。4000ft 深度处的静水压力为 4000ft × 10 × 0.052psi/ft = 2080psi,作用于套管的静水压力为 2080psi × 17.5in = 36400lbf,套管自重 61lbf/ft × 4000ft = 244000lbf。为了平衡套管,钻井液对套管的浮重应为:207600lbf/141in^2 = 1472psi。

因此,如果发生井涌或者其他压力增加的情况,压力超过 1472psi,套管会向上运动。在浅地层中使用大直径套管,平衡套管负重只需 100psi 甚至更多。

使用顶段塞用清水驱替 16lb/gal 的水泥至 4000ft(假设环空中完全充填水泥)所需的压力决定于水泥和水在环空中的静水压力,水泥环空静水压力 p_{ch} = 0.052γ_c(TVD) × 16 × 4000 = 3328psi,水环空静水压力 p_{wh} = 0.052γ_c(TVD) = 0.052 × 8.33 × 4000 = 1733psi,那么下入段塞所需的压力为 3328 − 1733 = 1595psi。

一些井中裸露的地层不会完全承受水泥的质量,为了保护产层,水泥必须减重,或者用部分水泥封堵产层(如分段固井)。假设产层在 4000ft 深,破裂压力梯度为 0.72psi/ft,16lb/gal 的水泥柱高度产生的压力应低于破裂压力 200psi,则水泥在井筒中的压力计算如下。

(1)井底破裂压力:4000ft × 0.72psi/ft = 2880psi。

(2)井底允许压力:2880psi − 200psi = 2680psi。

(3)水泥压力梯度:16lb/gal × 0.052psi·gal/(lb·ft) = 0.832psi/ft。

(4)水泥井筒压力:4000ft × 0.842psi/ft = 3328psi。

如果使用 16lb/gal 的水泥,水泥最大高度为 2680/0.832 = 3321ft,如果整个环空都填充水泥,那么水泥最大密度为 2680/4000 = 0.67psi/ft,即 12.9lb/gal。水泥密度只是一个方面,水泥注入过程中由于摩擦也会增加静水压力。

11.4.10 挤水泥

挤水泥操作在水泥浆注入管柱之后,用于修补泄漏点、封堵漏失处。挤水泥通常是一个修补步骤,但也可以用于封堵衰竭层或者不需要的产液层。

挤水泥有以下 8 个方面的作用:(1)控制高气油比;(2)控制过量的水;(3)修补套管泄漏;(4)封堵漏失层或漏失循环层;(5)阻止流体运移;(6)隔离产层;(7)弥补初次注水泥;(8)封隔废弃层。

挤水泥分为高压挤水泥和低压挤水泥。高压挤水泥是用水泥压裂地层直至产生需要的地面压力位置,高压挤水泥的作用很小,在实际应用中,最终压力应低于 1psi/ft。高压挤水泥使用的是净水泥,滤失量大,最好用于封堵衰竭层和射孔孔眼。

低压挤水泥技术能更好地将一定量的水泥注入到问题区域中,有了这项技术,地层基本不可能被压裂开,通过增加水泥压力使水泥滤过地层,从而形成环空封堵。水泥一旦凝固,驱替将不能进行。管柱中和环空中的过量水泥通过打开套管阀驱替掉。低压挤水泥的优点是对油管、套管和其他固井工具产生的压力损害小,而且需要的水泥量少。

不管是挤水泥还是固井操作,使用的水泥不外乎 API 级 A、G 和 H 水泥,在没有任何添加剂的情况下,它们都适用于深度超过 6000ft 的地下条件。对更深的井来说,G 和 H 级水泥能够延缓操作,需要更多的泵入时间,在高温井(温度大于 230 ℉)必须考虑使用添加剂增加其强度。

虽然挤水泥通常用于修补初次注水泥出现的问题和保护管柱,但是也会破坏套管,如果在挤水泥段上方使用封隔器(图 11.19),封隔器上方的套管外部承受挤水泥的所有压力,而套管内部没有承受任何压力,当压力差大于管柱强度时套管就会损坏。

挤水泥过程中水泥的凝固时间与初次注水泥的相似,挤水泥压力不影响水泥浆的凝固,如果要通过一些可渗透层,需要考虑添加滤失控制剂。水泥在可渗透层段的正常凝固就能够封堵流动通道。

11.4.11　挤水泥工具

可钻或可回收的水泥持留器在封隔器的基础上改进,能够帮助控制水泥驱替、保护产层受压力和过量水泥的影响。可回收工具能够反复使用多次,可钻工具是一次性工具,留在井底,水泥凝固后还有可能需要钻穿。可钻工具有改进封隔器,分为压缩形变工具和拉伸形变工具,压缩形变工具常用于 3000ft以下地层。可钻工具的应用范围比可回收工具的

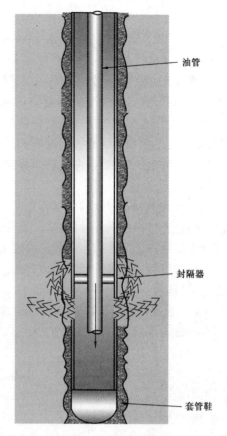

图 11.19　在封隔器下方挤水泥损坏套管原理示意图

油管

封隔器

套管鞋

小,但是对水泥凝固的控制更强。

11.4.12　尾管固井

使用尾管固井对现有技术的控制要求非常高,而且具有高风险。计算尾管固井的水泥体积非常困难,需要掌握的信息相当详尽。通过四爪测量仪测量椭圆得到的最大值可以用于计算井眼容积,尾管作业中需要额外的 20% ~ 100% 的水泥,越多量的水泥固井的质量越高,产生的通道越少。

尾管固井有三种固井方式,在单级固井作业中,水泥循环至尾管上方,与初次注水泥很相近,中间也伴有管柱的运动。

挤水泥设计时,尾管的底端首先被水泥胶结,然后顶端挤水泥时胶结。这种技术不能用于封堵高压层,但是由于其拆卸装置和水泥凝固时的事故可预见性,世界各地广泛使用。固井之前拆卸尾管减弱了尾管的移动,会导致固井质量变差。

第三个流程通常称为短尾管,用水泥胶结部分井眼,然后慢慢下入套管到水泥中,使水泥向上流动。这种方式需要的水泥量最少,但是由于缺少循环,钻井液的去除不彻底。多数尾管固井设计时要保留尾管,原因有以下几个方面。

(1)固井前从管柱上拆卸尾管比水泥凝固之后拆卸方便。

(2)如果需继续钻进,则要更换强度更高的钻具。

(3)管柱的活动会使尾管悬挂器与扶正器缠在一起。

(4)尾管活动时容易在狭窄空隙产生压力。

(5)固井时尾管的活动会在井底碰撞产生岩屑,岩屑会导致桥堵,影响循环。

虽然固井操作中保留尾管有很多缺点,但是如果拆掉尾管也有许多不好的地方:(1)如果尾管悬挂在井底,尾管处的可流动面积变小,流动阻力变大,导致循环漏失;(2)如果使用了井下旋转尾管悬挂器,为了旋转需要增加额外的扭矩;(3)膨胀性页岩和环空桥堵的概率会增加,如果操作人员不能很好地交替钻柱的旋转和往复运动;(4)衬管刮塞不能有过早的剪切运动,因为在尾管和坐封装置间没有相对运动;(5)如果存在水泥通道,同时在下入工具的内外两侧存在静水压差,那么在尾管固井完成之前会压开封闭层;(6)水泥驱替效率在管柱不活动时会降低。

当钻井液和水泥浆的密度相近时,使用高密度水泥清洗井底就没有优势了,钻柱的往复运动有助于管柱横向挤压拉伸井壁,旋转运动有助于将井底的不规则岩屑和水泥混合,并借助于流动水泥浆产生的牵引力驱替钻井液。

虽然尾管操作过程中需要尾管的活动,但是井况一般不需要这种活动,大多数情况下,尾管运动可以在一些井中实现,但是下面两种情况必须杜绝尾管活动。

(1)在深井中下入短尾管($3\frac{1}{2}$in 或更小),尾管首先悬挂起来,因为通过电缆张力指示器上很难读出尾端是不是悬挂在钻柱上。

(2)假设一口井倾斜35°,由于牵引力的缘故尾管很难进行往复运动。

当水泥从尾管底部循环到尾管顶部时,在尾管分离开水泥浆或者水泥浆在井中循环时水泥浆不能凝固,如果水泥浆突然凝固,钻柱胶结住不能移动,井眼也消失不见。水泥发生过早凝固或者循环漏失有以下几方面的原因。

(1)设计时不恰当的增稠或泵入时间,无效的操作和错误的测试结果。

(2)水泥浆密度控制不好或者混合不均。

(3)由钻屑在环空中形成桥堵。

(4)由于在裸眼段过多失水,段塞水泥的脱水作用。

(5)水泥井眼清洗。

固井设计中一个最困难的问题是在固井之前井底清洗不充分。当使用轻密度、低黏度钻井液时往往忽视了钻屑的清除,膨胀页岩可能会充满井眼并产生冲蚀。在任何情况下,水泥被完全驱替之前都不能停止循环,因为水泥低空隙和低屈服点,很难再进行一次循环。

11.4.13 尾管固井技术

为了达到在尾管和裸眼之间封堵的目的,尾管固井需要特殊的设备和技术。一般常用两项技术:改进的循环操作和水泥浆操作。

在前面的循环和挤水泥的介绍中,尾管和其附属设备在尾管下入仪器和可回收封隔器的帮助下,随钻具一起下入井中。当尾管底开始受挤压时(略高于外套管鞋的位置),尾管下入工具上提尾管至尾管顶部位置,顶部开始挤压。剩余的水泥钻穿后,再下入尾管分割器。

高压井中的深尾管,由于经常被封隔器与钻杆分离,其结构比较复杂。在管柱底部形成异常压力,导致管柱变形和损坏,尾管固井技术与普通满眼钻井技术的微小差别就是:管柱的运动是整个钻杆的运动,而且需要使用两部分段塞。由于空隙小,尾管操作需要特殊的循环管线。

如果水泥通过尾管的顶部循环,顶部尾管悬挂器间隙对降低回压有重要作用。大的尾管悬挂器产生的狭窄间隙能增大回压和当量循环密度。有时候,回压过大会压裂地层。

在和水泥操作时,水泥浆体积计算时必须考虑井眼体积和尾管体积。不可预测的地层冲蚀处会导致尾管顶部的水泥浆缺失。虽然操作流程比循环和挤水泥技术简单,但是封堵时常常失效。

11.5 补充问题

(1)问题 11.1。

简述下套管、导向套管、表层套管的功能。

(2)问题 11.2。

计算下述套管的破坏强度:套管尺寸 7in,等级 L80;额定质量 29lb/ft;轴向载荷 142880lbf;内径 6.184in。

(3)问题 11.3。

10000ft 的 7in38lb/ftN80 套管,下面装有浮鞋,假定钻井液密度为 12lb/gal,计算以下三种情况下的大钩负荷。

① 底端封闭的中空、外面是钻井液的钻柱。

② 中间充有钻井液的钻柱。

③ 中间为 15lb/gal 的水泥,外面是钻井液的钻柱。

(4)问题 11.4。

根据以下条件设计一套经济的套管,能够满足压力和抗拉载荷的要求。

① 封隔器下入位置:7450ft。

② 环空中充满钻井液,管柱中空。

③ 套管安全系数:坍塌系数 1.1,破裂系数 1.2,张力系数 1.8。

井的相关数据如下:

① 表层套管 $10\frac{3}{4}$in,固井深度 450ft;

② 井深 7500ft;

③ 钻井液密度 12lb/gal;

④ 钻头尺寸 $8\frac{1}{2}$in;

⑤ 破裂压力梯度 0.75psi/ft;

⑥ 油藏压力梯度 0.55psi/ft。

(5)问题 11.5。

用问题 11.4 的数据,重新设计套管,其中坍塌系数 0.9,破裂系数 1.1,张力系数 1.5。并对结果进行总结。

(6)问题 11.6。

给定以下数据设计 $9\frac{5}{8}$in 中间套管。

① 表层套管深度 4000ft,尺寸 $13\frac{3}{8}$in。

② 井深 10500ft,井径 $12\frac{1}{4}$in。

③ 钻井液密度 12lb/gal。

④ 最终钻深 12000ft。

⑤ 最终钻井液密度 14.5lb/gal。

⑥ 10500ft 处的破裂压力梯度为 0.90psi/ft。

⑦ 套管安全系数：坍塌系数 1.1，破裂系数 1.2，张力系数 1.8。

（7）问题 11.7。

根据以下数据设计技术套管。

① 下入深度 9000ft。

② 钻井液密度 13lb/gal、15lb/gal。

③ 9000ft 处的破裂压力梯度为 0.88psi/ft。

④ 7in 生产套管深度 13000ft。

⑤ 套管安全系数：坍塌系数 1.1，破裂系数 1.0，张力系数 1.8。

（8）问题 11.8

计算下述套管的最大压应力：长度 10000ft，尺寸 9⅝in，质量 47lb/ft，钻井液密度 11lb/gal。

（9）问题 11.9。

根据以下数据设计生产套管。

① 表层套管深度 1500ft。

② 中间套管深度 7000ft。

③ 生产套管深度 12000ft。

④ 钻井液密度 10lb/gal。

⑤ 预测油藏压力 5800psi。

⑥ 套管安全系数：坍塌系数 1.0，破裂系数 1.0，张力系数 1.8。

（10）问题 11.10。

根据问题 11.4 的数据重新设计套管：坍塌系数 0.9，破裂系数 1.1，张力系数 1.5。并根据成本和可行性进行总结。

（11）问题 11.11。

根据以下数据，进行全井钻头设计和全井套管设计。

① 表层套管：套管鞋深度 1000ft，钻井液密度 9lb/gal。

② 中间套管：套管鞋深度 8000ft，钻井液密度 10.5lb/gal。

③ 生产套管：套管鞋深度 15000ft，钻井液密度 13lb/gal。

④ 预测最大油藏压力 8800psi。

⑤ 安全系数：坍塌系数 1.0，破裂系数 1.1，张力系数 1.8。

（12）问题 11.12。

计算以下两种套管发生拉伸破坏的轴向力，可以使用不同的套管接箍。

① 7in 套管，N80 级。

② 5½in 套管，P110 级。

（13）问题 11.13。

16000ft 深的井中使用 5½in 套管，20lb/ft0 - 75 型套管，计算固井作业时环空中充满 16lb/gal 的水泥浆至地表，钻柱内为 10.5lb/gal 的钻井液时的大钩载荷，套管内钻井液的地面压力为 500psi。

（14）问题 11. 14。

5000ft 深的井中在 $4\frac{1}{2}$in 套管,10. 5lb/ftK55 型套管中下入 $3\frac{1}{2}$in 套管,13lb/gal 的钻杆。尾管顶部深 12500ft,计算当使用 15lb/gal 钻井液而且钻杆和尾管中均充满钻井液时的最大大钩载荷。

（15）问题 11. 15。

计算能够平衡下述空钻杆的钻井液密度:深度 5000ft,$10\frac{3}{4}$in 套管,40. 5lb/ftK55 型套管。

（16）问题 11. 16。

使用 $9\frac{5}{8}$in 套管,47lb/ftN80 套管,当密度是 16. 4lb/gal 的水泥刚好到达套管鞋处,而且环空中为 8. 33lb/gal 的清水,计算此时的套管浮重。

（17）问题 11. 17。

推导驱替所用流体密度的公式。

（18）问题 11. 18。

某井 7000ft 处破裂压裂梯度为 0. 6psi/ft,计算当使用密度为 16. 4lb/gal 的水泥时的最大水泥高度(假设最大井底压力比破裂压力小 200psi)。

（19）问题 11. 19。

根据问题 11. 15 中套管数据,计算能够使水泥返到地面的水泥密度(假设最大井底压力比破裂压力小 200psi)。

11. 6　符号说明

A:横截面积;

A_c:管柱与泥饼的接触面积,in^2;

A_i:内横截面积,in^2;

A_o:外横截面积,in^2;

C_f:摩擦系数(平均为 0. 25);

C_o:介质中声速($C_o = \sqrt{E/\rho}$);

d:深度,ft;

D_c:套管下入深度,ft;

d_i:套管内径,in;

d_o:套管外径,in;

D_o:额定外径,in;

D_t:套管固定深度,ft;

D_x:计算深度,ft;

E:杨氏模量;

F:拉力,lbf;

F_a:轴向载荷;

F_b:浮重,lbf;

F_m:套管屈服应力;

F_s:稳定力;

F_z:真实轴向载荷;

G_{bd}:地层压力梯度,通常 $0.7 \sim 1.0$psi/ft;

G_g:气体压力梯度,psi/ft($0.1 \sim 0.15$psi/ft 不等);

G_i:管柱内流体压力梯度,psi/ft;

G_o:管柱外流体压力梯度,psi/ft;

K_h:水平渗透率;

K_v:垂直渗透率;

NP:套管破坏时的应力中性点;

Δp:压力差,psi;

p_{bs}:D_x 深度处的破裂压力,psi;

p_{cx}:D_x 深度处的坍塌压力,psi;

p_i:管柱内压力,psi;

p_{is}:套管内流体地面压力,psi;

p_o:管柱外压力,psi;

p_{os}:套管外流体地面压力,psi;

p_s:最大关井压力,psi;

p_y:最小屈服压力,psi;

q:驱替速率,bbl/min;

S_t:拉伸应力,psi;

t:额定壁厚,in;

ΔT:温度差,℉;

t_c:接触时间,min;

v_c:临界速度;

V_t:液体流量,ft^3;

W:套管悬重;

W_{cb}:套管浮重,lbf/ft;

W_{cd}:套管净重,lbf/ft;

Y_m:套管最小屈服应力,psi;

Y_p:套管额定屈服应力,psi;

Y_{pa}:轴向应力等效屈服载荷,psi;

Y_t:屈服应力比例;

YP:管柱最小屈服强度,lbf;

α:钢铁热导率;

μ:泊松比;

ρ:密度;

ρ_f:流体密度;

ρ_i:套管内流体密度,lb/gal;

ρ_m:钻井液密度,lb/gal;

ρ_o:套管外流体密度,lb/gal;

ρ_s:钢铁密度;

σ:应力,psi;

σ_a:轴向应力,psi。

参 考 文 献

1. Greeham, T. and A. McKee. "Drilling Mud: Monitoring and Managing It" Oilfield Review, 1(2), 41. Jones, F. O., Jr. 1964. "Influence of Chemical Composiition of Water on Clay Blocking of Permeability." Journal of Petroleum Technology, April, 441 – 46.

2. Peden, J. 1982. "Reducing Formation Damage by Better Filitration Control." Offshore Services and Technology, Vol. 15. January. 26 – 28. Arthur, K. G. and J. M. Peden 1989. "The Evaluation of Drilling Fluid Filter Cake Properties and Their Influence on Fluid Loss" Paper SPE 17617, presented at the International Meeting on Petroleum Engineering, Tianjin, China.

3. Arthur and Peden, paper SPE 17617. Krueger, R. F. and L. C. Vogel 1954. "Damage to Sandstone Cores by Particles from Drilling Fluids" Drilling and Production Practices, API, 158. Glenn, E. E., and M. L. Slusser 1957. "Factors Affecting Well Productivity. II. Drilling Fluid Particle Invasion into Porous Media" Journal of Petroleum Technology, May, 132 – 39. Krueger, R. F, P. W. Fischer, and L. C. Vogel. 1967 "Effect of Pressure Drawdown on the Clean – up of Clay or Silt Blocked Sandstone" Journal of Petroleum Technology, March, 397 – 403.

4. Tuttle, R. N. and J. H. Barkman. 1974 "New Nondamaging and Acid – Degradable Drilling and Completion Fluids" Journal of Petroleum Technology, November issue 1221 – 1276.

5. Wilson, G. E. 1976 "How to Drill a Usable Hole" World Oil, Setpember, 47.

6. Bollfrass, C. A. 1985 "Sealing Tubular Connections" Journal of Petroleum Technology, June, 955 – 65.

7. Goins, W. C, Jr., B J. Collings, and T. B. O'Brien. 1965 "A New Approach to Tubular String Design, Part 1" World Oil, November. Goins, W. C, B. J. Collings., and T. B. O'Brien. 1965 "A New Approach to Tubular String Design, Part 2" World Oil, November 83 – 88. Klementich, E. F., and M. J. Jellison. 1986. "A Service Life Model for Casing Strings." SPE Drilling Engineering, April. 131 – 40.

8. Rike, E. A., G. A. Bryant, and S. D. Williams. 1986. "Success in Prevention of Casing Failures Opposite Salts, Little Knife Field, North Dakota" SPE Drilling Engineering, April. 131 – 40.

9. Greer, J. B. and W. E. Holland. 1981. "High – Strength Heavy – Wall Casing for Deep, Sour Gas Wells" Journal of Petroleum Technology, December, 2389 – 98.

10. Wooley, G. R. and W. Prachner 1988 "Reservoir Compaction Loads on Casing and Liners" SPE Production Engineering, February, 96 – 102.

11. Holliday, G. H. 1969 "Calculation of Allowable Maximum Casing Temperature to Prevent Tension Failures in Thermal Wells" Paper presented at ASME Conference, 1969, Tulsa.

12. Rike, Bryant, and Williams, SPE Drilling Engineering, April 1986, 131 – 40.

13. Pattillo, P. D. and N. C. Huang. 1982. "The Effect of Axial Load on Casing Collapse" Journal of Petroleum Technology, January 159 – 64.

14. Ibid.

15. API Bulletin 5C3. 1983. "Formulas and Calculations for Casing, Tubing, Drillpipe, and Line – Pipe Properties" American Petroleum Institute.

16. Ibid.

17. Lindsey, H. E., Jr. 1979. "Techniques for Liner Tie – Back Cementing." Production Operations, 37 – 39. Institute. Halliburton Modern Well Completion Course.

18. API Specification 5A. 1982 " Specifications for Casing, Tubing and Drillpipe" American Petroleum Institute. Halliburton Modern Well Completion Course.

19. Bollfrass, Journal of Petroleum Technology, June 1985, 955 – 65.

20. Hills, J. O. 1951"A Review of Casing String Design Principles and Practice. " API Production Practices.

21. Wojtanowics, A. K. and E. E. Maidla. 1987"Minimum Cost Casing Design for Vertical and Dirctional Wells" Journal of Petroleum Technology, October, 1269 – 82.

22. Bowman, G. R. and B. Sherer. 1988. " How to Run and Cement Liners, Part3" World Oil, May, 58 – 66. Bowman, G. R. , and B. Sherer. 1988" How to Run and Cement Liners, Part4" World Oil, May, 84 – 88.

23. Bowman, World Oil, May 1988, 58 – 66.

24. Bowman, World Oil, May 1988, 58 – 66. Lindsey, H. E. , Jr. 1986. " Rotate Liners for a Auccessful Cement Job" World Oil, October 1986, 39 – 43.

25. Bowman, World Oil, July 1988, 84 – 88.

26. Lindsey, World Oil, October 1986, 39 – 43.

27. Lindsey, Production Operations, 1979, 37 – 39.

28. Durham, K. S. 1987. " How to Prevent Deep – Well Liner Failure(Part 1)" Wrold Oil, October, 46 – 50. Durham, K. S. 1987. " How to Prevent Deep – Well Liner Failure(Part 2)" Wrold Oil, October, 47 – 49.

29. Ibid.

30. Manley, D. D. 1988"Installation of Retrievable Liners" Paper SPE 17253, presented at SPE Rocky Mountain Regional Meeting, Casper, Wyo.

31. Ibid.

32. Agnen, J. W. , and R. S. Klein. 1984. " The Leaking Liner Top" Paper SPE 12614, Presented at SPE Deep Drilling and Production Symposium, Amarillo, TX.

33. Smith, D. K. 1987. Cementing. SPE monograph.

34. Ibid.

35. Smith, R. S. Amoco internal report on cementing.

36. Keller, S. R. , R. J. Crook, R. C. Haut, and D. Kulakofsky. 1987" Deviated Wellbore Cementing: Part 1 – Problems" Journal of Petroleum Technology, August, 955 – 60.

37. API Bulletin RP – 10B. 1975. " Deviated Wellbore Cementing" Journal of Petroleum Technology, June, 759 – 94.

38. Harms, W. M. , and J. T. Ligenfelter. 1981"Microspheres Cut Density of Cement Slurry" Oil and Gas Journal, February2, 59 – 66.

39. Harms, W. H. 1985. " Cementing of Fragile Formation Wells with Foamed Cement Slurries" Journal of Petroleum Technology, June, 1049 – 57.

40. Dsvies, D. R. , J. J. Hartog, and J. S. Cobbett. 1981. " Foamed Cement—a Cement with Many Applications" Paper SPE 9598, presented at the Middle East Oil Technology Conference, Manama, Bahrain.

41. Smith R. C. , and D. G. Calvert, 1975. " The Use of Sea Water in Wet Cementing" Journal of Petroleum Technology, June, 759 – 64.

42. Smith, A. C, C. A. Powers, and T. A. Dobkins, 1980. " A New Ultralightweight Cement with Super Strength" Journal of Petroleum Technology, August, 1438 – 44.

43. Benge, O. G. and L. B. Spangel. 1982. " Foamed Cement – Solveing Old Problems with a New Technique" Paper SPE 11204, presented at the SPE Annual Technology Conference, New Orleans.

44. Bannister, C. E. 1978. " Evaluation of Cement Fluid – Loss Behavior under Dynamic Conditions" Paper SPE 7592 presented at the SPE Annual Fall Technique Conference, Houston.

45. Bannister, paper SPE 7592. Brice, J. W. , and B. C. Holmes. 1964. " Engineered Casing Cementing Programs Using Turbulent Flow Techniques" Journal of Petroleum Technology, May, 503 – 8.

46. Cheung. P. A. , and R. M. Beirute. 1982. "Gas Flow in Cements" Paper SPE 11207, presented at the SPE Annual Technology Meeting, New Orleans.

47. Bannister, C. E. , G. E. Shuster, L. A. Woolridge, and M. J. Jones. 1983. "Critical Design Parameters to Prevent Gas Invasion During Cementing Operations" Paper SPE 11982, presented at the SPE Annual Technology Meeting, San Francisco.

48. Cheung, P. A. and B. D. Myrick. 1984. "Field Evaluation of an Impermeable Cement System for Controlling Gas Migration" Paper SPE 13045, presented at the SPE Annual Technology Meeting, Houston.

49. Smith, R. C. 1984. "Successful Primary Cementing Can Be a Reality" Journal of Petroleum Technology, November, 1851 – 58.

50. R. S. Smith, internal report.

51. D. K. Smith, SPE monograph.

52. Sauer, C. W. 1987. "Mud Displacement during Cementing: A State of the Art" Journal of Petroleum Technology, September, 1091 – 1101.

53. Smirk, D. E. , D. P. Kundert, and H. L. Vacca. 1987 "Application of Primary Cementing Principles, Rocky Mountains and Texas" Paper SPE 16208, presented at the Production Operations Symposium, Oklahoma City.

54. McLean, R. H. , C. W. Manrey, and W. W. Whittaker. 1967. "Displacement Mechanics in Primary Cementing" Journal of Petroleum Technology, February, 251 – 60.

55. Parker, P. N. , B. J. Ladd, W. M. Ross, and W. W. Wahl. 1965. "An Evaluation of a Primary Cementing Technique Using Low Displacement Rates" Paper SPE 1234, presented at the 40th Annual Meeting of the SPE, Denver.

56. Calrk, C. R. , and L. G. Carter. 1973. "Mud Displacement with Cement Slurries" Journal of Petroleum Technology, July, 3 – 19.

57. Garcia, J. A. 1985. "Rotating Liner Hanger Helps Solve Cementing Problems" Petroleum Engineering, September, 38 – 48.

58. Bowman, G. S. , and B. Sherer. 1988. "How to Run and Cement Liners, Part 1" World Oil, March, 38 – 46.

59. Crook, R. J. , S. R. Keller, and M. A. Wilson. 1987. "Deviated Wellbore cementing: Part 2 – Solutions" Journal of Petroleum Technology, August, 961 – 66.

60. Crook, Keller, and Wilson, Journal of Petroleum Technology, August 1987, 961 – 66.

61. Reiley, R. H. , J. W. Black, T. O. Stagg, D. A. Walter, and G. S. Atol. 1987. "Cementing of Liners in Horizontal and High – Angle Wells at Prudhoe Bay, Alska" Paper SPE 16682, presented at the 62nd Annual Meeting of the SPE, Dallas.

62. Wilson, M. A. , and F. L. Sabins. 1987. "A Laboratory Investigation of Cementing Horizontal Wells" Paper SPE 16928, presented at the 62nd Annual Meeting of the SPE, Dallas.

63. Lee, H. K. , R. C. Smith, and R. E. Tighe. 1986. "Optimal Spacing for Casing Centralizers" SPE Drilling Engineering, April, 122 – 30. API Specification IOD. 1986. "Casing Centralizers" 3rd ed. American Petroleum Institute.

64. Baret, J. R. 1988. "Why Cement Fluid Loss Additives Are Necessary. " Paper SPE 17630, presented at the SPE International Meeting, Tianjin, China.

65. Lee, Smith, and Tighe, SPE Drilling Engineering, April 1986, 122 – 30.

66. Beirute, R. M. Field data.

67. Baret, paper SPE 17630. Patton, L. Douglas. 1987. "Squeeze Cementing Made Easy" Petroleum Engineer International, October, 46 – 52.

68. Douglas, Petroleum Engineering International, October 1987, 46 – 52. Rike, J. L. 1973. "Obtaining Successful Squeeze – Cementing Results" Paper SPE 4608, presented at the fall meeting of the SPE, Las Vegas.

69. Rike, Paper SPE 4608.

70. Goolsby, J. L. "A Proven Squeeze—Cementing Technique in a Dalomite Reservoir" Reprinted from Journal of Pe-

troleum Technology. Oct 1969. 1341 – 1346.

71. Lindsey,World Oil,October 1986,39 – 43.

72. Durham,World Oil,October 1987,46 – 50. Durham,World Oil,November 1987,47 – 49.

73. Lindsey,World Oil,October 1986,39 – 43. Gust,D. A. ,and R. S. McDonald. 1989. "Rotation of a Long Reach Liner in a Shallow Long – Reach Well"Journal of Petroleum Technology,April,401 – 4.

74. Lindsey,H. E. ,Jr. "Field Results of Liner Rotation During Cementing"SPE Production Engineering,February 1987. 9 – 14.

75. Mahoney,B. J. and J. R. Barrios. 1962. "Cementing Liner Through Deep,High Pressure Zones"Engineering Essentials of Mud Drilling. HBJ Publishers.

12 钻井设计

12.1 简介

钻井设计是保证能够安全经济钻出油气生产通道的基础。当钻井设计达到各个方面的要求时,就需要对其经济可行性进行评价,包括钻井、完井和生产操作的成本评估。

油气井的钻井设计需要对每个方面进行综合评价,它直接或间接关系到工程的经济目标。钻井设计需要对整个设计决策有个整体认识,并且能够使每个人在其岗位上发挥应有的作用。

好的钻井设计需要团队的相互配合,包括钻井工程师、钻井监督、钻井总监、地质师、生产工程师、油藏工程师,以及安全、环境和政府规章制度的负责人。

12.2 设计目标

钻井设计的目标有两个:(1)提出可能直接或间接影响钻井的所有工程参数、事件、规章制度和其他状况;(2)在符合各联邦政府、州和当地政府法规的条件下,制订安全、高效并经济钻井的方案。

12.3 钻井设计需要的资料

在开发井钻井设计过程中,最好的资料来自于邻井。资料内容包括对以下数据的每日报表:水力参数、井身结构、钻井液、底部钻具组合、井斜测量、钻头、测井、套管和固井、地质资料、油藏参数、后勤、天气、服务和产品供应商的建议、政府法规、合同协议以及钻遇问题和解决方案。与之相反,在探井设计中邻井只能提供少量的地表地质资料和地震资料(地层顶部资料和孔隙及破裂压力资料)。

12.4 钻井工程师的职责

钻井工程师负责整个工程的蓝图设计和协调工作,其职责包括以下方面:

(1)估算钻井成本,即费用批准书(AFE);

(2)目标区域内邻井资料的收集和整理;

(3)设计钻井计划,包括设计钻井液、钻头、水力流体、套管与固井、井斜、井身结构、底部钻具组合和井控;

(4)预计钻井问题和突发事故;

(5)选择钻头规格;

(6)钻井成本和钻井进度表的准备;

(7)协调标书要求,评估承包商,保证选择最优钻头、井队人员高效安全工作;

(8)协调购买花销和与环境、法规和工程队相关活动的进行,以确保钻井设计能经济、安全、按时完成。

12.5 钻井设计的考虑

下面是钻井设计中需考虑的一些问题。

(1)区块地质信息。它包括预射孔层位的识别、异常层位(如漏失层)、页岩、非常规条件(如压力和温度)和可能的生产层段。

(2)地层孔隙压力梯度和破裂压力梯度。钻井工程师必须准确了解地层压力和破裂压力梯度,以便于搭配不同深度时的最优钻井液。

(3)测井。测井需要地质专家负责,在钻进之前要完成测井类型选择和资料获取的工作。

(4)井身结构。井身结构包括其详细的套管示意图,而且每个套管组都要有完整详细的设计数据。

(5)钻井液。对每一层段需要的钻井液类型、性质和稳定性都有不同的要求,许多井下问题的产生是由于选取了不合适的钻井液造成的。

(6)固井。固井阶段需要对每个固井层段考虑以下各方面:添加剂、井下温度、水泥类型、固化时间、候凝时间、套管鞋、浮子、扶正器、刮泥器。

(7)井控。井控包括防喷器组合辅助设备,如节流管汇和压井管线,钻井人员、钻井技师和钻井监督都必须遵守井控流程。

(8)底部钻具组合。能够提高钻井的设备有扩眼器、扶正器、减振器、小钻井接轨、大直径钻井接箍和其他类型的设备,使用合适的钻具组合能够减轻井斜问题。

(9)水力。这部分规定了钻井平台水力功率,包括循环系统中的压力计算。最优的水力系统能够提高机械钻速和钻头的使用寿命,并且能够有效清除钻屑,保证钻井液的当量循环密度(ECD)。

(10)钻头。钻头类型必须指定,而且在不同条件下(钻压、钻速、最佳流速和相应的喷嘴尺寸)选取最优的钻头。对以往钻头使用记录的钻后分析也是一项重要内容。

(11)钻井程序。钻井程序包括操作人员对承包商钻井的期望,比如防喷钻井、钻井液维持、起下钻练习、设备检查等。

(12)钻时曲线。钻时曲线即钻井深度和时间的关系曲线,设计的钻时曲线和实际曲线需要实时对比,当出现异常时,要找出异常原因并及时调整。

(13)钻井平台。如要实现最优钻井,需要全面评价钻井平台的各个系统,包括电力、循环系统、起升系统、旋转系统、井控设备和数据获取及检测系统。

12.6 钻进

12.6.1 钻进设计

钻进计划是保证能够在最低费用下安全成功钻、完井的基础。根据井的复杂程度,计划量和计划的细节差别很大。比如当钻开发井时,大部分的信息来自邻井,然而随着钻井技术和仪器的更新,对于每一口连续井,任何影响钻井效率的关键因素都不能忽略。

在特定环境下,钻进计划的复杂程度是可预知的,可以参照以下方面制订计划。

(1)井的基本数据。包括钻井和地质预测,孔隙与破裂压力,钻时和成本曲线,下套管,钻进流程,井身结构示意图和完井。

(2)钻进设计。包括钻井液设计(钻井液类型、性质、稳定性)、钻头设计(钻头类型、钻压、转速和水力参数)、钻柱设计(钻杆、钻铤、底部管柱结构)、水力设计(当量循环密度、钻压力)、下套管与固井(设备、材料、辅助设备)、井控设计(设备、井控方法、泵压、环空压力)。

(3)井口装置。

（4）钻井平台。

（5）测试方法，包括取样、取心、测井和试油。

（6）紧急情况，包括所有遇到问题的突发方案。

（7）其他，包括报告、许可、邻井记录、合同、租金等。

12.6.2　更新钻进设计

为了能够应对各种不同的突然事故，钻进设计灵活多变。初始设计是基于预钻井的假设，然而，通过重审、分析和再设计，钻进设计需要及时更新。虽然考虑安全、精度等重要参数的钻进设计比较灵活，但是机械和经济方面的影响仍不容忽视。钻井中潜在风险的预测和对突发事故的解决是钻井设计的重要方面。

12.7　已钻井的分析

能够提高将来钻井水平的一个重要方面是对已钻井进行分析，不管是成功还是失败方面的钻井操作，在工程结束之后都应立即记录下来。对于设计、工程、操作人员和第三方服务的复查分析报告有利于将来钻井操作的顺利高效进行。已钻井的分析报告应包括以下内容。

（1）井描述，包括井名、区块、合同、API/政府鉴定和评价。

（2）费用批准书，包括费用数目、额外费用和预算。

（3）结果，包括钻井垂深、经济产量、干层、废弃层等。

（4）日期，包括钻井平台承包日期、平台重定位日期、开钻时间、完井时间、堵塞和废弃时间。

（5）地质，包括目标层位、产层顶部、产油层、取心层、测井层、测试层位等。

（6）下套管与固井，包括井底井段、井身结构、井口示意图。

（7）钻井液，包括钻井液类型、价格等。

（8）承包商，包括钻井平台名称、合同类型、费用、使用的服务公司。

（9）钻头，包括钻头类型及性能。

（10）钻时曲线，包括预期和实时钻时曲线。

（11）定向设计，包括预选择、实际的井眼轨迹及钻具组合概况。

（12）钻井成本，包括预期成本和实际成本。

（13）建议，包括工程师、监督和主管的建议。

12.8　钻井成本评估

钻井的成本可以用下式计算：

$$C_{wdo} = C_d + C_o \tag{12.1}$$

式中　C_d——钻头和钻井平台租金（按每英尺算）；

　　C_o——每钻 1ft 的其他相关费用（比如套管、钻井液、固井、测井、取心、现场准备、燃料、运输和完井的费用）。

12.8.1　钻头性能

钻井花费（C_d）需要根据每个钻头的性能进行计算，其费用可以用式（8.1）表示。

例 12.1：利用以下数据和表 12.1 中不同性能钻头的数据，进行成本分析并选择最低钻井成本的钻头。

　　钻井平台操作费用:12000 美元/d。

　　起下钻时间:10h。

　　接单根时间:1min/次。

表 12.1　钻头性能

钻头	钻头成本,美元	旋转时间,h	接触时间,h	机械钻速,ft/h
A	1000	15	0.1	14
B	3000	35	0.2	13
C	4000	45	0.3	10
D	4500	65	0.3	11

解:

钻头每英尺成本可以用式(12.16)计算。

钻头 A:

$$C_f = \frac{1000 + \frac{12000}{24} \times (15 + 0.1 + 10)}{14 \times 15} = 65 \text{ 美元}/ft$$

钻头 B:

$$C_f = \frac{2000 + \frac{12000}{24} \times (35 + 0.12 + 10)}{13 \times 35} = 54 \text{ 美元}/ft$$

钻头 C:

$$C_f = \frac{4000 + \frac{12000}{24} \times (45 + 0.3 + 10)}{10 \times 45} = 70 \text{ 美元}/ft$$

钻头 D:

$$C_f = \frac{4500 + \frac{12000}{24} \times (55 + 0.3 + 10)}{11 \times 65} = 52 \text{ 美元}/ft$$

　　可以看出,使用钻头 D 时的钻井成本最低,这个例子说明在选择钻头时需要综合考虑钻头的性能,而不单单考虑钻头的钻速。

12.8.2　时间评估

　　式(8.1)中的右边项变量都已知,可以直接用做已钻井的钻头运行费用,然而,在评估钻井费用之前,首先要评估钻进时间(T_{di})、起下钻时间(T_{ti})和接单根时间(T_{ci}),起下钻时间和接单根时间取决于钻井平台操作人员的操作水平。

　　起下钻时间可用下式表示:

$$T_{ti} = 2\frac{t_s}{L_s}D_i \tag{12.2}$$

式中　T_{ti}——起下钻时间,h;

　　　t_s——操作每组钻柱的平均时间,h;

　　　L_s——每组钻柱的平均长度,ft;

　　　D_i——起下钻时的深度,ft。

因此,每次起下钻的时间随着深度呈线性增加,而且,每个钻头的进尺数随着深度的增加而减小,因此,钻遇相同深度的地层需起下钻的次数随深度而增加。

起下钻深度可从已知的钻速—深度关系曲线中得到,关系如下:

$$\frac{\mathrm{d}D}{\mathrm{d}T_r} = k\varepsilon^{\alpha D} \tag{12.3}$$

式中　k 和 α——常数,其值可根据以往区块资料得到。

假设钻头平均寿命为 T_b,已钻深度为 D_i,上次起下钻深度为 D_{i+1},则下次起下钻的时间为:

$$D_{i+1} = \frac{1}{\alpha}\ln(\alpha k\overline{T}_b + \mathrm{e}^{\alpha D_i}) \tag{12.4}$$

从深度 D_i 到 D_{i+1} 的钻井时间也可从式(12.3)中计算得到:

$$T_{di} = \frac{1}{k\alpha}(\mathrm{e}^{\alpha D_{i+1}} - \mathrm{e}^{\alpha D_i}) \tag{12.5}$$

因此,k 和 α 已知,钻井和起下钻时间可以预测,钻井费用 C_{di} 也可以计算得出。总的费用可以通过下面简单的代数和得到:

$$C_d = \sum_{i=1}^{N} C_{di} \tag{12.6}$$

常数 k 和 α 可从以钻井的机械钻速和深度资料中得到,具体方法如下:根据式(12.3),将机械钻速和深度资料画在半对数曲线上,画这些点的趋势线,延长趋势线与机械钻速轴相交,机械钻速轴上的截距是 k,斜率是 α。

12.9　学习曲线

Ikoku 曾指出,钻井成本可以通过学习曲线预测,任何商业冒险的成功取决于获得利润的能力,利润可以简单表示为售价和成本之间的差额。因此,如果能预测价格和成本,就能轻松地计算出利润,那么商业决策也就变得简单了。学习曲线经常用于工程成本、预测人力需求、评价人事、计划生产等产业。

一个人反复做一件事后可以提高其工作效率,学习曲线应将这种提高量化的能力考虑其中,能够提高结果的影响因素如下:

(1)个人操作的熟练程度;

(2)工具配合、组织协调的效率提高;

（3）方法的改进；

（4）钻井技术的改进和高效钻具的使用。

在石油行业中,一个新区块中钻的第一口井成本往往是最大的,当对这个区块熟悉之后,可以对钻井装置优化,从而降低成本。

12.10　钻井中的成本控制

成本控制可以通过钻井的合理设计、维护和施工达到,这些设计包括:(1)钻井液设计;(2)水力设计;(3)钻头设计;(4)钻柱设计;(5)套管设计;(6)井控设计。

其他可以控制成本的重要因素有:(1)完井;(2)增产措施;(3)生产;(4)分离、存储和运输。

最优钻井设计以钻每英尺的最低成本计算,即美元/ft,钻井液设计是成本控制最重要的因素。

每一个钻井问题都与钻井液相关,一旦钻井液类型选定,其性质(黏度、重度、滤失量、固体含量等)必须维持在一定水平。

12.11　货币时间价值

货币时间价值的概念是根据当今的投入价值和过去的投入价值来计算将来的价值,它可以对比和调整花费授权,从而达到现实预算评估并计算投入回报。货币时间价值理论的基础是现在的货币要比以后的等价值货币更值钱,它具有时间增长利润的属性。这种理论可用于评估钻井设计和工程执行过程中的成本。

比如,某公司 3 年前以 2000 美元的价格购买一钻头,但未使用,基于公司的平均回报率,通过货币时间价值的概念,可以找到将来价值和当前价值的关系。将来价值可以表示为:

$$FV = PV\left(1 + \frac{r}{n}\right)^{nm} \tag{12.7}$$

式中　FV——将来价值;

　　　PV——当前价值;

　　　r——阶段利率或者增长率;

　　　n——每年的花销;

　　　m——年数。

采用连续计息方式,式(12.7)可变为下式:

$$FV = PV \times e^{rn} \tag{12.8}$$

通过式(12.8)可以看出,当前价值随着时间增长和利率增加而贬值,因此,将来价值会受到公司投资回报率和年数的影响。

例 12.2:某公司 5 年前以 10000 美元价格购买了套管封隔器且没有使用,问现在的价值是多少? 考虑过去 5 年的平均回报率为 14% 。

解:

过去价值 = 10000 美元;利率 = 14%/年;n = 4(每年 4 季度)。

因此,将来价值为:

$$FV = 10000\left(1 + \frac{0.14}{4}\right)^{4\times5} = 19897\text{ 美元}$$

12.12　价格弹性

价格弹性用来定量描述经济变量对原油价格的改变,如钻井平台或井的供求对价格的影响。弹性定量描述一种变量对另一种变量的改变敏感性,而且,它是一种独立的参数,可以表示钻井进尺数对原油价格的改变率。

价格弹性能表示需求或供应的钻井平台对原油价格的敏感度,也可以表示当原油价格改变时对钻井平台供求的直接影响,即:

$$价格弹性 = \frac{钻井平台数量变化}{原油价格变化} \times 100\% \tag{12.9}$$

弹性 E 定义为:

$$E = \frac{\%\,\Delta R}{\%\,\Delta P} = \frac{\mathrm{d}R/R}{\mathrm{d}P/P} = \frac{\mathrm{d}R}{\mathrm{d}P}\left(\frac{P}{R}\right) \tag{12.10}$$

例如,当原油价格从 30 美元/bbl 涨到 40 美元/bbl,钻井平台数量从 1120 台增加到 1140 台,则钻井平台的弹性可计算如下:

$$E = \frac{[(1120 - 1140)/1120] \times 100\%}{[(30 - 34)/30] \times 100\%} = \frac{1.79\%}{13.33\%} = 0.133$$

中点公式是另一种方法,它不考虑直接影响:

$$E = \frac{(R_2 - R_1)/[(R_2 + R_1)/2]}{(P_2 - P_1)/[(P_2 + P_1)/2]} \tag{12.11}$$

将例中的数据代入式(12.11)中,得到:

$$E = \frac{(1140 - 1120)/1130}{(34 - 30)/32} = 0.14$$

对比计算得到的弹性数值,弹性可以划分为 5 个等级。

(1)无弹性。钻井平台数目对原油价格影响不大,$E < 1$。

(2)有弹性的。钻井平台数目对原油价格影响很大,$E > 1$。

(3)完全无弹性。钻井平台数目对原油价格没有影响,$E = 0$。

(4)完全弹性。钻井平台数目对原油价格影响巨大,$E > \infty$。

(5)单位弹性。钻井平台数目改变率与原油价格改变率相同,$E = 1$。

12.13　补充问题

(1)问题 12.1。

某石油公司对目的层位 1、层位 2 和层位 3 打井,在三个层位中找到石油的概率分别是 0.30、0.45 和 0.25。根据以往邻井资料,目的层位 1 的产油概率为 40%,层位 2 是 20%,层位 3 是 30%,如果在该区找油,请问在目的层位 1 中产油的概率。

(2)问题 12.2。

计算在钻 9000～10000ft 时的成本（单位是美元/ft），已知数据如下。

目的层位深度：17000ft。

套管下入深度：500ft、4000ft、9000ft、14000ft 和 17000ft。

钻井平台可重复 3 次使用，租赁费用为 12000 美元/d。

起下钻时间：2.5min。

表 12.2 给出了不同套管下入深度时不同的钻头参数。第三次下套管时 $k = 300$，$\alpha = 0.0003$。

表 12.2　不同尺寸钻头数据

层位	尺寸，in	平均寿命，h	成本，美元
1	22	40	4000
2	17½	35	3000
3	13½	24	2400
4	8⅜	20	2000
5	5¾	10	1500

（3）问题 12.3。

假设在某一地点产油与另一地点相互独立，而且在该地找到油的概率是 0.3。

① 产油概率是多少？

② 分别在六个不同地点同时钻井，产油概率是多少？

（4）问题 12.4。

假设在某一地点产油与另一地点相互独立，而且在该地找到油的概率是 0.2。

① 在六个不同地点同时钻井，恰好有两个地点产油的概率是多少？

② 六次钻井顺序进行，在第四次钻井时产油的概率是多少？

（5）问题 12.5。

钻井平台与原油价格符合公式 $Q_{wor} = 450 + 16.5P$，原油价格每桶 35 美元，如果钻头需求增长，原油价格上涨 10%，问需求与价格的相对关系，弹性还是非弹性？

12.14　符号说明

C_0：服务成本，美元/h；

C_{bi}：钻头成本，美元；

C_d：钻井成本，美元/h；

C_{di}：钻井成本，美元/h；

C_r：钻井平台成本，美元/h；

D_i：起下钻深度，ft；

ΔD_i：钻头 i 钻遇地层间隔，ft；

E：弹性；

FV：将来价值；

k：常数；

L_s:每组钻柱的平均长度,ft;

m:年数;

n:每年支付数;

PV:当前价值;

r:阶段利率或增长率;

T_{ci}:钻头 i 接单根时间,h;

T_{di}:钻头 i 钻进时间,h;

T_s:操作每组钻柱的平均时间,h;

T_{ti}:钻头 i 起下钻时间,h;

α:常数。

参 考 文 献

1. Ikoku, C. U. 1978. "Application of Learning Curve Models to Oil and Gas Well Drilling" Paper SPE 7129, presented at the California Regional Meeting of SPE – AIME, San Francisco.

附录　本书所用英制单位换算关系

物理量名称	英制单位符号	英制单位中文名称	与法定计量单位换算关系
长度	ft in mile yd	英尺 英寸 英里 码	$1ft = 0.3048m$ $1in = 25.4mm$ $1mile = 1609.344m$ $1yd = 0.9144m$
面积	ft^2 in^2 yd^2	平方英尺 平方英寸 平方码	$1ft^2 = 9.290304 \times 10^{-2}m^2$ $1in^2 = 6.451600 \times 10^{-4}m^2$ $1yd^2 = 0.836127m^2$
体积	bbl gal scf	桶 加仑 标准立方英尺	$1bbl = 0.15898806m^3 \approx 159L$ $1gal = 3.78543m^3$ $1scf = 2.831685 \times 10^{-2}m^3$
质量	lb(或#)	磅	$1lb = 0.453592kg$
力	lbf	磅力	$1lbf = 4.44822N$
压力	psi(即 lbf/in^2)	磅力每平方英寸	$1psi = lbf/in^2 = 6.89476kPa$
压力梯度	psi/ft(即 $lbf/(in^2 \cdot ft)$)	磅力每平方英寸英尺	$1psi/ft = 0.0226MPa/m$
温度	°F °R	华氏度(华氏温标) 兰氏度(兰氏温标)	
速度	ft/s ft/min	英尺每秒 英尺每分钟	$1ft/s = 0.3048m/s$ $1ft/min = 0.3048m/min$
体积流量	bbl/min(即 bpm) gal/min(即 gpm) Mscfd MMscfd	桶每分钟 加仑每分钟 千标准立方英尺每天 百万标准立方英尺每天	$1bbl/min = 0.15898806m^3/min$ $1gal/min = 3.78543m^3/min$
密度	lb/gal(即 ppg 或#/gal)	磅每加仑	$1lb/gal = 0.1198g/cm^3$

国外油气勘探开发新进展丛书(一)

书号：3592
定价：56.00元

书号：3663
定价：120.00元

书号：3700
定价：110.00元

书号：3718
定价：145.00元

书号：3722
定价：90.00元

国外油气勘探开发新进展丛书(二)

书号：4217
定价：96.00元

书号：4226
定价：60.00元

书号：4352
定价：32.00元

书号：4334
定价：115.00元

书号：4297
定价：28.00元

国外油气勘探开发新进展丛书（三）

书号：4539
定价：120.00元

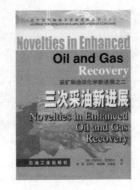

书号：4725
定价：88.00元

书号：4707
定价：60.00元

书号：4681
定价：48.00元

书号：4689
定价：50.00元

书号：4764
定价：78.00元

国外油气勘探开发新进展丛书(四)

书号: 5554
定价: 78.00 元

书号: 5429
定价: 35.00 元

书号: 5599
定价: 98.00 元

书号: 5702
定价: 120.00 元

书号: 5676
定价: 48.00 元

书号: 5750
定价: 68.00 元

国外油气勘探开发新进展丛书(五)

书号: 6449
定价: 52.00 元

书号: 5929
定价: 70.00 元

书号: 6471
定价: 128.00 元

书号: 6402
定价: 96.00 元

书号: 6309
定价: 185.00 元

书号: 6718
定价: 150.00 元

国外油气勘探开发新进展丛书（六）

书号: 7055
定价: 290.00 元

书号: 7000
定价: 50.00 元

书号: 7035
定价: 32.00 元

书号: 7075
定价: 128.00 元

书号: 6966
定价: 42.00 元

书号: 6967
定价: 32.00 元

国外油气勘探开发新进展丛书（七）

书号：7533

定价：65.00元

书号：7802

定价：110.00元

书号：7555

定价：60.00元

书号：7290

定价：98.00元

书号：7088

定价：120.00元

书号：7690

定价：93.00元

国外油气勘探开发新进展丛书（八）

书号：7446

定价：38.00元

书号：8065

定价：98.00元

书号：8356

定价：98.00元

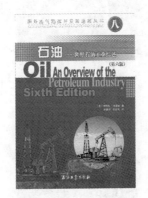

书号：8092
定价：38.00 元